周易礼记孝经心经金刚经净土三经六祖
坛经黄帝内经孔子家语颜氏家训淮南鸿
烈传习录近思录围炉夜话左传战国策史
记汉书后汉书三国志资治通鉴盐铁论贞
观政要山海经水经注人物志论语孟子老
子庄子墨子孙子兵法韩非子大学中庸荀
子管子列子鬼谷子商君书吕氏春秋诗经
楚辞唐诗三百首宋词三百首元曲三百首
古文观止世说新语徐霞客游记梦溪笔谈
搜神记东坡志林三字经百家姓千字文

搜	古	楚	子	子	观	记	烈	坛	周
神	文	辞	管	庄	政	汉	传	经	易
记	观	唐	子	子	要	书	习	黄	礼
东	止	诗	列	墨	山	后	录	帝	记
坡	世	三	子	子	海	汉	近	内	孝
志	说	百	鬼	孙	经	书	思	经	经
林	新	首	谷	子	水	三	录	孔	心
三	语	宋	子	兵	经	国	围	子	经
字	徐	词	商	法	注	志	炉	家	金
经	霞	三	君	韩	人	资	夜	语	刚
百	客	百	书	非	物	治	话	颜	经
家	游	首	吕	子	志	通	左	氏	净
姓	记	元	氏	大	论	鉴	传	家	土
千	梦	曲	春	学	语	盐	战	训	三
字	溪	三	秋	中	孟	铁	国	淮	经
文	笔	百	诗	庸	子	论	策	南	六
	谈	首	经	荀	老	贞	史	鸿	祖

厮役奴隶，钓鱼屠肉，饭牛牧羊，
达，可为师表，博学求之，无不利于事也。
明，此诚难也。
犹形之与影也。德艺周章，
焉；容色姝丽，则影必美焉。
人未能信，至洁之行，物或致疑，
严名，无余地也。

罕亦能均。
精神专利，长成已后，
固须早教，勿失机也。
，岂责具美于六涂哉？
趣，能守一职，便无愧耳。

文章当以理致为心肾，气调为筋骨，事义为皮肤，华丽为冠冕。
文章当从三易：易见事，一也；易识字，二也；易读诵，三也。
夫生不可不惜，不可苟惜。

子当以养为心，父当以学为教。
士君子之处世，贵能有益于物耳，不徒高谈虚论，
左琴右书，以费人君禄位也。
大抵服其为书，隐括有条例，剖析穷根源，
郑玄注书，往往引以为证。
父子之严，不可以狎；骨肉之爱，
不可以简。简则慈孝不接，狎则怠慢生焉

父不慈则子不孝，兄不友则弟不恭，
夫不义则妇不顺矣。
父兄不可常依，乡国不可常保，

同言而信，信其所亲；
之诚，不如傅婢之指
夫巧者劳而智者忧，
止凡人之斗阋，则尧、舜之道，不如寡妻之诲谕；
有偏宠者，虽欲以厚之，更所以祸之
自古明王圣帝犹须勤学，况凡庶乎！
兄弟者，分形连
方，虽有悖乱之人，不能不
兄弟之际，异于他人
世人多蔽，贵耳贱目，重

入帷幄之中，参庙堂
不能为主尽规
与善人居，如入芝
与恶人居，如
凡有一言一行，取于
不可窃人之美，
虽轻虽贱者，必归
多为少善，不如执一；鼫鼠五能，不成伎术。
宇宙可臻其极，情性不知其穷，唯
则亦尧、舜之云虚，周、孔之不实也。
伎痒者，怀其伎而腹痒也。
而古语与今殊别，
其间轻重清
加以内言外言、
江南谚云：

盐铁论

译注◎檀作文 李小杰
导读◎李小杰
名誉主编◎饶宗颐

颜氏家训

名誉主编◎饶宗颐
导读◎李小杰
译注◎檀作文　李小杰

中信出版社·CHINA CITIC PRESS ·北京·

出版说明

为什么要阅读经典？道理其实很简单——经典正是人类智慧的源泉、心灵的故乡。也正因如此，在社会快速发展、急剧转型，也容易令人躁动不安的年代，人们也就更需要接近经典、阅读经典、品味经典。

迈入二十一世纪，随着中国在世界上的地位不断提高，影响不断扩大，国际社会也越来越关注中国，并希望更多地了解中国、了解中国文化。另外，受全球化浪潮的冲击，各国、各地区、各民族之间文化的交流、碰撞、融合，也都会空前地引人注目，这其中，中国文化无疑扮演着十分重要的角色。相应地，对于中国经典的阅读自然也就拥有了不断扩大的潜在市场，值得重视及开发。

于是也就有了这套立足港台、面向海内外的“中信国学大典”的出版。希望通过本套丛书的出版，继续搭建古代经典与现代生活的桥梁，引领读者摩挲经典，感受经典的魅力，进而提升自身品位，塑造美好人生。

中信国学大典收录中国历代经典名著近六十种，涵盖哲学、文学、历史、医学、宗教等各个领域。编写原则大致如下：

（一）精选原则。所选著作一定是相关领域最有影响、最具代表性、最值得阅读的经典作品，包括中国第一部哲学元典、被尊为“群经之首”的《周易》，儒家代表作《论语》、《孟子》，道家代表作《老子》、《庄子》，最早、最有代表性的兵书《孙子兵法》，最早、最系统完整的医学典籍《黄帝内经》，大乘佛教和禅宗最重要的经典《金刚经·心经·坛经》，中国第一部诗歌总集《诗经》，第一部纪传体通史《史记》，第一部编年体通史《资治通鉴》，中国最古老的地理学著作《山海经》，中国古代最著名的游记《徐霞客游记》等等，每一部都是了解中国思想文化不可不知、不可不读的经典名著。而对于篇幅较大、内容较多的作品，则会精选其中最值得阅读的篇章。使每一本都能保持适中的篇幅、适中的定价，让大众都能买得起、读得起。

（二）尤重导读的功能。导读包括对每一部经典的总体导读、对所选篇章的分篇（节）导读，以及对名段、金句的赏析与点评。导读除介绍相关作品的作者、主要内容等基本情况外，尤其强调取用广阔的国际视野和当代眼光，将这些经典放在全球范围内、结合当下社会生活，深入挖掘其内容与思想的普世价值，及对现代社会、现实生活的深刻启示与借鉴意义。通过这些富有新意的解读与赏析，真正拉近古代经典与当代社会和当下生活的距离。

（三）通俗易读的原则。简明的注释，直白的译文，加上深入浅出的导读与赏析，希望帮助更多的普通读者读懂经典，读懂古人的思想，并能引发更多的思考，获取更多的知识及更多的生活启示。

（四）方便实用的原则。关注当下、贴近现实的导读与赏析，相信有助于读者"古为今用"、自我提升；卷尾附录"名句索引"，更有助于读者检索、重温及随时引用。

（五）立体互动，无限延伸。配合图书的出版，开设专题网站，增加朗读功能，将图书进一步延展为有声读物，同时增强读者、作者、出版者之间不受时空限制的自由随性的交流互动，在使经典阅读更具立体感、时代感之余，亦能通过读编互动，推动经典阅读的深化与提升。

这些原则可以说都是从读者的角度考虑并努力贯彻的，希望这一良苦用心最终亦能够得到读者的认可、进而达到经典普及的目的。

需要特别提到的是，国学大师饶宗颐先生慨然应允担任本套丛书的名誉主编，除表明先生对出版工作的一贯支持外，更显示出先生对倡导经典阅读、关心文化传承的一片至诚。在此，我们要向饶公表示由衷的敬佩及诚挚的感谢。

倡导经典阅读，普及经典文化，永远都有做不完的工作。期待本套丛书的出版，能够带给读者不一样的感觉。

目录

《颜氏家训》导读　014

卷　一

序致第一　024
教子第二　028
兄弟第三　039
后娶第四　048
治家第五　056

卷　二

风操第六　078
慕贤第七　124

卷　三

勉学第八　136

卷　四

文章第九　184
名实第十　209
涉务第十一　219

卷 五

省事第十二 226
止足第十三 238
诫兵第十四 243
养生第十五 248
归心第十六 254

卷 六

书证第十七 282

卷 七

音辞第十八 350
杂艺第十九 364
终制第二十 384

名句索引 392

《颜氏家训》导读

沦为冷血路人，抑或育成通识专才？

李小杰

近年，频闻善向教师提无理要求的“怪兽家长”[1]出招，令备感压力的教师更加惶恐。这些家长过分保护子女，化身为“直升机父母”[2]垂直监视子女，比如二〇一一年英国发生大风雪，部分港人父母要求政府包机护送子女回港，如此“贴身服务”，使自理能力甚低的学生更是形同“宝贝”。在各家庭自拥心肝宝贝的同时，又惊闻社会上出现了各种食物安全、社会心态及道德问题，譬如

① “怪兽家长”一词来自日本，意思是一次次对学校提出无理要求、妨碍正常学校管理的家长。香港屈颖妍著有《怪兽家长》一书，探讨此现象。

② “直升机父母”是指某些“望子成龙”、“望女成凤”心切的父母，就像直升机一样盘旋在孩子的上空，时时刻刻监控孩子的一举一动。

内地的冷血“佛山十八路人”[1]事件。社会上种种光怪陆离的现象，令人不禁发出疑问：这个社会怎么了？塑造社会各色人等素质的教育是否出现了问题？

重视家庭教育，是中华民族的优良传统，中国早在周朝便出现了“家训”[2]。南北朝时，《颜氏家训》问世，受到历代推崇。宋代晁公武称《颜氏家训》：“述立身治家之法，

① 二〇一一年十月十三日，广东佛山两岁女童小悦悦在横过马路时被一辆面包车撞倒，肇事车辆逃逸。随后开来的另一车辆再次从女童身上驶过，其后七分钟内在女童身边经过的十几个路人，都对此冷眼漠视，最后只有一名拾荒阿姨陈贤妹上前施以援手，女童送医院后伤重不治。有关的闭路电视视频被上载到网络上，引发了网友广泛热议，网友将从小悦悦身边路过的十八个人命名为“佛山十八路人”。

② 中国家训的滥觞可追溯至“周公家训”，而春秋战国、秦汉、三国则是传统家训的发轫期。直至汉代，中国才出现单篇的家训文献，如汉代班昭的《女诫》、蔡邕的《女训》，东汉马援的《诫兄子严、敦书》、郑玄的《诫子益恩书》、王僧虔的《诫子书》、三国诸葛亮的《诫子书》等。不过，这些家训的篇幅都不长，往往是因事生教，一事一议，因此它们对后世的影响均无法与颜之推所撰的《颜氏家训》相提并论。

辨正时俗之谬，一训子孙。”明人傅太平在其刻印本《序》中说：“盖《序致》至终篇，罔不折衷古今，会理道焉，是可范矣。”清人赵曦明在《抱经堂丛书·颜氏家训·跋》中誉其为：“苟非大愚不灵，未有读之而不知兴起者。”无论是宋人“立身治家之法，辨正时俗之谬”的评论，还是明人“罔不折衷古今，会理道焉，是可范矣”的赞誉，抑或是清人“未有读之而不知兴起者”的肯定，都把《颜氏家训》的家庭教育意义放在“修齐治平”这个至高的位置，这与当代家长以“消费意识”要求学校包办学生顺利升学、建立良好操行的观念迥然不同。《颜氏家训》在今日的意义，不仅仅是规范世人，振奋人心，更重要的是向世人展示家庭对道德与教育的主动承担。

一、道德的荒原：以无耻对抗无耻

“这是最好的时代，这是最坏的时代。”近年，中国崛起，处处可见大国踪迹。不过与此同时，中国却发生了不少颠覆国人传统道德伦理的现象，如倒地老人无人搀扶，官二代、富二代嚣张跋扈，部分人炫耀财富等。有人说这是道德最败坏的时代，于是，不少人选择以无耻对抗无耻，他们认为只有更无耻才能符合这个“过把瘾就死”的时代。人们开始把责任归咎于群体，越来越多人沦为“乌合之众”[3]，他们采取“以无耻对抗无耻”这种软弱的态度来对抗冷漠和释放欲望。

或许，我们应该先对比一下颜之推所处的那个历史上最混乱的时代，再反省自身有没有理由将道德的荒原完全归咎于时代，才更合理吧。

③ 法国学者古斯塔夫·勒庞指出，个人一旦融入群体，他的个性便会被湮没，群体的思想会占据绝对的统治地位。与此同时，群体的行为也会表现出排斥异议、极端化、情绪化及低智商化等特点，进而对社会产生破坏性的影响。见古斯塔夫·勒庞：《乌合之众：大众心理研究》。

颜之推身处于一个狼烟四起、兵连祸结的战争年代。南北朝两百年间共出现了九个王朝，分别是北朝的北魏、东魏、西魏、北齐、北周；南朝的宋、齐、梁、陈。臣废君，子弑父，朝代更迭，社会动荡不安，人民流离失所。颜之推虽然身为官二代，历经四朝，但他不但没有以门第自居，反而勘破了时代的重重迷雾，以传统儒学的忠、孝、仁、义和中庸之道来“提撕”[①]子孙，教化家庭成员修身齐家。

颜之推，字介，琅琊临沂（今属山东）人，出生于书香门第。西晋末年，颜之推的九世祖颜含随琅琊王司马睿南渡，是“中原冠带随晋渡江者百家”[②]之一。至其祖父颜见远，因随南齐的南康王萧宝融出镇荆州，举家从金陵迁居江陵。《梁书·文学传》称颜见远“博学有志行”，而且在梁武帝萧衍代齐之后，“乃不食，发愤数日而卒”。颜之推的父亲颜协，曾任湘东王萧绎的王国常侍等职，亦有“博涉群书，工于草隶”之誉。由此可见，颜之推的家族不但世代为官，且属侨姓高门之列。

颜之推自幼好学，博览群书，辞采华茂，深为梁湘东王赏识，十九岁任湘东王国左常侍。后来梁亡，颜之推仕于北齐，历二十年，累官至黄门侍郎。公元五七七年，北齐为北周所灭，他被征为御史上士。公元五八一年，隋灭北周，他又于隋文帝开皇年间，获召为学士。颜之推自叹“三为亡国之人”，身仕四朝，可谓屡经世变。但他在晚年回首过去，撰写《颜氏家训》之时，不但没有传授厚黑术[③]，反而着重以儒家的伦理道德规范教育子孙。综观《颜氏家训》全书，除了《序致第一》篇外，作者从《教子第二》至《终制第二十》篇都论及以家庭为依托的人的一生，包括伦常关系、风操品格、

① 语出《颜氏家训·序致》：“业以整齐门内，提撕子孙。”——编者注

② 颜之推《观我生赋》自注。

③ 厚黑术发源于清末民初的李宗吾，他著有《厚黑学》一书，书中提出人的脸皮要厚如城墙，心要黑如煤炭，这样才能成为“英雄豪杰”。他以曹操、刘备、孙权、司马懿、项羽、刘邦等人物为例，说明各人脸皮的厚薄与心的黑白如何影响他们的成败。

学习文章、实际应务、养生归心、音辞杂艺等诸多方面，而儒学的“修齐治平”的理想始终贯彻在具体的日常生活道德实践中。

有人说中国人的传统道德价值是建立在熟人社会下的“耻感文化”[1]中。耻感文化，顾名思义就是注重廉耻的一种文化心态。这种文化的特征是非常在乎别人怎么看、怎么说、怎么议论，因此人们的行为被诸多的外在社会因素和标准规范所制约和支配。儒家孔孟的思想蕴含了耻感形成的伦理道德体系，如《论语·宪问》中说：“子曰：‘君子耻其言而过其行。’”《论语·为政》言：“道之以政，齐之以刑，民免而无耻；道之以德，齐之以礼，有耻且格。”[2]不论是孔子提倡以道德来引导，以礼法来约束人们，还是孟子以“羞恶之心”作为人与生俱来的特性，两者都是儒家伦理道德体系对人所形成的约束。然而，现代社会打破了以往由大家族组成的规范社会，逐渐演变为以小家庭为单位的个人主义社会。群体社会规范湮灭，个人主义兴起，都标志着儒家文化所形成的耻感文化的坍塌。世俗的道德观念受到冲击，更让“以无耻对抗无耻”这种去耻感化的文化有了生长的土壤。

颜之推处于政权更迭频繁的时代，不过他没有抱怨环境，入仕北齐后，他对自己的行为时感愧怍，于是在作品中有“未获殉陵墓，独生良足耻”[3]、“小臣耻其独死，实有愧于胡颜”[4]等句子，表露出内心的愧疚与沉痛。不过，颜之推没有从此沉沦不起，反而“知耻而后勇”，在晚年把自己的经历及思想沉淀成一本有益于子孙后代的书，成为后世榜样。

二、错位的教育：拼爹还是拼实力？

门阀制度自东汉开始发展，至颜之推的时期已臻顶峰，不少家族如清河崔氏、范阳卢氏等不知已经传到富几代、官几代。东晋南朝的门阀世族为了控制社会生活各个领域，独霸社会往上流动的资源，于是竭力保持士庶之间的距离。大多数的世族子弟傲视一切，处处标榜自己门第的高贵与优越，不屑俗务，甚至对朝代更替也不甚留意，唯独对自己家族的门第和利益百般维护。

南北朝讲究出身，现代人依靠父荫，两者同样是拼爹[5]的时代。颜之推家是“中原冠带随晋渡江者百

---

① “耻感文化”是美国人类学家露丝·本尼迪克特在《菊与刀》一书中给日本文化类型下的定义，这是与西方“罪感文化”比较下概括出来的，“耻感文化”也是中国传统文化的重要内容之一。

② 体现耻感文化的还有《论语·泰伯》：“邦有道，贫且贱焉，耻也；邦无道，富且贵焉，耻也。”当中把个人的贫贱荣辱和国家兴衰存亡联系起来，把国家的振兴视为自己的责任。这种联系体现了士大夫的使命感和担当精神。至于孟子则认为“羞恶之心”是人与生俱来的特性，是人之为人的依据。“无羞恶之心，非人也。”明末清初思想家顾炎武也十分重视“耻”，他认为圣人之道就是要“博学于文”、“行己有耻”。他说：“耻之于人大矣，不耻恶衣恶食，而耻匹夫匹妇之不被其泽。”强调要把抽象的道德原则和框框转化为具体的实践，要使人们受其恩泽。总之，儒家把耻感与道德联系起来，认为耻感是成就道德理想的基本环节。

③ 颜之推《古意》。

④ 颜之推《观我生赋》。

⑤ 内地的流行词，指“比拼老爹”。在贫富差距越来越显著的社会中，年轻人的贫富意识也越来越明显，喜欢比拼彼此父母的经济能力、社会地位等等。他们认为有知识、有能力，也不如有一个成功的老爸。“拼爹”这个词语一般与富二代、穷二代这两个词紧密相连。

家”之一，属于侨姓高门之列。不过颜之推与今天中国那些官二代、富二代的父母并不一样，现在的父母会为儿女攒下偌大的身家，希望子孙可以一世无忧，富贵传家；而颜之推却反其道而行之，所谓“授人以鱼，不如授人以渔”，他特别重视对子孙后代的教育。

当代中国教育家，言必称欧美。甚少人知道，中国历史上，其实并非没有本土的教育思想，只是中国的教育思想缺乏系统的阐述，且往往散见于不同的典籍，故容易被人忽略。在《颜氏家训》之前，虽有王僧虔的《诫子书》、三国诸葛亮的《诫子书》等，但它们均以规范道德言行为主，除了散见儒家经典的片言只语外，真正触及教育理论的绝无仅有。至于《颜氏家训》则是相对较系统化的著作，它厘定及肯定了家长在孩子教育上的责任，并进行了较完整的阐述。

中国古代的典籍，很早已开始讨论胎教的重要性。《大戴礼记》：“胎教之道，书之玉板，藏之金匮，置之宗庙，以为后世戒。”胎教，顾名思义就是对未出世的胎儿实施教育。当妇女确知自己怀孕之后，中国古代胎教之法会要求妇女别处静室，闭门而居，据说这样才能产下聪慧、秉性正直、长相端正的婴儿。虽然这种古代的胎教有点故弄玄虚，甚至近乎巫术，不过，近年科学研究却证实了胎教确实有独特的功效。现代医学、心理学家和教育家认为，所谓对胎儿实施教育，其实是刺激胎儿的感觉器官，促使其迅速发育成熟，增进对事物反应的敏感度。胎儿在三个月时，人形已基本“塑造”成功，各器官包括大脑和神经系统已分别形成，胎儿对母亲的情绪变动和外界的刺激已有反应。

《大戴礼记·保傅》中曾这样阐述胎教的出发点：“正其本，万物理，失之毫厘，差之千里。”《颜氏家训·教子第二》说：“古者，圣王有胎教之法：怀子三月，出居别宫，目不斜视，耳不妄听，音声滋味，以礼节之。”作者提出具体的胎教方法，可见他对早期教育的重视。平民百姓假如不能实施严格的胎教，亦应在孩子出生后尽早教育，因此作者又提出“当及婴稚，识人颜色，知人喜怒，便加教诲，使为则为，使止则止”，认为家长必须在婴孩年少时便加以教诲。

孩子出生后，该用什么方法教导呢？颜之推提出与后世西方教育家十分相似的教育理论——“寓慈于严”。寓慈于严即寓慈爱于严格的教育之中，父母教子不失爱心，爱子不忘严教，如《颜氏家训·教子第二》说：“父母威严而有慈，则子女畏慎而生孝矣。吾见世间，无教而有爱，每不能然。”他这种寓慈于严的教育方法暗合现代儿童教育思想中的“恩威型”。现代育儿风格可大致分为四个类型：恩威型、专制型、纵容型和疏忽型[①]。大量研究指出育儿风格对儿童和青少年的学业成绩有重要的影响。优秀的学生有高度温暖、严格管理、允许儿童心理自主、积极介入学校教育的父母，这类父母多为恩威型父母。教育学家认为恩威型是对孩子最有利的一种教养方式，故建议父母采用，恩威并重，“寓慈于严”，慈严并重，既严格教导，又慈爱呵护。假如父母过度放纵孩子或过度专制，可能会把子女养成不知进退，难于适应人类丛林法则的怪兽，贻害子孙。

三、多元与守一：打造通识专才

西方的柏拉图在两千多年前提倡“七艺”：文法、修辞、逻辑、算术、几何、天文及音乐，而中国的孔子大约在同一时期提出“六艺”：礼、乐、射、御、书、数。近年，各大学、中学、小学都设立通识科，原来这种教育理念源于十九世纪，目的是培养学生独立思考的能力，并且让学生对不同的学科有所认识，能将各种知识融会贯通，最终培养出完全、完整的人格。

汉初罢黜百家，独尊儒术，中国的文化由多元转趋单一。唯魏晋南北朝恰好是王纲解纽的时代，是中国历史上一段思想自由的时期。东汉末年以来，社会矛盾日益加深，社会秩序急剧动荡，上层的统治者已无暇钳制人们的思想。一度在意识形态上具有支配地位的儒学，此时失去了统治地位，于是知识分子借机跨越儒学的藩篱，在思想理论上别有发展，社会上呈现出百花齐放的姿态。葛洪在《抱朴

---

① 四种类型，加上两个维度，定型为：恩威型（高要求、高应答），专制型（高要求、低应答），纵容型（低要求、高应答）和疏忽型（低要求、低应答）。见 Baumrind，D（1991）“*The influence of parenting style on adolescent competence and substance use*”，Journal of Early Adolescence，11：56–95.

子》中称当时士人“皆背叛礼教而从肆邪僻”[1]；而《颜氏家训》也没有专于一时一事，反能容纳三教九流，描写南北差异，其多元文化元素历来被人看重。

与当时一般的士大夫不同，颜之推既有才华，又注重实际，其勤奋严谨的治学精神非常值得后世学习。他善于观察社会万象，勤于积累数据，对于建康、江陵，或是邺下、关中的所见所闻，以及南北各朝朝野士庶中的各类人物、各地风物俗尚，都能加以笔录整理，并且结合文献做出准确的考证。

《颜氏家训》全书共二十篇，内容广泛，知识丰富。除首篇《序致第一》说明全书宗旨、末篇《终制第二十》叮嘱后事、《归心第十六》篇崇佛外，其余十七篇，可分为“家庭伦理”、“品德智能”、“思想方法”、“养生处世”和“其他知识”几个方面，题材多样。

当中《杂艺第十九》篇分论书法、绘画、射箭、卜筮、算术、医药、音乐、投壶、博弈、游艺等诸多方面。作者指出当时的知识分子对琴棋书画、医卜星相，都必须略知一二，因为“尺牍书疏，千里面目也”，书法代表了人的脸面。身为文人雅士，必善一门乐器，以陶冶性情，“犹足以畅神情也”。此外，医学是实用知识，可用于救急，如能微解药性，“居家得以救急，亦为胜事”。另一方面，颜之推历经刀光剑影，故唾弃那些装饰性的“弱弓长箭”，反而讲究实用性，“弧矢之利，以威天下，先王所以观德择贤，亦济身之急务也”。

不过，对于这些技艺的熟练程度，颜之推另有独特的见解，他在《杂艺第十九》说：“真草书迹，微须留意。”又言：“谈棋亦

① 见《抱朴子·刺骄》。

近世雅戏，消愁释愦，时可为之。”他认为一个合格的文人必须懂得这些技艺，但不应花太多时间，只可偶而为之，因为人的精力有限，应该学有专精。颜之推对实务非常重视，在《涉务第十一》中将国家大事分为六种，而一般人只能做好一种：“能守一职，便无愧耳。”

范文澜称颜之推为“当时南北两朝最通博最有思想的学者，经历南北两朝，深知南北政治、俗尚的弊病，洞悉南学北学的短长，当时所有大小知识，他几乎都钻研过，提出自己的见解。”[①]作为一本家训，论及如此庞杂的内容，既论杂艺，又论风操和实务。显然作者不是为了炫耀知识，而是希望提撕子孙，教导他们既要掌握知识，也要拥有相称的节操；既要家庭和睦，也要教育好后代。他认为选择这样的生活方式，并以此为起点，便是对人对己负责了。

王利器先生高度肯定了《颜氏家训》一书的历史文献价值，指出该书对研究南北诸史、《汉书》、《经典释文》、《文心雕龙》等专门学问，有重要参考价值。他又专门指出《音辞第十八》一篇，“尤为治音韵学者多当措意”。颜氏辗转多地，学风严谨，的确为后世留下不少珍贵资料。

① 范文澜：《中国通史简编》，香港：商务印书馆，2010年。

不过，此书写于一千多年前，难以避免有一些对今人来说不合时宜的消极内容。比如根深蒂固的男尊女卑、歧视妇女的观念，或是宣扬迷信、明哲保身的思想等。颜氏后裔颜嗣慎在明万历刻本的跋中说：“观者诚能择其善者，而各教于家，则训之为义，不特曰颜氏而已。”故此，阅读《颜氏家训》应择善而从之。

宋人陈振孙在《直斋书录题解》定音：“古今家训，以此为主。”故此，中国和日本都对此书做了不少研究。王利器于一九五八年出版的《颜氏家训集解》，进行了详细的校勘、考证、辨伪、增补，汇聚了近世诸家成果，为近代的《颜氏家训》研究奠下较好基础。《颜氏家训》的研究一般可分为教育思想、伦理道德、版本和文论研究四种。中国内地方面以研究教育及家庭伦理为主，自八十年代起至今有四十多篇，大多对颜之推的教育方法持认同意见，认为《颜氏家训》对现代教育具有参考价值[②]。而中国台湾研究者除了关注《颜氏家训》的家庭伦理，还对其版本及资料爬梳做出贡献，如周法高在一九六〇年出版了《颜氏家训汇注》，尤雅姿在九十年代发表了版本和思想方面的研究[③]，交通大学的吕棋昌又根据不同版本做出颜氏家族的世系表，为后人研究提供不少方便。至于日本对六朝文学素有传统，日本汉学界比较注重《颜氏家训》中的文学论。林木虎雄早在一九二七年在《中国诗论史》就有所论述，另有林田慎之助的《颜之推的生活与文学论》，兴膳宏《六朝文学论稿》中的《颜之推的文学论》。而近年各大高校的硕士、博士论文也有相关的研究，不过并未脱离以上三种套路。

② 周国光：《颜之推的教育思想》，《贵州社会科学》，1984年第2期；扬明：《颜之推的家庭教育方法》，《华夏文化》，1996年第3期。

③ 如《颜氏家训版本研究》、《颜氏家训伦理思想述要》等。

卷一

卷一

卷一

卷
一

序致第一

本篇导读

本篇是《颜氏家训》的自序，作者交代此书的写作目的为“整齐门内，提撕子孙”，即是要端正自家门风，教诲子孙后辈。基于这一宗旨，作者提出了两个明确的观点：一是长辈对幼辈的耳提面命是非常重要的，因为“同言而信，信其所亲；同命而行，行其所服”；二是家庭教育应从小抓起，否则“习若自然，卒难洗荡”。作者更在这篇中以亲身不同阶段的经历告诫人们，家庭教育宜早不宜迟。

夫圣贤之书，教人诚孝[1]，慎言检迹，立身扬名，亦已备矣。魏、晋已来，所著诸子，理重事复，递相模效，犹屋下架屋，床上施床耳。吾今所以复为此者，非敢轨物范世也，业以整齐门内，提撕子孙。夫同言而信[2]，信其所亲；同命而行，行其所服[3]。禁童子之暴谑[4]，则师友之诫，不如傅婢之指挥；止凡人之斗阋[5]，则尧、舜之道，不如寡妻之诲谕。吾望此书为汝曹之所信，犹贤于傅婢寡妻耳。

注释

1 诚孝：即“忠孝”。作者为避隋文帝杨坚之父杨忠的名讳，改用“诚”字。

2 同言：同样的话。

3 服：信服、敬服。

4 暴谑：过分的笑闹。

5 斗阋（xì）：家庭内兄弟之间的争执。

译文

古代圣贤的著作，教诲人们忠诚孝顺，言语谨慎，行为检点，建功立业，传扬美名，道理已经说得非常完备。自魏、晋以来，各种阐述圣贤道理的书，道理重复，互相抄袭，犹如屋里建屋，床上叠床。现在我之所以又写这种书，不是为了规范世人的言行，只是为了整饬自家门风，提醒子孙后辈。同样一句话，有的人会相信，因为说话者是他们所亲近的人；同样一个吩咐，有的人会遵行，因为吩咐者是他们所敬服的人。要禁止孩童过分顽皮淘气，师长的告诫，还不如保姆的劝阻有效；要制止兄弟间的斗争，则尧、舜的教导，还比不上他们妻子的规劝诱导。我希望此书为你们后辈子孙所信服，那它就胜过了保姆、妻子所起的作用了。

吾家风教，素为整密。昔在龆龀[1]，便蒙诱诲；每从两兄，晓夕温凊[2]，规行矩步，安辞定色，锵锵翼翼[3]，若朝严君焉。赐以优言，问所好尚，励短引长，莫不恳笃。年始九岁，便丁荼蓼[4]，家涂离散，百口索然。慈兄鞠养，苦辛备至；有仁无威，导示不切。虽读《礼传》，微爱属文[5]，颇为凡人之所陶染，肆欲轻言，不修边幅。年十八九，少知砥砺[6]，习若自然，卒难洗荡[7]。二十已后，大过稀焉；每常心共口敌，性与情竞，夜觉晓非，今悔昨失，自怜无教，以至于斯。追思平昔之指[8]，铭肌镂骨，非徒古书之诫，经目过耳也。故留此二十篇，以为汝曹后车耳[9]。

注释

1 龆龀（tiáo chèn）：垂髫换齿之时，指童年。龆，通“髫”。

2 温凊（qìng）：冬天温被，夏日扇凉。

3 锵锵翼翼：锵锵，犹“跄跄”，形容步趋有礼节；翼翼，恭敬的样子。锵锵翼翼，形容人行走时恭敬而有礼。

4 丁：当，遭逢。荼蓼：苦菜名，喻指辛苦。这里指作者父母去世，家境困苦。

5 属（zhǔ）文：写文章。

6 砥砺（dǐ lì）：磨炼。

7 卒：通“猝”，忽然，短时间。

8 指：通“旨”，即意旨、意向。

9 后车：后继之车，引申为借鉴。语出《汉书·贾谊传》：“前车覆，后车诫。”

译文

我们家的门风家教，素来严谨。早在孩童时代，我就得到长辈的诱导教诲。我时常跟随两位兄长，早晚服侍双亲，冬天温被，夏日扇凉，做事循规蹈矩，言语平和，神色安详，走路时恭敬有礼，就像给父母大人请安一样。长辈们经常勉励我，询问我的喜好志向，鼓励我改正短处，发扬优点，无不恳切诚笃。在我九岁之时，父母亲相继去世，家道中落，一个百口之家毫无生气，冷落萧条。慈爱的兄长把我抚养大，备尝生活的艰辛；兄长仁慈却缺乏威严，对我的督导不够严厉。我虽然读过《周礼》、《左传》一类的书，也略微喜欢写文章，但与世俗平庸之人交往而受到熏染，放纵自己的私欲，随意说话，且不修边幅。到了十八九岁之时，才稍知要磨炼自己的品性，但习惯成自然，很难一时更改。二十岁以后，我很少犯大错，但经常口是心非，理智与情感总是互相矛盾，晚上察觉到自己在白天犯的过错，今天悔悟昨天的过失，自己哀怜没有得到良好的教育，以致落到这般境地。追想平生所立的志向，感受真是刻骨铭心，那绝不同于古书上的告诫，仅仅看一看，听一听而已。因此，我特意写下这二十篇文章，作为你们的前车之鉴吧！

赏析与点评

中国哲学是实践的哲学，历代儒家典籍皆晓谕人们践行道德伦理。作者在此篇不惜自揭其丑，以个人的经历告诫人们家庭教育的重要性，并作前后对比，使人一目了然！作者丧父之前得到良好而严谨的教导，故能睦兄、侍亲、修身，并用儒家的伦理道德规范自己；可是后来父母亲去世，家庭陷入困境，作者受到习俗熏陶而放纵私欲。成年后，习惯成自然，虽能反省悔悟，但理智与情感却常常互相矛盾，这都是因为没有得到一以贯之的素质教育。是故，作者以亲身的经历来演活他所写的家训，作为后人的前车之鉴。其中“吾家风教，素为整密。昔在龆龀，便蒙诱诲；每从两兄，晓夕温凊，规行矩步，安辞定色，锵锵翼翼，若朝严君焉。”一节展现了现代中国少见的温情画面——冬天为父母温被，夏天为双亲扇风，尤其是兄弟相处时，兄为弟范，亲密无间。现代人鼓励人际间的竞争，凡事讲求效率，慢慢失去了这样的家庭风景。

教子第二

本篇导读

作者在这一篇延续了《序致第一》教诲子孙的宗旨，较为详细讨论了有关子女教育的问题。他认为儿童的教育应从“婴稚”之时开始，因为儿童此时已能“识人颜色，知人喜怒”，强调教育子女之时，必须把握好严教和慈爱间的尺度，并列举数例说明父母对孩子过分溺爱的害处。作者认为要保证教育效果，首先，要维持父亲在子女面前的威严；其次，对所有孩子要一视同仁，不可有所偏爱；最后，作者强调品德教育的重要性，告诫子孙不可为了仕进而谄事权贵。

上智不教而成，下愚虽教无益[1]，中庸之人[2]，不教不知也。古者，圣王有胎教之法：怀子三月，出居别宫，目不邪视，耳不妄听，音声滋味，以礼节之。书之玉版，藏诸金匮[3]。生子咳提[4]，师保固明孝仁礼义[5]，导习之矣。凡庶纵不能尔[6]，当及婴稚，识人颜色，知人喜怒，便加教诲，使为则为，使止则止。比及数岁，可省笞罚。父母威严而有慈，则子女畏慎而生孝矣。吾见世间，无教而有爱，每不能然；饮食运为[7]，恣其所欲，宜诫翻奖，应诃反笑，至有识知，谓法当尔。骄慢已习，方复制之，捶挞至死而无威，忿怒日隆而增怨，逮于成长，终为败德。孔子云：『少成若天性，习惯如自然』是也。俗谚曰：『教妇初来，教儿婴孩。』诚哉斯语！

注释

1 上智不教而成，下愚虽教无益：语出《论语·阳货》：“唯上知与下愚不移。”

2 中庸：这里指中等之材。

3 金匮（guì）：亦作“金柜”，即铜制的柜子，用以收藏文献或文物。语出《大戴礼记·保傅》：“胎教之道，书之玉版，藏之金匮，置之宗庙，以为后世戒。”

4 咳提：指小孩啼哭，笑闹。

5 师保：古代担任教导皇室贵族子弟职责的官员，有师有保，统称师保。西周时，有太保、太傅、太师，谓之“三公”；又有少保、少傅、少师，谓之“三少”。

6 凡庶：寻常百姓，普通人。

7 运为：言行。

译文

智力超群的人，不用教导也能成材；智力低下的人，虽受教导也于事无补；智力中等的人，不教导就不懂事理。古时候，圣贤的君王就有胎教的方法：妃嫔怀胎三月时，就要住在专门的房间，眼不看不该看的东西，耳不听不该听的声音，所听的音乐和所嗜的口味等，都要按礼仪加以节制。胎教的方法还要记录在玉片上，收藏在铜制的柜子里。孩子出生后，尚在襁褓之时，就要安排太师、太保对其进行孝、仁、礼、义等方面的教育，并加以训练。平民百姓纵然不能做到这样，也该在孩子成为幼儿，会辨认大人的脸色、能感知大人喜怒的年龄时，就开始教育他，做到大人允许他做才做，不允许他做就立刻停止。这样等孩子长到几岁大时，就可省得对他使用鞭、杖的惩罚了。父母对孩子既要保持一定的威严，又要不失慈爱，那么子女就会敬畏谨慎而产生孝心。我见世上有些父母，对子女不加教育，只是一味溺爱，每每不以为然。他们对子女的饮食言行，总是任其为所欲为，该告诫阻止的反而夸奖鼓励，该呵斥的反而一笑置之。孩子长大懂事以后，便会以为这是理所当然的。孩子已经养成骄横傲慢的习性，才想到要制止或纠正过来，就算把孩子鞭抽、棍打个半死也难以再树立父母的威信，父母的愤怒导致子女的怨恨之情日益加深，等到子女长大成人，终会成为道德败坏的人。孔子说："少年若天性，习惯如自然。"说的正是这个道理。俗谚说："教导媳妇要趁新娶的时候，教育儿子要在婴儿的时候。"这话说得很有道理。

赏析与点评

学者研究指出，古典音乐能促进胎儿感觉神经和大脑皮层感觉中枢的发育，对胎教有相当的益处；同样，按照现代的怀孕指南，孕妇怀孕首三个月要服用叶酸，这正与书中"音声滋味"的见解相符。现代心理学指出，一岁左右的婴儿的自主意识开始发展，慢慢能够"识人颜色，知人喜怒"，故此这时父母应加以劝止儿童的坏习气，并且做到威慈兼备，这样才能培养孩子良好的生活习惯。虽然在孩子的"婴稚"时期加以约束会花许多心力，但是教得越早，麻烦越少！

凡人不能教子女者，亦非欲陷其罪恶；但重于诃怒，伤其颜色，不忍楚挞惨其肌肤耳[1]。当以疾病为谕，安得不用汤药针艾救之哉[2]？又宜思勤督训者，可愿苛虐于骨肉乎？诚不得已也。

注释

1 楚挞（tà）：杖打。楚，打人用的荆条。

2 艾：草本植物，叶制成艾绒可供针灸用。

译文

凡是不善于教育子女的人，并不是想让子女作恶犯罪，他们只是不愿意大声怒斥子女，令他们脸色变得沮丧，更不忍心用荆条抽打子女，使其受皮肉之苦。对于这样的父母，应当以治病救人的道理来打比方，一个人生了病，哪有不用汤药、针灸就能治好的呢？也应想想那些勤于督促训导子女的父母，难道他们愿意苛刻地虐待自己的骨肉吗？这确实是不得已啊。

王大司马母魏夫人，性甚严正。王在湓城时[1]，为三千人将，年逾四十，少不如意，犹捶挞之，故能成其勋业。梁元帝时，有一学士，聪敏有才，为父所宠，失于教义。一言之是，遍于行路[2]，终年誉之；一行之非，掩藏文饰，冀其自改。年登婚宦[3]，暴慢日滋，竟以言语不择，为周逖抽肠衅鼓云[4]。

注释

1 湓（pén）城：也称盆口，湓浦，是湓水汇入长江之处，即今天的江西九江。

2 行路：路上的行人，汉、魏、南北朝人习用语，犹言陌生人。

3 婚宦：结婚和为官。这里指成年。

4 衅（xìn）：以牲血涂抹器物进行祭祀。

译文

大司马王僧辩的母亲魏老夫人，秉性十分严谨方正。王僧辩驻守在湓城时，已经是一位统率三千士卒的将领，年龄已超过四十岁，可是当他的言行稍为不顺从母亲的意思，老夫人仍用棍棒教训他，因而成就了王僧辩的勋业。在梁元帝时，有一位学士，聪明机敏有才华，从小被他的父亲娇宠，管教失当。他若说对了一句话，他父亲就到处宣扬，巴不得过往行人都晓得，整年都挂在嘴边；如果他做错了一件事，他父亲就极力为他遮掩粉饰，希望他能自觉改正。这学士成年后，粗暴傲慢的恶习日益滋长，最终因说话不检点，得罪了周逖，被周逖抽出肠子，还用他的血去祭战鼓。

父子之严，不可以狎[1]；骨肉之爱，不可以简。简则慈孝不接，狎则怠慢生焉。由命士以上[2]，父子异宫[3]，此不狎之道也；抑搔痒痛，悬衾箧枕[4]，此不简之教也。或问曰：『陈亢喜闻君子之远其子，何谓也？』对曰：『有是也。盖君子之不亲教其子也。《诗》有讽刺之辞，《礼》有嫌疑之诫，《书》有悖乱之事，《春秋》有邪僻之讥，《易》有备物之象：皆非父子之可通言，故不亲授耳。』

注释

1 狎（xiá）：亲近而不庄重。

2 命士：指受朝廷爵命的士。

3 宫：房屋，住宅。

4 悬衾（qīn）箧（qiè）枕：把被子捆好悬挂起来，把枕头放进箱子里。

译文

父子之间要严肃，不可以过于亲昵；骨肉之间的亲情之爱，不可以简慢不拘礼节。不拘礼节就不能做到父慈子孝，过分亲昵就会产生放肆不敬之心。从有地位的读书人往上数，都是父子分室居住，这就是防止父子过分亲昵的方法。当长辈身体不适时，晚辈为他们按摩抓搔；长辈每天起床后，晚辈为他们整理卧具，这些都是讲究礼节的教育。有人问："孔子的弟子陈亢听到孔子疏远自己的儿子而高兴，这是什么缘故呢？"回答说："这是有道理的。因为君子不亲自教授他的孩子。《诗经》里有讽刺君主的言辞，《礼记》中有自避嫌疑的告诫，《尚书》里有违礼作乱的事，《春秋》中有对淫乱行为的讥讽，《易经》里有备物致用的卦象，这些都不是父亲可以直接向子女讲解的，所以君子不亲自教导自己的孩子。"

赏析与点评

孔子说："君君、臣臣、父父、子子"，西汉的董仲舒提出"君为臣纲，父为子纲，夫为妻纲"，目的就是要捍卫君臣、父子这绝对的权威，只有绝对的权威得到维护，才能捍卫父亲在家庭和政治上的绝对管制权，至于儿女往往就变成了从属品。在现代的家庭里，父亲一般都会唱黑脸，并和孩子拉开一定的距离，否则当要运用权威来镇住孩子时，就难于成功。

齐武成帝子琅琊王，太子母弟也，生而聪慧，帝及后并笃爱之，衣服饮食，与东宫相准[1]。帝每面称之曰：『此黠儿也[2]，当有所成。』及太子即位，王居别宫，礼数优僭[3]，不与诸王等；太后犹谓不足，常以为言。年十许岁，骄恣无节，器服玩好，必拟乘舆[4]；尝朝南殿，见典御进新冰[5]，钩盾献早李[6]，还索不得，遂大怒，诟曰[7]：『至尊已有，我何意无？』不知分齐[8]，率皆如此。识者多有叔段、州吁之讥[9]。后嫌宰相，遂矫诏斩之，又惧有救，乃勒麾下军士，防守殿门；既无反心，受劳而罢，后竟坐此幽薨[10]。

注释

1 东宫：太子所居之处，代指太子。准：比照。

2 黠（xiá）：聪明。

3 礼数：古代按名位而分的礼仪等级制度。

4 乘舆：皇帝的车子，后用以代指皇帝。

5 典御：古代主管帝王饮食的官员。

6 钩盾：古代官署名，主管皇家园林等事项。

7 诟（gòu）：骂。

8 分齐（jì）：本分定限的意思。

9 叔段：春秋时期郑庄公的弟弟，因为从小受到母亲的溺爱，行事不守礼制，起兵谋反，被击败，逃亡至共地，因此称为共叔段。州吁：春秋时期卫庄公的儿子，受到庄公的宠爱。庄公的另一个儿子桓公即位后，州吁作乱，自立为君，被大臣除掉。

10 坐：获罪。薨（hōng）：古代称侯王死为“薨”。

译文

齐武成帝高湛的三儿子琅琊王高俨，是太子高纬的同母弟弟，他天生聪慧，武成帝和皇后都非常喜欢他，他的饮食和衣服跟太子没有两样。武成帝经常当面称赞他说：“这是个聪明的孩子，将来应当有所成就。”后来太子即位，琅琊王搬到其他宫殿居住，不过他的待遇仍然十分优厚，超过其他诸侯。即便如此，太后还认为不够，常为此向皇帝诉说。琅琊王才十来岁，就骄横放肆，毫无节制，他在吃穿用住等方面都要与皇帝相比。有一次琅琊王到南殿朝拜，见典御官向皇帝进献新从地窖里取出的冰块，钩盾令进献早熟的李子，于是他回府后就派人去索取，未能如愿，他就大发脾气，骂道："皇帝已经有的东西，我为什么没有？”他的言行不知分寸，在其他事情上也是这样。有识之士大多指责他好像古代的共叔段、州吁一样。后来，琅琊王假传圣旨，杀了与他有嫌隙的宰相，行刑时他担心有人来营救，竟命令手下的军士守住皇帝所在的宫殿大门。他虽然本无反叛之心，受到安抚后也撤了兵，但最终还是因此事被皇帝下密令处死。

赏析与点评

因溺爱子女而产生的悲剧，并不鲜见，可惜人们没有把历史淬炼成经验，当代有许多父母仍然过分“溺爱”子女。除了因为父母加倍宠爱独生宝贝外，他们另有自私的原因：父母把子女当成自己生命和身体的延续，是自我的延伸，他们不想子女再遭受一次自己经历过的磨难，于是尽力帮助他们避开。可惜，一叶遮目，因爱成障！父母因为过分溺爱子女，于是选择性地遗忘了每个个体的生命轨迹都必须面对磨难才能圆满，没有人能代替。本章首段说：“吾见世间，无教而有爱，每不能然。”不督导子女，只知溺爱，爱人往往变成害人。近年，有些报道指责“港孩”自理能力低，有些小学六年级学生甚至连简单的绑鞋带、洗头等都不会。试问孩子离开父母后应如何独立生活？在内地，每年学期伊始，同样能看到九零后大学生离开父母后，在学校宿舍不懂得洗衣叠被的新闻，这不禁让人感叹！《战国策·触龙说赵太后》便借怜爱其幼子的太后道出：“母之爱子，则为之计深远。”今天的父母应明白，放手，才能握在手。

人之爱子，罕亦能均；自古及今，此弊多矣。贤俊者自可赏爱，顽鲁者亦当矜怜。有偏宠者，虽欲以厚之，更所以祸之。共叔之死[1]，母实为之。赵王之戮[2]，父实使之。刘表之倾宗覆族，袁绍之地裂兵亡，可为灵龟明鉴也[3]。

注释

1 共（gōng）叔：即叔段。

2 赵王：汉高祖与戚夫人的儿子赵隐王如意。汉高祖曾经想立他为太子，后因大臣阻止而作罢。高祖死后，吕后将戚夫人囚禁，并把她制成“人彘”，并毒害如意。

3 灵龟明鉴：古人以龟壳占卜，以铜镜照形，故以此二物比喻可资借鉴的事。

译文

人们疼爱自己的子女，很少能做到一视同仁。从古到今，这造成的弊病太多了。那聪慧俊秀的孩子，固然值得赏识喜爱；至于那些顽劣愚钝的孩子，也应当得到怜惜和爱护。那些偏宠孩子的父母，虽然想厚待他们的孩子，但是反而害了孩子。共叔段之死，实际是他母亲造成的；赵王如意被杀，其实是他父亲促成的。刘表的宗族倾覆，袁绍兵败失地（皆有子弟不和的原因），都可说是像灵龟显示的卦象和明镜照出的影子一样值得借鉴啊。

赏析与点评

中国人说：“爱之深，责之切”，但是事实往往变成“爱之深，害之切”。父母不可人为地为小孩制造一个温室，因为总有一天，父母要离去，孩子要走出这个温室，面对现实，与别人交友互动。

齐朝有一士大夫，尝谓吾曰：『我有一儿，年已十七，颇晓书疏[1]，教其鲜卑语及弹琵琶，稍欲通解，以此伏事公卿[2]，无不宠爱，亦要事也。』吾时俛而不答[3]。异哉，此人之教子也！若由此业，自致卿相，亦不愿汝曹为之。

注释

1 书疏：指文书信函等的书写工作。

2 伏事：即服侍。伏，通“服”。

3 俛（fǔ）：同“俯”，低头。

译文

齐朝有一个士大夫，曾经对我说：“我有一个儿子，已经十七岁了，能写文书、信札等，教他学鲜卑语和弹琵琶，他也逐渐掌握了。他以这些本领来为王公大臣服务，没有人不宠爱他的，这也是一件重要的事啊。”我当时低头不语，没有回答。这个人教育孩子的方法真奇怪啊！如果是靠这些事来取悦别人，就是能当上卿相，我也不愿你们去做。

兄弟第三

本篇导读

作者认为夫妇、父子和兄弟，“一家之亲，此三而已矣”，指出这是人伦中最重要的三种关系。在宗法制度长期延续的中国，父子是纵向代际传承，兄弟关系是横向的关系，二者是伦理关系的重要组成部分，而和睦的兄弟关系更是家庭单位的表率。颜之推认为兄弟之间骨肉情深，“分形连气”，理应相亲相爱。如果兄弟之间不友爱，那么子侄之间的关系就会疏远，进而影响家族的团结。作者还论述了一些影响兄弟感情的原因，包括妻子、仆婢的挑拨，以及妯娌之间的冲突。他认为倘若人能不断自省，处事公正，兄友弟恭，兄弟间便不会不相爱了。

夫有人民而后有夫妇，有夫妇而后有父子，有父子而后有兄弟：一家之亲，此三而已矣。自兹以往，至于九族[1]，皆本于三亲焉，故于人伦为重者也，不可不笃。兄弟者，分形连气之人也[2]。方其幼也，父母左提右挈[3]，前襟后裾，食则同案，衣则传服[4]，学则连业[5]，游则共方，虽有悖乱之人，不能不相爱也。及其壮也，各妻其妻，各子其子，虽有笃厚之人，不能不少衰也。娣姒之比兄弟[6]，则疏薄矣；今使疏薄之人，而节量亲厚之恩，犹方底而圆盖，必不合矣。惟友悌深至[7]，不为旁人之所移者，免夫！

注释

1 九族：指本身以上的父、祖、曾祖、高祖和以下的子、孙、曾孙、玄孙。也以父族四、母族三、妻族二为“九族”。

2 分形连气：形体各别，气息相通。

3 挈（qiè）：领，扶持。

4 传服：指大孩子穿过的衣服留给小孩子穿。

5 业：古代书写经籍的大版。连业是指哥哥用过的书籍，弟弟又接着使用。

6 娣（dì）：弟妹。姒（sì）：嫂。娣姒，兄弟之妻的互称，即“妯娌”。语出《尔雅·释亲》：“长妇谓稚妇为娣妇，娣妇谓长妇为姒妇。”

7 友：兄弟相亲。悌（tì）：敬爱兄长。

译文

先有人类而之后才有夫妇，有了夫妇之后才有父子，有了父子之后才有兄弟，一个家庭中的亲人，仅此三者而已。由此延续推广，直到所谓九族，都是来源于“三亲”，因此说“三亲”是人伦关系中最重要的，不可不重视。兄弟，是一母所生、形体不同而气血相通的人。在他们小时候，父母左手拉着一个，右手扯着另一个；这个牵着父母衣服的前襟，那个抓着衣服的后摆；吃饭时兄弟共享一个案盘；哥哥穿过的衣服再传给弟弟；哥哥用过的课本弟弟接着用；游玩时，兄弟同去一个地方。兄弟之间即使有悖礼胡闹的人，也不能不互相爱护。等到兄弟都长大了，各自娶了妻子，抚养自己的孩子，即使是忠诚厚道的兄弟，感情也比小时候淡薄疏远。与兄弟相比，妯娌间的感情是疏远淡漠很多的。如今让感情疏远淡薄的妯娌来节制度量兄弟的感情，就好像给方形的底座配上圆形的盖子，必定不会适合的。惟有兄弟间互相爱护，感情深厚，不会因别人的影响而疏远关系，才可避免上述情况！

二亲既殁[1]，兄弟相顾，当如形之与影，声之与响；爱先人之遗体[2]，惜己身之分气[3]，非兄弟何念哉？兄弟之际，异于他人，望深则易怨[4]，地亲则易弭[5]。譬犹居室，一穴则塞之，一隙则涂之，则无颓毁之虑；如雀鼠之不恤，风雨之不防，壁陷楹沦[6]，无可救矣。仆妾之为雀鼠，妻子之为风雨，甚哉！

注释

1 殁（mò）：死。

2 先人：指已死亡的父母。遗体：古人认为自己的身体是父母死后遗留下来的，故称“遗体”。

3 分气：分得的父母的血气。

4 望：期望，责望。

5 地亲：地近情亲。弭：止息。

6 楹：厅堂前的柱子。沦：没落，塌陷。这里指摧折。

译文

父母去世后，兄弟之间更应互相照顾，要如同形体与它的影子、声音与它的回声一样亲密。互相爱护先辈所给予的躯体，互相珍惜从父母那里分得的血气，不是兄弟的话，谁会这样互相爱怜呢？兄弟之间的关系与旁人是不同的，彼此期望过高就容易产生不满，而关系密切的话，不满也就容易消除。比如一间房子，发现有一个洞就马上堵塞住，有一条缝隙就马上涂盖住，那么就不用担心这房子会有倒塌的危险。如果对麻雀、老鼠的危害不放在心上，对风雨的侵蚀不加防范，当墙倒柱断时，就无法补救了。奴仆、侍婢好比麻雀、老鼠，妻子好比风雨，他们的危害是更加厉害的呀！

兄弟不睦，则子侄不爱；子侄不爱，则群从疏薄[1]；群从疏薄，则僮仆为仇敌矣。如此，则行路皆踖其面而蹈其心[2]，谁救之哉！人或交天下之士，皆有欢爱，而失敬于兄者，何其能多而不能少也！人或将数万之师，得其死力，而失恩于弟者，何其能疏而不能亲也！

注释

1 群从：与“子侄”同辈的族中子弟。

2 踖（jí）：践踏。

译文

兄弟之间不和睦，子侄之间就不会互相爱护；子侄不互相爱护，家族中的所有子弟都会互相疏远，感情淡薄；族中子弟的关系疏远，感情淡薄，他们的僮仆就会互相仇视敌对了。如果变成这样，那么当陌生的路人任意践踏、侮辱他们时，谁还能救助他们呢？有些人能和天下之士交朋友，且相处融洽，却不懂得敬重自己的兄长，为什么能和那么多人结交，却不能善待自己仅有的一两个兄长呢？有的人能统率数万人的军队，使部下为他拼死效力，但他对自己的弟弟却薄情寡恩，为什么对关系疏远的人能广施恩惠，对关系亲密的人却不能爱护呢？

娣姒者，多争之地也，使骨肉居之，亦不若各归四海，感霜露而相思，伫日月之相望也[1]。况以行路之人，处多争之地，能无间者，鲜矣。所以然者，以其当公务而执私情，处重责而怀薄义也；若能恕己而行[2]，换子而抚，则此患不生矣。

注释

1 伫（zhù）：久立。

2 恕己：用宽恕自己的态度去对待别人。

译文

妯娌之间是易生争执的，即使是同胞姐妹，让她们成为妯娌住在一起，倒不如让她们各嫁一方，这样，她们会因长久分离，而感叹霜露降临，互相思念，企盼日月而期待相聚。更何况妯娌本来就是互不相识的陌生人，她们处于容易产生争执的环境里，能够没有隔阂，实在是很少发生的。她们之所以这样，是因为在处理家庭中的公共事务时，大家都各怀私心，肩负家庭的重要职责时，又心怀各自微不足道的恩义。假如妯娌能以宽大仁爱之心去办事，把对方的孩子当作自己的孩子一样抚养，那么妯娌不和的事情就不会发生了。

人之事兄，不可同于事父，何怨爱弟不及爱子乎？是反照而不明也。沛国刘琎，尝与兄瓛连栋隔壁，瓛呼之数声不应，良久方答；瓛怪问之，乃曰：『向来未着衣帽故也[1]。』以此事兄，可以免矣。

注释

1 向来：刚才，刚刚。

译文

有些人没有像侍奉父亲一样来对待自己的兄长，那又何必埋怨兄长对自己的爱护不如对他的孩子呢？由此反省自己就知道自己的不理智。沛国人刘琎，曾经与他的哥哥刘瓛住在两间只隔一道墙壁的房子里。有一次刘瓛呼叫刘琎，叫了好几声都没人答话，过了一会儿才听见刘琎回答。刘瓛感到很奇怪，问他原因，刘琎回答说：“因为刚才我还没有穿好衣帽。”以这种态度事奉兄长，就不用担心哥哥对弟弟的爱护不及对他自己的孩子了。

赏析与点评

孟子所说的五伦：“父子、君臣、夫妇、长幼和朋友”就有家族的“长幼”一伦。颜之推认为：“人之事兄，不可同于事父，何怨爱弟不及爱子乎？”这不是一种绝对主义，而是一种相对主义，哥哥或弟弟并非具有一种绝对性的权力或处于绝对的地位。由此可见，颜之推虽遵守人伦秩序，但并不是一个食古不化的人。

江陵王玄绍，弟孝英、子敏，兄弟三人，特相友爱，所得甘旨新异[1]，非共聚食，必不先尝，孜孜色貌[2]，相见如不足者。及西台陷没，玄绍以形体魁梧，为兵所围，二弟争共抱持，各求代死，终不得解，遂并命尔[3]。

注释

1 甘旨：美味的食物。

2 孜孜：勤勉的样子。

3 并命：为汉、魏、南北朝人惯用语，即相从而死。

译文

江陵人王玄绍，与弟弟孝英、子敏三人特别友爱，谁若得到美味新奇的食物，如果不是三个人一起享用，谁也不会自己先吃。兄弟三人热诚的样子都在神态上显露出来，他们每次见面，都觉得在一起的时间不够。到西台被敌人攻陷时，玄绍因为身体魁梧，被敌军包围，两个弟弟争着抱住他，各自请求代替哥哥去死，但最终未能解脱厄运，兄弟三人同时被杀害。

赏析与点评

“食则同案，衣则传服，学则连业，游则共方”，兄弟亲密无间，确实令人羡慕。不过在儒家的集体主义下，很容易忽略了一个事实，兄弟之间关系疏远，比如分家，不仅仅是由妻子或妯娌间的冲突所导致的，有时侯更可能是因为成年男人要开展其新的人生阶段和树立独立的人生观而迈出的一步，这是成年男人生命成长的代价，有的人甚至可能会迫不得已地“弑兄”，以达到他们的目标。假如把全部责任归咎于女性，这并不公平。其中“人之事兄，不可同于事父，何怨爱弟不及爱子乎？是反照而不明也”，兄弟成年后关系疏远应如何修补？如人们能像上面所说，经常反省观照自我，即使“各妻其妻，各子其子”，兄弟间仍能相亲相爱。文中间有歧视女性之话语，如“仆妾之为雀鼠，妻子之为风雨”，有诋毁女性之嫌，我们应在理解当时的历史背景的同时，直指其非。

后娶第四

本篇导读

这一篇主要讨论妻子死后，丈夫考虑再娶之事。颜之推在本篇大谈后娶之害，对续弦不以为然。作者从历史、地域等不同的角度，说明后娶的妻子往往会与前妻的子女产生矛盾，从而导致“离间骨肉”，崩析家庭，甚至导致“子诬母”、“弟黜兄”等情况。此外，作者又分析后夫和后妻对待前人子女的不同态度：“后夫多宠前夫之孤，后妻必虐前妻之子”，以及解释造成这种现象的原因。本篇还记述了当时南北地区后娶的不同习俗。

吉甫[1]，贤父也，伯奇[2]，孝子也，以贤父御孝子[3]，合得终于天性[4]，而后妻间之，伯奇遂放。曾参妇死[5]，谓其子曰：『吾不及吉甫，汝不及伯奇。』王骏丧妻[6]，亦谓人曰：『我不及曾参，子不如华、元[7]。』并终身不娶，此等足以为诫。其后，假继惨虐孤遗[8]，离间骨肉，伤心断肠者，何可胜数。慎之哉！慎之哉！

注释

1 吉甫：尹吉甫，周宣王时的大臣。

2 伯奇：尹吉甫的长子。伯奇的生母早死，其后母想立自己的儿子伯封为继承人，便诬陷伯奇非礼她，尹吉甫一怒之下，放逐伯奇。伯奇将冤屈寄托于琴曲《履霜操》。尹吉甫后来知道真相，射杀后妻，并召回伯奇。

3 御：驾驭，控制。此处指约束、管教。

4 天性：天然的质量或特性。这里指父子之间互相关心爱护的天性。

5 曾参：曾子，名参，字子舆，孔子弟子，以孝著称。

6 王骏：西汉成帝时的大臣，效仿曾子，妻死而不续娶。

7 华、元：即曾华、曾元，曾子之子。

8 假继：继母。

译文

尹吉甫是一个贤明的父亲，伯奇是一个孝顺的儿子，以贤明的父亲来教诲孝顺的儿子，应当能完全符合父慈子孝的美德。可是由于吉甫的后妻从中挑拨离间，伯奇被父亲放逐。曾参丧妻后，对儿子说：“我比不上尹吉甫贤明，你们也不如伯奇孝顺。”王骏丧妻后，也对劝他再娶的人说：“我不及曾参，我的儿子也比不上曾华、曾元。”曾参、王骏都终身没有再娶。这些事都足以让人引以为诫。在曾参、王骏以外，继母残酷虐待前妻的孩子，离间父子骨肉的关系，让人伤心断肠的事，真是数不胜数。因此你们在娶后妻这件事上，一定要慎之又慎啊！

江左不讳庶孽[1]，丧室之后，多以妾媵终家事[2]；疥癣蚊虻[3]，或未能免，限以大分[4]，故稀斗阋之耻[5]。河北鄙于侧出[6]，不预人流[7]，是以必须重娶，至于三四，母年有少于子者。后母之弟，与前妇之兄，衣服饮食，爰及婚宦，至于士庶贵贱之隔[8]，俗以为常。身没之后，辞讼盈公门[9]，谤辱彰道路，子诬母为妾，弟黜兄为佣[10]，播扬先人之辞迹[11]，暴露祖考之长短[12]，以求直己者，往往而有。悲夫！自古奸臣佞妾，以一言陷人者众矣！况夫妇之义，晓夕移之，婢仆求容，助相说引，积年累月，安有孝子乎？此不可不畏。

注释

1 江左：即江东，长江下游以南地区。庶孽（niè）：古代称妾侍所生的子女为庶孽。

2 妾媵（yìng）：古代诸侯贵族子女出嫁，从嫁的妹妹或侄女称媵，后来通称侍妾为妾媵。终：结束，这里是继续管下去的意思。

3 疥癣蚊虻（méng）：这里指家庭内部的一些小矛盾纠纷。

4 大分：名分。

5 斗阋：兄弟相争相斗。

6 河北：黄河以北地区。侧出：妾所生的子女。

7 人流：有身份者的行列。

8 士庶：士族和庶族。

9 讼：诉讼，打官司。

10 黜：贬低。

11 辞迹：言语，行迹。此话指传扬先辈的隐私。

12 考：指已去世的父亲。祖考：指祖先。

译文

江东一带的人不避忌婢妾所生的孩子，正妻死后，大多由妾侍来主管家事，家庭内小的纠纷虽然不能避免，但限于婢妾的地位名份，因此很少发生正妻与婢妾子女间的内讧和羞耻的事情。黄河以北的人却鄙视婢妾所生的孩子，不给予他们平等的社会地位，因此当正妻死后，就必须再娶，甚至会娶三四次，有的后妻的年龄比前妻的儿子还小。后妻生的儿子，与前妻所生的儿子，从衣服饮食的待遇，以至婚配、做官，都有着上人与庶人、贵族与下等人的差别，而当地人对此也习以为常。当父亲去世之后，家庭成员之间的纠纷往往要闹到官府提出诉讼，诽谤辱骂之声在路上都听得到，前妻之子诬蔑后母是婢妾，后妻之子贬黜前妻之子为佣仆，各人到处宣扬亡父的私事，争相暴露祖先的是非长短，想以此证明自己有道理，这种事在那些再娶的家庭经常发生，真可悲啊！自古以来，奸臣佞妾以一句话就陷害了别人的事太多了！何况后母借夫妻间的情义，日日夜夜都可以改变丈夫的态度，奴婢为了争取主人的欢心，就会从旁帮着劝说引诱，这样长年累月下来，怎么会有孝子呢？这不能不让人感到畏惧。

凡庸之性，后夫多宠前夫之孤，后妻必虐前妻之子；非唯妇人怀嫉妒之情，丈夫有沉惑之僻[1]，亦事势使之然也。前夫之孤，不敢与我子争家，提携鞠养[2]，积习生爱，故宠之；前妻之子，每居己生之上，宦学婚嫁[3]，莫不为防焉，故虐之。异姓宠则父母被怨[4]，继亲虐则兄弟为仇[5]，家有此者，皆门户之祸也。

注释

1 沉惑：沉迷、迷惑之意。僻：不良嗜好。

2 鞠（jū）养：抚养，养育。

3 宦学：做官和进学。

4 异姓：前夫之子，因为子女跟从夫姓，和继父不同姓，所以称“异姓”。

5 继亲：后母。

译文

一般人的秉性，后夫大多宠爱前夫的孩子，后妻则必定会虐待前妻的子女。这并不是说惟有妇人才怀有嫉妒的性情，而男子则有溺爱孩子的毛病，实际上这只是事物发展的形势所导致的。前夫的子女，不敢与后夫的子女争夺家产，这样，后父从小照顾抚养他们，日子一长自然就会产生爱心，因此后父就会宠爱他们。前妻的孩子，年龄地位一般居于自己的子女之上，无论做官、读书还是娶妻生子，没有一样不要提防的，因此后母就要虐待他。父母宠爱异姓孩子会被自己的孩子埋怨，继母虐待前妻的子女则会使兄弟之间反目成仇，凡是家中有这些事情，都可说是家门的灾祸啊。

思鲁等从舅殷外臣1，博达之士也。有子基、谌，皆已成立，而再娶王氏。基每拜见后母，感慕呜咽，不能自持，家人莫忍仰视。王亦凄怆，不知所容，旬月求退，便以礼遣，此亦悔事也。

注释

1 思鲁：字孔归，颜之推的长子。从舅：母亲的叔伯兄弟称从舅。

译文

思鲁等孩子的堂舅殷外臣，是一位博学通达的人。他的两个儿子殷基、殷谌，都已经长大成人，殷外臣在妻子死后续娶王氏。殷基每次拜见后母时，都因思念生母而失声痛哭，感情不能自控，家人都不忍心抬头看见他那悲痛的神情。王氏见了也不禁感到凄苦悲伤，不知该如何面对他，因此结婚不到半个月就请求退婚，殷外臣只好按照礼节将她送回娘家，这也是一件让人后悔的事啊。

《后汉书》曰：『安帝时，汝南薛包孟尝，好学笃行，丧母，以至孝闻。及父娶后妻而憎包，分出之。包日夜号泣，不能去，至被殴杖。不得已，庐于舍外[1]，旦入而洒扫[2]。父怒，又逐之，乃庐于里门[3]，昏晨不废[4]。积岁余，父母惭而还之。后行六年服，丧过乎哀[5]。既而弟子求分财异居，包不能止，乃中分其财：奴婢引其老者，曰：「与我共事久，若不能使也[6]。」田庐取其荒顿者[7]，曰：「吾少时所理[8]，意所恋也。」器物取其朽败者，曰：「我素所服食[9]，身口所安也。」弟子数破其产，还复赈给。建光中，公车特征[10]，至拜侍中。包性恬虚，称疾不起，以死自乞。有诏赐告归也。』

注释

1 庐：指搭建草棚。舍：房子。

2 洒扫：洒水扫除污垢。语出《诗经·大雅·抑》："夙兴夜寐，洒扫庭内，维民之章。"

3 里门：乡里之门。古人聚族列里而居，里有里门。

4 昏晨不废：坚持早晚给父母请安，从不废止。

5 丧过乎哀：守丧超过哀礼的限制。古代时，父母死去，子女须服丧三年，薛包服丧六年，因此说"丧过乎哀"。

6 若：你。

7 荒顿：荒芜废弃。

8 理：整治。

9 服：用。

10 公车：汉代官署名。卫尉的下属机构，设公车令，掌管宫殿中司马门的警卫工作。臣民上书和征召，都由公车接待。

译文

《后汉书》记载："汉安帝时，汝南有位姓薛名包字孟尝的人，他勤奋好学，品行忠诚。他的母亲已经去世，薛包因特别孝顺而闻名乡里。后来他的父亲娶了后妻，因而逐渐憎恶薛包，将他逐出家门。薛包日夜痛哭流涕，不愿离开，以至被父亲用棍棒殴打。薛包逼不得已，只好在家门外搭间庐舍栖身，每天早上都回家打扫房屋。他的父亲十分恼怒，又把他赶走，于是薛包就只好在里巷外面搭间小屋居住，但每天早晚仍不间断地向父母请安。这样过了一年多，他的父母也感到惭愧，让他搬回家。他的父母逝世后，薛包守孝六年，超过一般守孝三年的礼法惯例。不久，弟弟要求分家居住，薛包不能劝止他的要求，只好将家产平分。自己主动分取奴婢中年老体弱者，说：‘这些人与我共事的时间很长，你使唤不了他们。’田地房屋中荒芜破败的分给自己，说：‘这些是我小时候整治过的，情意上十分依恋。’器具物品则拿了些腐朽破旧的，说：‘我平素使用的，已经习惯了。’分家后，他的弟弟多次用光了自己的家产，薛包一次又一次资助他。建光年间，朝廷特意征聘他，直到官拜侍中。薛包生性恬淡，就声称自己卧病在床，快要死了，乞求回家养病。皇帝只好下诏书让他保留官衔回家了。”

赏析与点评

颜之推生活的南北朝，距今约有一千五百年，故这篇文章所表现的男权文化，现今读来难免有偏见之嫌。作者认为女性（后妻）善妒，甚至会“离间骨肉”，其实这跟古代“传嫡不传庶”的时代环境有密切关系，不合理的传承制度，绞杀了本来就易生冲突的后母与遗孤的关系，迫使后妻在自己儿子前途与别人儿子前途的零和博弈之下，只能“惨虐孤儿”。幸好，现今社会法律无嫡庶之分，人们也相对开明，这样的事情较少发生。《颜氏家训》虽有歧视女性之嫌，不过作者在一千多年前，仍能得出“前夫之孤，不敢与我子争家，提携鞠养，积习生爱，故宠之”的结论，可见他对人性有深刻的理解，故此，其言仍有可取之处。

治家第五

本篇导读

作者在这一章主要阐述了治家的观点。早在《礼记·大学》中就有“欲治其国者，先齐其家”的看法，人们视齐家为治国的前提。作者认为齐家最重要的就是家庭成员间“上行于下”，互相影响的关系：父母想要子女孝顺，就应对子女慈爱；兄长想要弟弟恭敬，就应该对他友善；丈夫想要妻子顺从，就应该对妻子重义。作者强调要勤俭持家，不过须宽严有度，“俭而不吝”。面对子女的婚嫁问题时，必须以端正态度来对待。作者认为婚配十分注重伴侣的“清白”，反对“卖女纳财，买富输绢，比量父祖，计较锱铢”这种市井之风。接着，本篇还比较了南北地区的妇女在家庭地位上的差异，描述了重男轻女和虐待儿媳的现象。此外，作者又强调治家要从小事着手，丝毫不容懈怠。

夫风化者[1]，自上而行于下者也，自先而施于后者也。是以父不慈则子不孝，兄不友则弟不恭，夫不义则妇不顺矣。父慈而子逆，兄友而弟傲，夫义而妇陵[2]，则天之凶民，乃刑戮之所摄[3]，非训导之所移也。

注释

1 风化：风俗、教化。

2 陵：侵侮，欺侮。

3 刑戮（lù）：刑罚。摄：通“慑”，使人畏惧。

译文

有关风化教育的问题，是由上面推行到下面，由前人影响后人的。因此，如果父亲不慈爱，子女就不会孝顺；兄长不友好，弟弟就不会恭敬；丈夫不讲情义，妻子就不会温顺。假如父亲慈爱有加而子女忤逆不孝，兄长爱护备至而弟弟桀骜不恭，丈夫情义深厚而妻子盛气凌人，那么这些人就是天生的凶恶之徒，只能用刑罚去威慑他们，不是教育感化所能改变的。

笞怒废于家[1]，则竖子之过立见[2]；刑罚不中[3]，则民无所措手足。治家之宽猛，亦犹国焉。

注释

1 笞（chī）：用鞭或竹板打。

2 竖子：未成年的人。

3 中：适当，合适。

译文

在家庭内，如果废除鞭笞等体罚手段，那孩子的过失马上就会出现；如果刑罚不适当，那老百姓就无所适从。治理一个家庭的宽严标准，就像治理国家一样。

赏析与点评

香港的高考曾出过这样的题目：“你是否赞成体罚？”对于体罚，各方都有不同的意见。其实根据儿童心理学，孩子一至两岁时不能打，因为这样会摧毁他们的安全感，七岁之后也不能随便打，因为要维护他的自尊，不过研究认为三至六岁这段时间可以实施体罚。体罚的目的不是要让小孩感到痛楚，而是要让他们知道错误，故此，只能徒手击打臀部，而不应用皮带之类抽打。过分虐待小孩不仅会带来身体的伤害，还会增加儿童反社会的行为。

孔子曰：『奢则不孙，俭则固；与其不孙也，宁固[1]。』又云：『如有周公之才之美，使骄且吝，其余不足观也已[2]。』然则可俭而不可吝已。俭者，省约为礼之谓也；吝者，穷急不恤之谓也。今有施则奢，俭则吝；如能施而不奢，俭而不吝，可矣。

注释

1 "奢则不孙"四句：语出《论语·述而》。孙：通"逊"，恭顺。固：鄙陋。

2 "如有周公"三句：语出《论语·泰伯》。周公：姬旦，周文王之子，武王之弟。武王死后，辅佐成王。

译文

孔子说："一个人如果奢侈就显得骄傲，过于俭朴就显得寒伧，与其骄傲，宁可寒伧。"孔子又说："假如才能比得上周公，但却骄傲自大且吝啬，他其余的方面也就不值得一看了。"这样说来，就是可以节俭而不可吝啬。节俭，是简约地按礼法办事；吝啬，则指即使对于穷苦急难的人也不救济。现在舍得施舍的人就奢侈无度，节俭的人却变得吝啬小器。假如能施舍于他人而自己又不奢侈，勤俭节约却不吝啬，那就可以了。

生民之本，要当稼穑而食[1]，桑麻以衣。蔬果之畜，园场之所产；鸡豚之善，埘圈之所生[2]。爰及栋宇器械，樵苏脂烛[3]，莫非种殖之物也。至能守其业者，闭门而为生之具以足，但家无盐井耳。今北土风俗，率能躬俭节用，以赡衣食；江南奢侈，多不逮焉。

注释

1 稼穑（jià sè）：泛指农业生产。

2 埘（shí）：鸡窝。圈：猪圈，牛羊圈。

3 樵苏：做燃料用的柴草。脂烛：古人用麻蕡灌以油脂，点燃作照明用。

译文

人民生存的根本，应当是种植庄稼来获取食物，种植桑麻来纺织衣服。蔬菜瓜果的积储，来自于果园菜圃的生产，鸡肉、猪肉等美食，来自于鸡窝猪圈的畜养。至于房屋器械、柴草蜡烛等，无不源于种植的产物。那些善于掌管家业的人，不用出门，生活所需的物品都够用了，只是家中没有盐和井罢了。现在北方的风俗，大都勤俭节约，以保障衣食所需；而江南一带却风尚奢侈，大多比不上北方人那样懂得持家。

梁孝元世，有中书舍人1，治家失度，而过严刻，妻妾遂共货刺客，伺醉而杀之。

注释

1 中书舍人：官名，原称中书省通事舍人，为中书省属官，任起草诏令之职，参与机密，权力甚重。

译文

梁朝孝元帝时，有一个中书舍人，治家有失法度，处事过于严厉苛刻，他的妻妾就共同买通刺客，趁他喝醉时把他杀了。

世间名士，但务宽仁[1]；至于饮食饷馈[1]，僮仆减损，施惠然诺[2]，妻子节量，狎侮宾客，侵耗乡党[3]：此亦为家之巨蠹矣[4]。

注释

1 饷馈：馈赠。

2 然诺：应允诺言。

3 乡党：泛指乡里。

4 蠹（dù）：蛀虫，这里指为害家庭的人或事。

译文

世间有些知名人士，治家只知一味宽大仁厚，以至于日常饮食和用来馈赠亲友的东西，僮仆都从中克扣，减质减量；对于答应接济他人的钱物，妻妾子女却减少其数量，以致轻视、侮辱了宾客，侵吞克扣乡里百姓，这也是家庭的一大祸害呀。

齐吏部侍郎房文烈，未尝嗔怒，经霖雨绝粮，遣婢籴米[1]，因尔逃窜，三四许日，方复擒之。房徐曰：『举家无食，汝何处来？』竟无捶挞[2]。尝寄人宅[3]，奴婢彻屋为薪略尽[4]，闻之颦蹙[5]，卒无一言。

注释

1 籴（dí）米：买米。

2 捶挞：杖击、鞭打。

3 寄人宅：以宅寄人，把房子借给别人居住。

4 彻：拆毁。

5 颦蹙（pín cù）：皱眉蹙额，不高兴的样子。

译文

齐朝的吏部侍郎房文烈，从未对人发过怒，一次家中因久雨断粮，他派一个婢女外出买米，那个婢女借此机会逃走了，过了三四天，方才捉住那婢女。房文烈和缓对她说："全家人都没有食粮，你从哪里回来呢？"竟然没有要责打她的意思。房文烈曾将自己的住宅借给别人住，奴婢们把房屋拆了当柴烧，都几乎烧完了，他知道后只仅仅皱了眉头，始终没说一句话。

裴子野有疏亲故属饥寒不能自济者，皆收养之。家素清贫，时逢水旱，二石米为薄粥，仅得遍焉，躬自同之，常无厌色。邺下有一领军[1]，贪积已甚，家僮八百，誓满一千；朝夕每人肴膳，以十五钱为率[2]，遇有客旅，更无以兼。后坐事伏法，籍其家产，麻鞋一屋，弊衣数库，其余财宝，不可胜言。南阳有人，为生奥博[3]，性殊俭吝，冬至后女婿谒之，乃设一铜瓯酒[4]，数脔獐肉[5]；婿恨其单率，一举尽之。主人愕然，俯仰命益[6]，如此者再。退而责其女曰：『某郎好酒，故汝常贫。』及其死后，诸子争财，兄遂杀弟。

注释

1 领军：官名，东汉建安四年置此官，后改为中领军，掌管禁兵。

2 率：规格，标准。

3 奥博：富裕，积蓄丰厚。

4 瓯（ōu）：酒器。

5 脔（luán）：切成小块的肉。獐（zhāng）：一种像鹿的野兽。

6 俯仰：周旋，应付。

译文

裴子野每当有远亲、旧部属陷于饥寒而不能自救时，都尽力收养他们。裴子野家素来清贫，有时碰上水旱灾害，便会用二石米煮成稀薄的粥饭，仅仅能让大家都喝到。裴子野自己也一同喝粥，从没有厌烦的表情。邺下城有一个领军将军，贪得无厌，有家奴八百人，他还发誓要达到一千人。他家里每人每天的饮食开支，都以十五钱为标准，遇到有客人临时住宿，也不增加。后来这位将军因犯罪被处以死刑，没收他的家产时，发现他收藏了整整一屋子的麻鞋，破旧的衣服也装满了几个仓库，其余财宝，多得说不清。南阳有一个人善于营生，积累丰厚，但性情特别节俭吝啬。冬至以后，他的女婿来拜见他，他只准备了一小铜壶酒和几小片獐肉来招待。女婿恨他过于吝啬小气，就把酒肉一下子全吃了。主人惊呆了，过了一会儿叫人给女婿添加食物，接着又添了一次。退席后他就责备女儿说："因为你丈夫爱喝酒，所以你才经常处于贫困当中。"这个人死后，儿子们互相争夺财产，哥哥竟杀了弟弟。

妇主中馈[1]，惟事酒食衣服之礼耳，国不可使预政，家不可使干蛊[2]；如有聪明才智，识达古今，正当辅佐君子，助其不足，必无牝鸡晨鸣[3]，以致祸也。

注释

1 中馈：指妇女在家中主持饮食等事。

2 干蛊（gǔ）：主事。

3 无：勿，不要。牝（pìn）鸡：母鸡。牝鸡晨鸣，比喻女子主事。

译文

妇女主持家务，只要办好酒食衣服等礼法规定的事项就行了。一个国家不可以让妇女干预国政，一个家庭不可以让妇女掌管家政。如果有聪明能干、通晓古今的妇女，也只应当辅佐自己的丈夫，弥补他的不足之处，千万不可像母鸡代替公鸡报晓一样凌驾于男子之上，而招致灾祸。

江东妇女，略无交游，其婚姻之家，或十数年间，未相识者，惟以信命赠遗[1]，致殷勤焉。邺下风俗，专以妇持门户[2]，争讼曲直，造请逢迎[3]，车乘填街衢，绮罗盈府寺[4]，代子求官，为夫诉屈。此乃恒、代之遗风乎[5]？南间贫素，皆事外饰，车乘衣服，必贵整齐；家人妻子，不免饥寒。河北人事[6]，多由内政[7]，绮罗金翠，不可废阙，羸马悴奴[8]，仅充而已；倡和之礼[9]，或尔汝之[10]。

注释

1 信命赠遗：派使者传达书信问候，赠送礼物。

2 持门户：掌管家庭事务。

3 造请：登门晋见。

4 府寺：官署，汉代郡国设置属官，亦如公府，故称郡国官署为府寺。

5 恒：恒，恒州，今山西大同市东北。代：代郡，今河北省蔚县东。

6 人事：交际应酬。

7 内政：家庭内部事务。这里借指主持家务的妻子。

8 羸（léi）：瘦弱。悴（cuì）：衰弱，疲萎。

9 倡和：夫唱妇随。

10 尔汝：指夫妻间互相轻贱的称谓。

译文

江东的妇女，日常没有什么交游，即使是儿女亲家之间，有的结亲十余年了，也不太认识，他们一般都只以书信问候或派人互赠礼品来表达情意。至于邺下城的风俗，却专靠妇女来主持家务，她们会亲自出面与别人争论是非曲直，又会到处应酬交际，她们坐的车子挤满了大街小巷，她们穿着锦衣华服挤在官府，有的会代儿子求官，有的会为丈夫申冤。这就是北魏时恒州、代郡一带鲜卑的遗风吧？南方地区即使是贫寒人家，都很注重出门时外表的装饰，他们的车辆和衣服等用品，一定要华贵完备；不过家人妻儿，便免不了受饥寒之苦。而河北一带人家的交际活动，多由妇女出面，因此妇女们穿的绫罗绸缎，戴的珠宝首饰是不可缺少的，至于使用瘦弱的马匹和憔悴的奴仆，那不过是为了充数而已。夫妻之间一唱一和的礼节，恐怕已经被彼此轻贱的称谓所代替了。

河北妇人，织纴组紃之事[1]，黼黻锦绣罗绮之工[2]，大优于江东也。

注释

1 织纴（rèn）组紃（xún）：纴为缯帛，组和紃为丝带。这里借指妇女从事的织作事务。

2 黼黻（fǔ fú）：古代礼服上所绣的花纹。

译文

黄河以北的妇女，在纺织方面的事情，以及刺绣、织锦工艺，都大大优于江东的妇女。

太公曰[1]：『养女太多，一费也。』陈蕃曰[2]：『盗不过五女之门[3]。』女之为累，亦以深矣。然天生蒸民[4]，先人传体，其如之何？世人多不举女，贼行骨肉，岂当如此，而望福于天乎？吾有疏亲，家饶妓媵（yìng），诞育将及，便遣阍竖守之[5]。体有不安，窥窗倚户，若生女者，辄持将去[6]；母随号泣，使人不忍闻也。

注释

1 太公：姜太公。西周开国名臣。

2 陈蕃：东汉名臣，曾上书朝廷，以养女太多易致家贫的道理，劝告皇宫不可蓄养太多妃嫔。

3 盗不过五女之门：指生养五个女儿要准备五套嫁妆，其花费会使家里一贫如洗，连盗贼都不会盗窃该家庭。

4 蒸：众。

5 阍（hūn）竖：守门的僮仆。

6 辄：就。

译文

姜太公说过：“抚养太多女孩，实在是一种耗费。”陈蕃也说过：“连贼人都不去养有五个以上女儿的人家偷窃。”女儿对家庭的拖累，是十分深重的。然而天生众民，有男有女，女子也是先人遗传下来的骨肉，对此能怎么样呢？世上的人大多不愿生养女孩，有的甚至残害自己的女儿，难道这样做，还指望老天会降福给他们吗？我有一个远房亲戚，他家里有很多家妓媵妾，每当她们要生孩子时，就派家仆守在门外。当她们身体一有要临盆的动静，就从窗口窥视或等在门边，假如看到诞下的是女婴，就立刻把孩子抱走，母亲只有号哭，这情境真使人不忍听闻啊。

妇人之性，率宠子婿而虐儿妇。宠婿，则兄弟之怨生焉；虐妇，则姊妹之谗行焉。然则女之行留，皆得罪于其家者，母实为之。至有谚云：『落索阿姑餐1。』此其相报也。家之常弊，可不诫哉！

注释

1 落索：当时俗语，冷落萧索。阿姑：婆婆。

译文

妇女的性情，大都宠爱女婿而虐待儿媳。宠爱女婿就会使兄弟们产生怨恨，虐待儿媳，就会使姊妹们的谗言得逞。既然这样，那么女子不论是嫁到婆家还是待嫁在家，都要得罪家人，这实在是母亲造成的啊。以至于有谚语说：“最冷落萧索的就是婆婆吃饭啊。”这就是宠婿虐媳的报应。这些都是许多家庭常有的弊端，能不引以为诫吗？

婚姻素对[1]，靖侯成规[2]。近世嫁娶，遂有卖女纳财，买妇输绢，比量父祖，计较锱铢[3]，责多还少，市井无异[4]。或猥婿在门，或傲妇擅室，贪荣求利，反招羞耻，可不慎欤！

注释

1 素对：清白的配偶。

2 靖侯：即颜之推九世祖颜含，字宏都，谥曰靖侯。桓温曾经请求与颜家结成婚姻，颜含认为桓温势力过于强盛，故此没有答应。事见《晋书·孝友传》。

3 锱铢（zī zhū）：均为古代很小的计量单位，比喻微小的事物。

4 市井：指商贩。

译文

男女婚配要找清白的人家，这是我家祖上靖侯立下的规矩。近年来世人在嫁娶的事上，利用婚嫁卖女儿赚取钱财，有的为买媳妇而拿出彩礼，互相攀比衡量对方父辈和祖上的门第，斤斤计较对方的钱财，要求的多而付出的少，这与商贩没有两样。结果有的招了个猥琐卑劣的女婿上门，有的娶了个凶悍傲慢的媳妇主宰家政。因为贪图荣华追求钱财，反而招来羞耻，嫁娶之事不能不慎重啊！

借人典籍，皆须爱护，先有缺坏，就为补治，此亦士大夫百行之一也[1]。济阳江禄，读书未竟，虽有急速，必待卷束整齐[2]，然后得起，故无损败，人不厌其求假焉。或有狼籍几案，分散部帙[3]，多为童幼婢妾之所点污，风雨虫鼠之所毁伤，实为累德。吾每读圣人之书，未尝不肃敬对之；其故纸有《五经》词义，及贤达姓名，不敢秽用也[4]。

注释

1 百行：古代士大夫所订的立身行己之道，共有百事，称之为百行。

2 卷束：南北朝时，书籍是抄写在绢帛上，然后卷成一卷收藏，称之为书卷。这里是指卷起束理。

3 部：部分，类别。古代书籍多按内容分为部类收藏。帙（zhì）：古人用以装书卷的布套。

4 秽用：用在不干净的地方。

译文

借了别人的书籍，都必须加以爱护，如果书本原先就有缺损残破，就要替人修补整治，这也是士大夫立身处世的行为准则之一。济阳的江禄，读书还没结束时，即使有赶着要办的事，也必定把书籍收拾卷好后才离开，因此他的书籍都没有损坏，别人也不厌其烦地乐意把书借给他。有些人将书籍散乱地堆放于几案上，同类的书分散各处，包书的书套都散开了，以致书本大多被小孩和婢女侍妾弄脏，或者被风雨侵蚀，遭受虫蛀、鼠咬损坏，这实在是缺乏道德的事。我每次读圣贤的书时，从来没有不肃然起敬地看的。如果旧纸上写有《五经》的词义和圣贤的姓名，我决不敢把它用在污秽肮脏的地方。

赏析与点评

“其故纸有《五经》词义，及贤达姓名，不敢秽用也”，二三十年前本港仍保持这样的风俗，时人称有字的纸张为“字纸”，不敢随便擦用，显示了在书本及知识并不普及时，大家对中国文字和背后所承载的知识的尊重。现今随着互联网的兴起，网络的无限复制功能打破了知识的樊笼，儒家的“道”在现代知识面前似乎一无是处，反而传播的工具“器”，更能得到人们的青睐。

吾家巫觋祷请[1]，绝于言议；符书章醮[2]，亦无祈焉，并汝曹所见也。勿为妖妄之费。

注释

1 巫觋（xí）：男女巫的合称。女为巫，男为觋。祷请：向鬼神祈祷请求。

2 符书章醮（jiào）：旧时道士用来驱鬼招神或治病延年的神秘文书。

译文

我家对于请巫医求神赐福消灾之事，从来没人提起，也不请道士画符祈神，这些都是你们见到的。你们切勿花钱去做这种妖妄的事。

赏析与点评

中国历来有“身教”一说，强调榜样以身作则的作用，比如历史上著名的“孟母三迁”。本篇就是专门谈治家必须注意的种种事项，诸如父兄要注意以身作则；治家不能没有章法，但又必须宽严适度；既要躬俭节用，又要乐善好施。

故此，作者认为一家之主，作为下人的榜样，不能一味讲究宽厚仁慈，这样只会被奴婢仆人欺负，只会败家，不利于治家。这与一般“和其光，同其尘”的和稀泥做法或所谓“中庸之道”很不一样，可见这是颜之推从生活中得出的经验之谈，即使在今天也是值得借鉴的。

卷二

卷二

风操第六

本篇导读

风操是指士大夫的风度节操。士大夫历来推崇“修身”、“齐家”、“治国”、“平天下”。如果说《治家第五》所讨论的是“齐家”，那么这篇所讨论的就是“修身”。在这一篇，作者以传统经学对礼的规定为出发点，结合当时的社会情况，对孝、避讳、称谓、风俗等士大夫待人接物应该注意的问题展开了论述。他认为士大夫讲究风度节操是必要的，但食古不化并不可取。他反对一味尊崇古制、一成不变，主张待人处事宜视具体情况而定。

吾观《礼经》，圣人之教：箕帚匕箸[1]，咳唾唯诺[2]，执烛沃盥[3]，皆有节文[4]，亦为至矣。但既残缺，非复全书；其有所不载，及世事变改者，学达君子，自为节度，相承行之，故世号士大夫风操。而家门颇有不同，所见互称长短；然其阡陌[5]，亦自可知。昔在江南，目能视而见之，耳能听而闻之；蓬生麻中[6]，不劳翰墨[7]。汝曹生于戎马之间，视听之所不晓，故聊记录，以传示子孙。

注释

1 箕（jī）：畚箕，收集垃圾的器具。帚：扫帚。指家内洒扫之事。匕箸（zhù）：汤匙和筷子。

2 咳唾：比喻人的言论。

3 沃盥（guàn）：倒水洗手。

4 节文：节制修饰。《礼记·坊记》："礼者，因人之情，而为之节文，以为民坊者也。"

5 阡陌：途径。

6 蓬：蓬草。蓬生麻中比喻人生长在好的环境中。语出《荀子·劝学》。

7 翰墨：笔墨。王利器《颜氏家训集解》怀疑此处或有阙文，或"翰墨"为"绳墨"之误，绳墨本指木工取直的工具，后比喻法度。结合前句意思，比喻人生长在良好的环境，不用规范也能成为正直的人。

译文

我看《礼记》上有关圣人的教诲：为长辈清扫脏物时应如何使用畚箕、扫帚，进餐时如何拿匙和筷子，应答谈吐等行为态度，以至为长辈拿蜡烛、端水洗手等日常小事，都有明确的礼节规定，可说是极为详备了。但此书已经残缺不全，没有恢复原来的样子，当中还有一些礼节未能记载，有些礼节则随社会变化而改变了。学问通达的君子，自己会定下一些礼法节度，互相承袭实行，由此被世人称为士大夫风操。然而各自家庭的情况颇有不同，所得见解也不一致，但他们修身养性的途径却是可以知道的。从前我在江南的时候，眼睛所看到的，耳朵所听到的，都有礼法规矩。人在这种环境中自然会懂得礼节，就像蓬草生长在麻中，不用依靠绳墨也长得很直一样。你们生长于战争动乱的年代，看不到也听不到这些礼节，所以我姑且记录下来，以传给子孙后代看。

《礼》曰：『见似目瞿[1]，闻名心瞿。』有所感触，恻怆心眼；若在从容平常之地，幸须申其情耳。必不可避，亦当忍之。犹如伯叔兄弟，酷类先人，可得终身肠断，与之绝耶？又：『临文不讳，庙中不讳，君所无私讳。』益知闻名，须有消息[2]，不必期于颠沛而走也[3]。梁世谢举，甚有声誉，闻讳必哭，为世所讥。又有臧逢世，臧严之子也，笃学修行，不坠门风。孝元经牧江州，遣往建昌督事，郡县民庶，竞修笺书，朝夕辐辏[4]，几案盈积，书有称『严寒』者，必对之流涕，不省取记[5]，多废公事，物情怨骇[6]，竟以不办而还。此并过事也。

注释

1 瞿（jù）：恭谨的样子。

2 消息：斟酌。

3 颠沛：颠覆，扑倒。这里形容人们听到先人名讳后立即趋避的狼狈样。

4 辐辏（còu）：车轴集中于轴心，此喻信函聚集于官署。

5 省：检查。

6 物情：人情。

译文

《礼记》说："见到与死去的亲人相像的人，或听到与死去的亲人相同的名字，心中都会感到惊恐不安。"这是因为有所感触，从内心自然而发的哀伤；若在闲时平常的地方发生这类事，就可把感情宣泄出来。遇到无法避开家讳的时候，也应当强自忍耐不表露出来。这就像自己的伯伯、叔叔、兄弟等人，酷似（故世的）父母，难道要一辈子伤心断肠，断绝和他们来往吗？《礼记》中又说："写文告时不避讳，在祖庙中说祝辞时不避讳，与国君谈话时不避自己父母的讳。"由此可进一步知道，在听到有关先人的名字时，必须斟酌一下当时的具体情况，而不必慌忙地避开离去。梁朝的谢举，很有声誉，可是当他一听到先父先母的名讳就会失声痛哭，被当时的人所讥笑。还有臧逢世，他是臧严的儿子，学习勤奋而品行端正，不失其好门风。梁元帝在当江州刺史的时候，派他到建昌督察有关事宜，郡县的市民百姓，竞相上书言事，信函从早到晚聚满了公堂，几案上堆满了文书，臧逢世在处理公务时，凡是书信中写有“严寒”的字样，都必定对着书信流泪哭泣，以至忘记查看和回复，因此多次荒废了公事，以致大家都对他抱怨，结果臧逢世因办不好公事而被遣还。以上讲的都是一些过分讲究避讳的事。

赏析与点评

颜之推一方面认为事事避讳会过于矫情，陷于形式主义；另一方面，他告诉我们做事要审时度势，学会变通，认清何为特殊情况，何谓一般情况，应分清主次，不可贻误正事。

近在扬都[1]，有一士人讳审，而与沈氏交结周厚[2]，沈与其书，名而不姓，此非人情也。

注释

1 扬都：扬州。

2 周厚：关系亲密。

译文

近来在扬都，有一士人忌讳“审”字，而他又与一个姓沈的人交情深厚。姓沈的朋友给他写信时，为避他的讳而只署名，不写上姓，这就不合情理了。

凡避讳者，皆须得其同训以代换之[1]：桓公名白[2]，博有五皓之称[3]；厉王名长[4]，琴有修短之目。不闻谓布帛为布皓，呼肾肠为肾修也。梁武小名阿练[5]，子孙皆呼练为绢；乃谓销炼物为销绢物，恐乖其义。或有讳云者，呼纷纭为纷烟；有讳桐者，呼梧桐树为白铁树，便似戏笑耳。

注释

1 同训：同义词。

2 桓公：齐桓公，春秋五霸之首，名小白。

3 博：博戏，古代的一种局戏。

4 厉王：西汉淮南厉王，姓刘，名长。

5 梁武：南朝梁武帝。

译文

凡是要避讳的字，都应该找和原字意义相同的字来代替。如齐桓公名叫小白，博戏中的“五白”就被称为“五皓”；西汉淮南厉王名叫“长”，他的儿子刘安编著《淮南子》时，就把琴的长短说成“修短”。但却从没听说谁把布帛称为“布皓”，把肾肠称为“肾修”的。南朝梁武帝的小名叫阿练，他的子孙都称“练”为“绢”，假如把“销炼物”称为“销绢物”，恐怕就违背原意了。还有讳“云”字的人，把“纷纭”称为“纷烟”；有讳“桐”字的人，把“梧桐树”称为“白铁树”，这便近似于开玩笑了。

周公名子曰禽，孔子名儿曰鲤，止在其身，自可无禁。至若卫侯、魏公子、楚太子[1]，皆名虮虱；长卿名犬子，王修名狗子，上有连及[2]，理未为通。古之所行，今之所笑也。北土多有名儿为驴驹、豚子者，使其自称及兄弟所名，亦何忍哉？前汉有尹翁归，后汉有郑翁归，梁家亦有孔翁归，又有顾翁宠；晋代有许思妣、孟少孤[3]，如此名字，幸当避之。

注释

1 魏公子：应为韩公子。

2 连及：联系涉及。

3 妣（bǐ）：死去的母亲。

译文

周公给儿子取名叫伯禽，孔子给儿子取名叫鲤，这类名字的意义只限于他们儿子自身，自然可以没什么禁忌地使用。至于像卫侯、韩公子、楚国太子的名字都叫虮虱，司马相如的小名叫犬子，王修的小名叫狗子，这就牵连到他们的父辈，在道理上是讲不通的。古时人们所实行的，正是今人所讥笑的。很多北方人给儿子取小名为驴驹、小猪，让儿子自称这样的名字，以及让他的兄弟也这样叫他，又怎么能受得了呢？前汉有人叫尹翁归，后汉有个人叫郑翁归，梁朝也有人叫孔翁归，又有人叫顾翁宠的；晋代有人叫许思妣、孟少孤，像这样的名字，还是应当避免。

今人避讳，更急于古。凡名子者，当为孙地[1]。吾亲识中有讳襄、讳友、讳同、讳清、讳和、讳禹，交疏造次[2]，一座百犯，闻者辛苦，无憀赖焉[3]。

注释

1 为孙地：为孙辈留有余地。

2 交疏：应为“疏交”，指相交之远者。

3 无憀（liáo）赖：无所依从。

译文

现在的人对于避讳，比古代更加讲究。凡是为儿子取名字，都应当为孙辈留些余地，使其不因避父讳而陷于尴尬境地。在我所亲近熟悉的人中，有讳“襄”字、讳“友”字、讳“同”字、讳“清”字、讳“和”字、讳“禹”字等常用字，大家聚会的时候，交往疏远一点的人仓猝之间不知所讳，结果触犯了很多人的家讳，使听者伤心悲苦，大家也无所适从。

昔司马长卿慕蔺相如，故名相如，顾元叹慕蔡邕，故名雍，而后汉有朱伥字孙卿[1]，许暹字颜回，梁世有庾晏婴、祖孙登，连古人姓为名字，亦鄙事也。

注释

1 孙卿：即荀卿。

译文

从前，司马长卿因仰慕蔺相如，所以改名为相如；顾元叹仰慕蔡邕，所以改名为雍。而东汉有朱伥字孙卿、许暹字颜回，梁朝有人叫庾晏婴、祖孙登，这些人连古人的姓都一起拿来作自己的名或字，这是很鄙俗的事。

昔刘文饶不忍骂奴为畜产[1]，今世愚人遂以相戏，或有指名为豚犊者。有识傍观，犹欲掩耳，况当之者乎？

注释

1 畜产：畜生，是骂人的话。

译文

从前，刘文饶不忍心辱骂奴仆为畜生，而现在一些愚蠢的人却以此互相戏骂，还有人指名道姓说谁是小猪小牛。有识之士在旁边听闻了，还要掩住耳朵，何况那些被辱骂的人呢？

近在议曹[1]，共平章百官秩禄[2]，有一显贵，当世名臣，意嫌所议过厚。齐朝有一两士族文学之人，谓此贵曰：『今日天下大同，须为百代典式，岂得尚作关中旧意？明公定是陶朱公大儿耳[3]！』彼此欢笑，不以为嫌。

注释

1 议曹：汉代郡守所辟属吏之称，掌言职。

2 平章：商量处理。秩禄：俸禄。

3 陶朱公：春秋时期越国大夫范蠡的别称。范蠡佐越王勾践灭吴后，辞官归隐陶称朱公，以经商致富。相传他的次子在楚国因杀人被抓，他的大儿子带着千金前往营救，因为舍不得花钱，弟弟最终被杀。

译文

最近我在议曹参加商议百官的品级俸禄之事，有一个显达尊贵的人，是一位当代名臣，他认为大家所商议的俸禄过于优厚。北齐有一两个原属齐朝士族文学侍从的人，对这位权贵说："现在天下统一，应为后代树立典范，岂能还按原来在关中时的那一套办事呢？你一定是陶朱公的大儿子吧！"大家听了一起欢笑，也不因此而有什么嫌隙。

昔侯霸之子孙[1]，称其祖父曰家公；陈思王称其父为家父[2]，母为家母；潘尼称其祖曰家祖[3]：古人之所行，今人之所笑也。今南北风俗，言其祖及二亲，无云家者；田里猥人[4]，方有此言耳。凡与人言，言已世父[5]，以次第称之，不云家者，以尊于父，不敢家也。凡言姑姊妹女子子[6]：已嫁，则以夫氏称之；在室[7]，则以次第称之。言礼成他族[8]，不得云家也。子孙不得称家者，轻略之也。蔡邕书集，呼其姑姊为家姑家姊，班固书集，亦云家孙，今并不行也。

注释

1 侯霸：字君房，东汉人，官至大司徒。

2 陈思王：曹植。

3 潘尼：西晋文学家，潘岳侄。

4 田里：农村里。猥人：鄙俗之人。

5 世父：大伯父，后为伯父的通称。

6 女子子：女子。

7 在室：指女子未出嫁。

8 礼成他族：指女子出嫁到婆家。

译文

从前侯霸的子孙，称他的祖父为家公；陈思王曹植称他父亲为家父，母亲为家母；潘尼称他的祖父为家祖。古人这些称呼，已被今人当作笑柄了。现在的南北风俗，称呼其祖上和父母亲时，没有人说“家”字。只有那些村野中的鄙贱之人，才会有这样的称呼。凡是与人交谈，谈到自己的伯父时，就按照父辈中的排行来称呼他，不冠以“家”字的原因，是因为伯父尊于父亲，所以不敢称“家”。凡是提及姑母、姊妹等女子时，已经出嫁者，就用丈夫家的姓氏来称呼她，没出嫁的就按兄弟姊妹中的排行顺序称呼她。也就是说女子出嫁后就成为婆家的人，故不能称“家”。对于子孙不能称“家”，是因为要表示对晚辈的轻视。蔡邕的书信集中，称呼他的姑母、姐姐为“家姑”、“家姊”；班固的书信集中也说到“家孙”，现在都不这样称呼了。

凡与人言，称彼祖父母、世父母、父母及长姑，皆加尊字，自叔父母已下，则加贤字，尊卑之差也。王羲之书，称彼之母与自称己母同，不云尊字，今所非也。

译文

凡是和别人交谈，称呼对方的祖父母、伯父母、父母及年长的姑母，都要在称呼前加“尊”字，自对方叔父母以下，则在称呼前加“贤”字，这是为了表明尊卑差别。王羲之在信中，称呼对方的母亲与称呼自己的母亲一样，在称呼前不加“尊”字，现在的人认为这是不对的。

南人冬至岁首，不诣丧家；若不修书，则过节束带以申慰[1]。北人至岁之日[2]，重行吊礼；礼无明文，则吾不取。南人宾至不迎，相见捧手而不揖，送客下席而已；北人迎送并至门，相见则揖，皆古之道也，吾善其迎揖。

注释

1 束带：整饬衣冠，束紧衣带，表示恭敬。申慰：以示慰问。

2 至岁：指冬至、岁首二节。

译文

南方人在冬至、岁首这两个节日里，是不会到办丧事的人家去吊唁的；如果不写信致哀的话，就过了节再整饬衣冠亲自去表示慰问。北方人在冬至、岁首这两个节日中，特别重视吊唁活动，这在礼节上没有明文记载，而我是不赞同的。南方人有客人光临时不会去迎接，见面时只是拱手而不行弯腰礼，送客时仅仅离开座席而已；北方人迎送客人会走到门口，相见时作揖行礼，这些都是古代的遗风，我赞许他们这种迎来送往和揖手弯腰的礼节。

昔者，王侯自称孤、寡、不谷[1]，自兹以降，虽孔子圣师，与门人言皆称名也。后虽有臣、仆之称，行者盖亦寡焉。江南轻重[2]，各有谓号，具诸《书仪》；北人多称名者，乃古之遗风，吾善其称名焉。

注释

1 不谷：不善，不好，古代诸侯自称的谦词。

2 轻：地位低。重：地位高。

译文

过去，王公诸侯都自称孤、寡、不谷，从那以后，即使是孔子那样的至圣先师，与学生谈话时也都自称名字。后来虽然有人自称臣、仆，但这大概也不多。江南的人不论地位高低，都各有称号，这都记载在《书仪》之中。北方人多自称其名，这是古人的遗风，我赞许他们自称名字的做法。

言及先人，理当感慕，古者之所易，今人之所难。江南人事不获已[1]，须言阀阅[2]，必以文翰[3]，罕有面论者。北人无何便尔话说[4]，及相访问。如此之事，不可加于人也。人加诸己，则当避之。名位未高，如为勋贵所逼，隐忍方便，速报取了；勿使烦重，感辱祖父。若没[5]，言须及者，则敛容肃坐，称大门中[6]，世父、叔父则称从兄弟门中，兄弟则称亡者子某门中，各以其尊卑轻重为容色之节，皆变于常。若与君言，虽变于色，犹云亡祖亡伯亡叔也。吾见名士，亦有呼其亡兄弟为兄子弟子门中者，亦未为安贴也[7]。北土风俗，都不行此。太山羊侃[8]，梁初入南；吾近至邺，其兄子肃访侃委曲[9]，吾答之云：『卿从门中在梁，如此如此。』肃曰：『是我亲第七亡叔[10]，非从也。』祖孝征在坐，先知江南风俗，乃谓之云：『贤从弟门中，何故不解？』

注释

1 不获已：犹不得已，没有办法。

2 阀阅：本作伐阅，指世家门第。

3 文翰：指信札、公文书。

4 无何：无故，没有由来。

5 没：同殁，去世。

6 大门中：对别人称呼自己已故的祖父和父亲。

7 安贴：妥帖，贴切。

8 太山：泰山。羊侃：南朝梁末大将。

9 委曲：事情的始末经过。

10 亲：汉魏至隋，人们习惯在亲戚称谓之前加"亲"字，以示其为直系的或最亲近的亲戚关系。

译文

说到先人的名字，按理应当产生感念仰慕之情，这对古人是很容易的，而今天的人却感到困难。江南地区的人除非是迫不得已，否则与人谈及家世的时候，必定是以书信的形式讨论，很少会当面谈论的。北方地区的人会无缘无故地找人聊天，甚至到家中相访。像这种谈及家世的事，还是不要施加于别人的身上。如果别人把这样的事施加于你，你就应该设法避开它。你们的名声地位都不高，如果被权贵所逼迫而必须言及家世，你们可以敷衍一下，赶快作答，结束谈话，不要让这种谈话烦琐重复，以免有辱自家祖辈父辈。如果自己的祖父、父亲已经去世，谈话中又必须提到他们时，就要表情严肃，端正坐姿，口称“大门中”；对伯父、叔父则称“从兄弟门中”；对已过世的兄弟，则借兄弟的儿子某某之名，来称兄弟为“某某的门中”，并且要各自依照他们的尊卑轻重，来确定自己在表情上应掌握的分寸，无论谈到哪个已逝者，表情都要与平常有所不同。如果是与国君谈话提及自己过世的长辈，虽然表情上也有所改变，但还是可以说“亡祖、亡伯、亡叔”等称谓。我看见一些名士，也有称呼他的亡兄亡弟为兄之子“某某门中”或弟之子“某某门中”，这是不妥当的。北方的风俗，完全不是这样的。泰山的羊侃，是在梁朝初年来到南方的。我最近到邺城，他哥哥的儿子羊肃来访，问及羊侃的具体情况，我回答他说：“您从门中在梁朝时，具体情况是这样的。”羊肃说：“他是我嫡亲的第七亡叔，不是堂叔。”祖孝征当时也在座，他早就知道江南的风俗，就对羊肃说：“就是指贤从弟门中，您怎么不明白？”

古人皆呼伯父叔父，而今世多单呼伯叔。从父兄弟姊妹已孤[1]，而对其前，呼其母为伯叔母，此不可避者也。兄弟之子已孤，与他人言，对孤者前，呼为兄子弟子，颇为不忍；北土人多呼为侄。按：《尔雅》、《丧服经》、《左传》，侄虽名通男女，并是对姑之称。晋世已来，始呼叔侄；今呼为侄，于理为胜也。

注释

1 从父：伯父叔父的通称。

译文

古代人都称呼伯父、叔父，而现在多只单称伯、叔。堂兄弟、姊妹的父亲死后，在他们面前，称他们的母亲为伯母、叔母，这是无法回避的。兄弟去世，他们的儿女成了孤儿，你与别人谈话时，在他们面前，称他们为兄之子或弟之子，就很不忍心；北方人多数称他们为侄儿。按：在《尔雅》、《丧服经》、《左传》等书中，侄这个称呼虽然男女通用，但都是对姑姑而言。晋代以来，才开始称叔侄。现在全都统称为侄，从道理上说是恰当的。

别易会难，古人所重；江南饯送，下泣言离。有王子侯[1]，梁武帝弟，出为东郡，与武帝别，帝曰：『我年已老，与汝分张，甚以恻怆。』数行泪下。侯遂密云[2]，赧然而出[3]。坐此被责，飘飖舟渚[4]，一百许日，卒不得去。北间风俗，不屑此事，歧路言离，欢笑分首。然人性自有少涕泪者，肠虽欲绝，目犹烂然；如此之人，不可强责。

注释

1 王子侯：皇室所封列侯。《汉书》有王子侯表。

2 密云：无泪，指强作悲凄之态而不掉眼泪。

3 赧（nǎn）然：羞愧的样子。

4 飘飖（yáo）：飘荡。渚：水中小块陆地。

译文

离别容易相会难，古人很重视离别。江南人在为人饯行送别时，谈到分离就掉眼泪。有一位王子侯，是梁武帝的弟弟，将到东边的郡上任职，前来与武帝告别，武帝对他说："我已年老了，与你分别，真感到伤心。"说着说着，几行眼泪就往下掉。王子侯就做出悲痛的模样，却挤不出眼泪，只好羞愧地离开了皇宫。他因为这件事而被指责，在舟船岸渚间飘荡了一百多天，最终还是不能离开。北方地区的风俗，就不看重这种事，在岔路口谈起别离，都是欢笑着分手。当然，有些人天性本来就是很少流泪，他们有时悲痛到肠断欲绝，眼睛仍是炯炯有神。像这样的人，就不要勉强去责备他。

凡亲属名称，皆须粉墨[1]，不可滥也。无风教者，其父已孤，呼外祖父母与祖父母同，使人为其不喜闻也。虽质于面，皆当加外以别之；父母之世叔父，皆当加其次第以别之；父母之世叔母，皆当加其姓以别之；父母之群从世叔父母及从祖父母，皆当加其爵位若姓以别之。河北士人，皆呼外祖父母为家公家母；江南田里间亦言之。以家代外，非吾所识。

注释

1 粉墨：白与黑。此处指须像黑白一样明确区分。

译文

凡是亲属的名字，都应该分辨清楚，不可胡乱使用。有些缺乏教养的人，在祖父母去世后，对外祖父、外祖母的称呼竟与祖父祖母一样，使人听了不高兴。即使在外祖父外祖母面前，也应加上“外”字以示区别；父母的伯父、叔父，都应当在称呼前加上排行顺序以示区别；父母的伯母、婶母，都应当在称呼前加上她们的姓以示区别；父母亲的堂伯父、堂伯母、堂叔父、堂叔母以及堂祖父、堂祖母，都应当在称呼前加上他们的爵位或姓氏以示区别。河北的男子，都称外祖父、外祖母为家公、家母；江南的乡间也是这样称呼。用“家”字来代替“外”字，这我就弄不懂了。

凡宗亲世数，有从父，有从祖[1]，有族祖[2]。江南风俗，自兹已往，高秩者[3]，通呼为尊；同昭穆者[4]，虽百世犹称兄弟；若对他人称之，皆云族人。河北士人，虽三二十世，犹呼为从伯从叔。梁武帝尝问一中士人曰：『卿北人，何故不知有族？』答云：『骨肉易疏，不忍言族耳。』当时虽为敏对，于礼未通。

注释

1 从祖：父亲的堂伯叔。

2 族祖：祖父的堂伯叔。

3 秩：官吏的俸禄。引申为官吏的职位或品级。

4 昭穆：古代宗法制度，宗庙或墓地的辈次排列，以始祖居中。二世、四世、六世，位于始祖的左方，称昭；三世、五世、七世、位于始祖的右方，称穆。这是用来分别宗族内部的长幼、亲疏和远近。后亦泛指家族的辈分。《周礼·春宫·小宗伯》：“辨庙祧之昭穆。”这里是同一祖宗之意。

译文

凡是同宗之亲的世系辈份，有从父、从祖，有族祖。江南的风俗，从这往上数，对官职高的，通称为尊，同宗又同辈分的，即使隔了一百代，仍然互相称作兄弟。如果是对别人称呼自己宗族的人，则都称作族人。河北地区的士人，虽然已隔了二三十代，仍然称作从伯父、从叔父。梁武帝曾经问一位中原人说：“你是北方人，为什么不知道有‘族’这一称呼呢？”中原人回答说：“亲属骨肉之间的关系容易疏远，所以我不忍心用‘族’来称呼。”这在当时虽然是一种机敏的回答，但从礼仪上却是讲不通的。

吾尝问周弘让曰[1]：『父母中外姊妹[2]，何以称之？』周曰：『亦呼为丈人[3]。』自古未见丈人之称施于妇人也。吾亲表所行，若父属者，为某姓姑；母属者，为某姓姨。中外丈人之妇，猥俗呼为丈母[4]，士大夫谓之王母、谢母云。而《陆机集》有《与长沙顾母书》，乃其从叔母也，今所不行。

注释

1 周弘让：南朝陈汝安南城人，曾隐居茅山，后仕侯景。

2 中外：中表亲。中指舅父子女，为内兄弟；外指姑母子女，为外兄弟。

3 丈人：通称老人。这里是对亲戚长辈的通称。

4 丈母：古称父辈的妻子为丈母，今指岳母。

译文

我曾经问周弘让说："对于父母亲的中表姊妹，应怎样称呼她们？"周弘让回答说："也把他们称作丈人。"自古以来没有见过把丈人的称呼用于妇人的。我的亲表们所奉行的称呼是：如果是父亲的中表姊妹，就称呼她为某姓姑；如果是母亲的中表姊妹，就称呼她为某姓姨。中表长辈的妻子，俚俗称呼她们为丈母，士大夫则称呼她们为王母、谢母等等。而《陆机集》中有《与长沙顾母书》，其中的顾母就是陆机的从叔母，不过现在已不这样称呼了。

齐朝士子，皆呼祖仆射为祖公1，全不嫌有所涉也，乃有对面以相戏者。

注释

1 仆射（yè）：古代官名，置于秦朝，宋以后废。这里指北齐的祖珽。

译文

齐朝的士大夫，都称仆射祖珽为“祖公”，完全不顾忌这样称呼会与祖父的称呼混为一谈，甚至还有人会在祖珽面前用这种称呼开玩笑。

古者，名以正体，字以表德，名终则讳之，字乃可以为孙氏[1]。孔子弟子记事者，皆称仲尼；吕后微时，尝字高祖为季；至汉爰种[2]，字其叔父曰丝；王丹与侯霸子语[3]，字霸为君房；江南至今不讳字也。河北士人全不辨之，名亦呼为字，字固呼为字。尚书王元景兄弟，皆号名人，其父名云，字罗汉，一皆讳之，其余不足怪也。

注释

1 氏：上古时期，人们不仅有姓，还有氏。姓是一种族号，氏是姓的分支。战国以前，男子只称氏，不称姓，战国以后，人们往往以氏为姓，姓氏渐渐合一。汉代时，通称为姓。古代诸侯的儿子称公子，公子的儿子称公孙，公孙的儿子往往以其祖父的字为氏，所以文中说“字乃可以为孙氏”。

2 爰（yuán）种：西汉大臣爰盎之侄。

3 王丹：字仲回，东汉兆下筦人。侯霸：字君房，东汉大臣。

译文

古时候，名是用来表明自身，字是用来表示德行的。人死后，就应避讳他的名，字却可以作为孙辈的氏。孔子的弟子在记录孔子的言行时，都称他为仲尼；吕后仍是卑微的时候，曾经称汉高祖刘邦的字“季”；到汉代的爰种，称他叔叔的字“丝”；王丹与侯霸的儿子说话时，称侯霸的字“君房”，江南至今不避讳称字。河北的士大夫们对名和字完全不加区别，名也称作字，字当然更称作字。尚书王元景兄弟俩，都是有名望的人，他们的父亲名叫王云，字罗汉，他们对父亲的名和字全都加以避讳，其他的人诸多避讳，就不足为怪了。

《礼·间传》云：『斩缞之哭[1]，若往而不反；齐缞之哭[2]，若往而反；大功之哭[3]，三曲而偯[4]；小功缌麻[5]，哀容可也，此哀之发于声音也。』《孝经》云：『哭不偯。』皆论哭有轻重质文之声也。礼以哭有言者为号，然则哭亦有辞也。江南丧哭，时有哀诉之言耳；山东重丧，则唯呼苍天，期功以下[6]，则唯呼痛深，便是号而不哭。

注释

1 斩缞（cuī）：旧时五种丧服中最重的一种，用粗麻布制成，左右和下边不缝。子、未嫁女对父母，媳妇对公婆，承重孙对祖父母，妻对夫都服斩缞。《礼记·丧服小记》："斩缞括发以麻。"

2 齐（zī）缞：丧服名，五服之一，次于斩缞。以粗麻布制成，因其缉边缝齐，故称齐缞。为继母、慈母服齐缞三年，为祖父母、妻、庶母服齐缞一年，为曾祖父服齐缞五月，为高祖父母服齐缞三月。

3 大功：丧服名，五服之一，服期九个月。其服用熟麻布制成，教齐缞稍细，较小功为粗，故称大功。旧时堂兄弟、未婚的堂姊妹、已婚的姑、姊妹、侄女及众孙、众子妇、侄妇之丧，都服大功；已婚女为伯父、叔父、兄弟、侄、未婚姑、姊妹、侄女等服丧，也服大功。

4 偯（yǐ）：哭的尾声。

5 小功：丧服名，五服之一，用较粗的熟布制成，比大功为细，较缌麻为粗，服期五个月。《仪礼·丧服》："小功者，兄弟之服也。"缌（sī）麻：丧服名，五种丧服之最轻者，以熟布为之，比小功为细，服期为三月。凡疏远亲属、亲戚如高祖父母、曾伯叔祖父母、族伯叔祖父母、外祖父母、岳父母、中表兄弟、婿、外孙等都服缌麻。

6 期（jī）功：古代丧服名称。期，服丧一年。功，指大功和小功。

译文

《礼记·间传》上说：“穿斩缞这种丧服居丧时，要痛哭至气竭，好像再也哭不出第二声一样；穿齐缞这种丧服居丧时，要哭得死去活来；服大功孝服的人哭泣，第一声有几个高低，最后还要拉长余音；服小功或缌麻孝服的人，只要哭得有悲哀的样子就可以了。这些就是不同程度的悲哀在声音上的表现。”《孝经》上说：“孝子痛哭父母的哭声，气竭而后止，不会发出余声。”这些话都论说哭声有轻微、沉重、质朴、和缓等种种区别，礼制中，哭泣时杂有言语者叫作号，这样，哭泣也可以带有言辞。江南地区在丧事哭泣时，经常杂有哀诉的话语；山东一带在服重丧时，哭泣时只是呼天抢地，在服一年以下的轻丧时，便只是倾诉自己悲痛多么深重，这就是号而不哭。

江南凡遭重丧，若相知者，同在城邑，三日不吊则绝之；除丧[1]，虽相遇则避之，怨其不己悯也。有故及道遥者，致书可也；无书亦如之[2]。北俗则不尔。江南凡吊者，主人之外，不识者不执手；识轻服而不识主人[3]，则不于会所而吊，他日修名诣其家[4]。

注释

1 除丧：除去丧服。

2 如之：如同那样，即如同对待“三日不吊”者一样。

3 轻服：五服中较轻的几种，如大功，小功、缌麻之类，即与死者关系较远的人。

4 名：名刺，相当于今天的名片。

译文

江南地区，凡遭逢重丧的人家，如果是与他家相识的人，又同住在一个城镇里，三天之内不去丧家吊丧，丧家就会与他断绝交往。解除丧服之后，丧家的人即使与他在路上相遇，也会避开他，因为恨他不怜恤自己。如果是另有原因或路程遥远而不能前来吊丧的，也可以写信表示慰问，如果连书信也不写，丧家也会像对待同城邑而不亲来吊丧的人一样对待他。北方的风俗则不同。江南地区凡来吊丧者，除了主人之外，对不认识的人是不握手的；如果吊丧者只认识披戴较轻丧服的人而不认识主人，就不会到治丧的地方去吊唁，而是改日准备好名刺再到丧家去表示慰问。

阴阳家云：『辰为水墓，又为土墓，故不得哭。』王充《论衡》云：『辰日不哭，哭则重丧[1]。』今无教者，辰日有丧，不问轻重，举家清谧[2]，不敢发声，以辞吊客。道书又曰：『晦歌朔哭[3]，皆当有罪，天夺其算[4]。』丧家朔望[5]，哀感弥深，宁当惜寿，又不哭也？亦不谕。

注释

1 重丧：再死人。

2 清谧（mì）：清净。

3 晦：阴历每月的最后一天。朔：阴历每月初一。

4 算：寿命。

5 望：阴历每月十五日。

译文

阴阳家说："辰为水墓，又为土墓，所以辰日不得哭泣。"王充的《论衡》说："辰日不能哭泣，哭泣就一定会再死人。"今天那些没有教养的人，辰日有丧事，不问轻丧重丧，全家都静悄悄的，不敢发出声音，并谢绝吊丧的客人。道家的书说："晦日唱歌，朔日哭泣，都是有罪的，上天要削减他的寿命。"丧家在朔日望日，悲痛万分，难道因为珍惜寿命，就不哭泣了吗？我也弄不明白。

偏傍之书[1]，死有归杀[2]。子孙逃窜，莫肯在家；画瓦书符[3]，作诸厌胜[4]；丧出之日，门前然火[5]，户外列灰[6]，祓送家鬼[7]，章断注连。凡如此比，不近有情，乃儒雅之罪人，弹议所当加也[8]。

注释

1 偏傍：不正。

2 归杀：也作归煞、回煞。旧时人们认为人死之后若干日，灵魂会回家一次，这称为“归杀”。

3 画瓦：在瓦片上画图像以镇邪。

4 厌胜：古代一种巫术，谓能以诅咒制服、压服人或物。

5 然：点燃。

6 户外列灰：古人认为在门外铺灰，可以观察死人魂魄之迹。

7 祓（fú）：古代除灾祈福的仪式。

8 弹议：舆论批评。

译文

旁门左道的书说：人死之后灵魂会返家一次。这天家中的子孙都逃避在外，没有人肯留在家中；用画瓦和书符可以镇邪，念咒语可以驱鬼；出丧那一天，门前要燃点火种，屋外要铺灰，要进行除灾祈福仪式以送走家鬼，上章天曹祈求断绝死者殃祸家人。诸如此类的例子，都不近人情，是儒雅君子的罪人，应当对此进行批评。

已孤，而履岁及长至之节1，无父，拜母、祖父母、世叔父母、姑、兄、姊，则皆泣；无母，拜父、外祖父母、舅、姨、兄、姊，亦如之。此人情也。

注释

1 *履岁*：一年之始，指元旦。长至：夏至的别称。不过据《礼记·月令》："是月也，日长至"。因为夏至后日渐短，冬至后，日又渐长，故冬至称长至。此处当指冬至。

译文

父亲或母亲去世后，在过元旦及冬至这两个节日里，若是失去了父亲的，在拜望母亲、祖父母、世叔父母、姑母、兄长、姐姐时，都要流泪；若是失去了母亲，在拜望父亲、外祖父母、舅舅、姨母、兄长、姐姐时，也要流泪。这是人之常情啊。

江左朝臣，子孙初释服，朝见二宫[1]，皆当泣涕；二宫为之改容。颇有肤色充泽，无哀感者，梁武薄其为人，多被抑退。裴政出服，问讯武帝[2]，贬瘦枯槁[3]，涕泗滂沱，武帝目送之曰：『裴政之父裴之礼不死也。』

注释

1 二宫：指皇帝与太子。

2 问讯：僧尼等向人曲躬合掌致敬叫“问讯”。因为梁武帝信佛，所以裴政以僧礼拜见。

3 贬瘦：枯槁消瘦。

译文

江南的大臣，他们的子孙刚除去丧服，去朝见皇帝和太子的时候，都应该哭泣流泪，皇帝和太子会为之动容。但也有一些肤色丰满光泽，没有一点哀痛的人，梁武帝看不起他们的为人，这些人大多被贬降谪退。裴政除去丧服后，行僧礼朝见梁武帝，他憔悴瘦削，泪如雨下，涕泪交流，梁武帝目送着他出去说：“裴政的父亲裴之礼虽死犹生啊！”

赏析与点评

孟子说：“上有好者，下必有甚焉者。”皇帝提倡孝悌，从上而下，固然可喜，不过却容易为“影帝”、野心家所用；再者，如果一个社会的道德要求过高，而一般人做不到时，那么这样的道德标准便会形同虚设，且容易流于虚伪。

二亲既没，所居斋寝[1]，子与妇弗忍入焉。北朝顿丘李构，母刘氏，夫人亡后，所住之堂，终身锁闭，弗忍开入也。夫人，宋广州刺史纂之孙女，故构犹染江南风教。其父奖，为扬州刺史，镇寿春，遇害。构尝与王松年、祖孝征数人同集谈宴。孝征善画，遇有纸笔，图写为人。顷之，因割鹿尾[2]，戏截画人以示构，而无他意。构怆然动色，便起就马而去。举坐惊骇，莫测其情。祖君寻悟，方深反侧[3]，当时罕有能感此者。吴郡陆襄，父闲被刑，襄终身布衣蔬饭，虽姜菜有切割，皆不忍食；居家惟以掐摘供厨。江宁姚子笃，母以烧死，终身不忍啖炙[4]。豫章熊康，父以醉而为奴所杀，终身不复尝酒。然礼缘人情，恩由义断，亲以噎死，亦当不可绝食也。

注释

1 斋寝：斋戒时居住的旁屋。

2 鹿尾：鹿的尾巴，是古代珍贵食品。

3 反侧：惶恐不安。

4 啖（dàn）：吃。炙（zhì）：烤肉。

译文

父母亲去世之后，他们生前斋戒时住过的旁屋，儿子和媳妇都不忍心进去。北朝顿丘郡的李构，他母亲是刘氏，刘氏死后，她生前所住的房子，李构终身将其锁闭，不忍心开门进去。刘氏是宋广州刺史刘纂的孙女，所以李构也受到江南风教的熏陶。他的父亲李奖，是扬州刺史，镇守寿春时被人杀害。李构曾经与王松年、祖孝征几个人聚在一起喝酒聊天。孝征善于画画，见有纸有笔，就画了一个人。过了一会，他因为割取宴席上的鹿尾，就开玩笑地把人像也割成几截给李构看，但并没有其他意思。李构却悲伤得变了脸色，立刻起身乘马离去了。在座的人都十分惊讶，没有人能猜出其中的原因。但祖孝征随即就省悟了，这才深感惶恐不安，当时却很少有人能感知这件事。吴郡的陆襄，他的父亲陆闲遭到刑戮，陆襄终身穿布衣茹素，即便是生姜，如果用刀切割过，他都不忍心食用，家人只好用手掐摘蔬菜供厨房之用。江宁的姚子笃，因为母亲是被烧死的，所以他终身不忍心吃烤肉。豫章的熊康，父亲因酒醉后被奴仆杀害，所以他终身不再喝酒。然而礼是因为人的感情需要而设立的，感念父母的情分则可根据事理而断绝，假如父母亲因为吃饭噎死了，也不能因此而绝食吧。

《礼经》：父之遗书，母之杯圈[1]，感其手口之泽，不忍读用。政为常所讲习，雠校缮写[2]，及偏加服用，有迹可思者耳。若寻常坟典[3]，为生什物，安可悉废之乎？既不读用，无容散逸，惟当缄保[4]，以留后世耳。

注释

1 杯圈：一种木制饮器。

2 雠（chóu）校：校对文字。

3 坟典：三坟五典。伏羲、神农、黄帝之书叫三坟；少昊、颛顼、高辛、唐、虞之书，叫五典。这里指书籍。

4 缄保：封存。

译文

《礼经》上说：父亲遗留的书籍，母亲用过的口杯，能够感受到上面留有父母手和口的温泽，就不忍心阅读或使用。只因为这些东西是他们生前经常用来讲习，校对缮写，以及特别偏爱使用的，上面留下了父母的痕迹可引发哀思之情。如果是平常所用的古书，或生活中常用的各种物品，怎么能全部废弃它们呢？父母的遗物既然不阅读使用，就不要让它们散失亡逸，应当封存保护，以留传给后代。

思鲁等第四舅母，亲吴郡张建女也，有第五妹，三岁丧母。灵床上屏风，平生旧物，屋漏沾湿，出曝晒之，女子一见，伏床流涕。家人怪其不起，乃往抱持；荐席淹渍[1]，精神伤怛[2]，不能饮食。将以问医，医诊脉云：『肠断矣！』因尔便吐血，数日而亡。中外怜之[3]，莫不悲叹。

注释

1 荐席：垫席。淹渍：浸泡，淹浸。

2 伤怛（dá）：悲伤痛苦。

3 中外：指中表亲属。

译文

思鲁几弟兄的四舅母，是吴郡张建的女儿，她有一位五妹，三岁时母亲就死了。那灵床上的屏风，是她母亲平时使用的旧物。这屏风因房子漏水而被沾湿了，被人拿出去曝晒。那女孩一见，就伏在床上流泪。家人见她一直不起来感到奇怪，就过去抱她起身，只见垫席已被泪水浸湿，女孩神色哀伤，不能够饮食。家人带她求医，医生诊脉后说：“她已经伤心断肠了！”女孩因此吐血，几天后就死了。中表亲属都怜惜她，没有不悲伤叹息的。

《礼》云：『忌日不乐[1]。』正以感慕罔极，恻怆无聊，故不接外宾，不理众务耳。必能悲惨自居，何限于深藏也？世人或端坐奥室，不妨言笑，盛营甘美，厚供斋食；迫有急卒[2]，密戚至交，尽无相见之理：盖不知礼意乎！

注释

1 忌日：父母去世的日子。

2 卒（cù）：同"猝"，仓猝。

译文

《礼记》说："父母的忌日不宴饮作乐。"正因为有说不尽的感伤思慕，郁郁不乐，所以这个日子不接待宾客，不办理纷繁的事务。如果确能做到伤心独处，何必把自己局限于深室呢？世间有些人端坐于深宅之中，却并不妨碍他谈天说笑，尽情享用美味的食品，摆出精制素餐。可是一旦有危急的事情发生，即使至亲朋友来访，他们却认为没有相见的理由：这种人大概是不懂得礼的意义吧！

魏世王修，母以社日亡[1]。来岁社日，修感念哀甚，邻里闻之，为之罢社。今二亲丧亡，偶值伏腊分至之节[2]，及月小晦后[3]，忌之外，所经此日，犹应感慕，异于余辰，不预饮燕、闻声乐及行游也。

注释

1 社日：祭祀社神之日。

2 伏腊：伏祭和腊祭之日。伏祭是在夏季伏日，腊祭在农历十二月。分：春分、秋分。至：冬至、夏至。

3 晦：农历每月的最后一天，即朔日的前一天。

译文

魏朝王修的母亲是在社日这天去世的，第二年的社日，王修感念亡母，十分哀痛，邻居们听说后，为此而停止了社日的祭祀庆祝活动。现在，父母亲去世的日子，如果正碰上伏祭、腊祭、春分、秋分、夏至、冬至这些节日，以及忌月晦日的那一天，除了忌日这天外，凡在上述的日子里，子孙仍应对父母亲感怀思慕，与别的日子有所区别，不应参加宴饮，不听音乐和不外出游玩。

刘絛、缓、绥，兄弟并为名器[1]，其父名昭，一生不为照字，惟依《尔雅》火旁作召耳。然凡与文正讳相犯[2]，当自可避；其有同音异字，不可悉然。刘字之下，即有昭音[3]。吕尚之儿，如不为上；赵壹之子，傥不作一[4]：便是下笔即妨，是书皆触也。

注释

1 名器：著名人物。

2 正讳：指人的正名。

3 昭音：昭的读音。因为旧体刘字上从卯，下从钊，钊的读音正与昭同音，是同音不同字，所以文中说“刘字之下，即有昭音”。

4 傥：同“倘”，假使，如果。

译文

刘絛、刘缓、刘绥三兄弟，同为名人，他们的父亲名叫刘昭，所以他们兄弟便一辈子都不写照字，只是依照《尔雅》用“火”傍加“召”来代替。然而凡文字与人的正名相同，当然应该避讳。如果行文中出现同音异字，就不该全都避讳了。“刘”字的下半部分就有“昭”的音，吕尚的儿子如果不能写“上”字，赵壹的儿子如果不能写“一”字，便会一下笔就有阻碍，一写字就犯讳了。

尝有甲设燕席，请乙为宾；而旦于公庭见乙之子，问之曰：『尊侯早晚顾宅？』乙子称其父已往。时以为笑。如此比例，触类慎之，不可陷于轻脱。

译文

曾经有位甲君安排宴席，准备请乙君来做客。早上在官署见到乙的儿子，就问他说：“令尊大人何时可以光临寒舍？”乙君的儿子却说他父亲已经去了，当时的人以此为笑柄。像类似的事例，凡碰上后就该慎重对待它，不可那样轻佻。

江南风俗，儿生一期，为制新衣，盥浴装饰，男则用弓矢纸笔，女则刀尺针缕，并加饮食之物，及珍宝服玩，置之儿前，观其发意所取，以验贪廉愚智，名之为试儿。亲表聚集[1]，致燕享焉。自兹已后，二亲若在，每至此日，尝有酒食之事耳。无教之徒，虽已孤露[2]，其日皆为供顿[3]，酣畅声乐，不知有所感伤。梁孝元年少之时，每八月六日载诞之辰[4]，常设斋讲[5]，自阮修容薨殁之后[6]，此事亦绝。

注释

1 亲表：亲属中表。姑母的子女叫外表，舅父姨母的子女叫内表，互称中表。

2 孤露：魏晋时人以父亡为孤露，亦称“偏露”，孤单无所荫庇的意思。

3 供顿：设宴待客。

4 载诞之辰：生日。

5 斋讲：斋素讲经。

6 修容：三国时魏宫内女官名，南朝宋改为昭容，至隋仍置修容，为九嫔之一。阮修容是指梁孝元帝的母亲。薨：死亡，多指王侯死亡。

译文

江南的风俗，孩子生下来一周年，就为他缝制新衣裳，给他洗澡和装饰打扮，若是男孩，会拿来弓、箭、纸、笔，若是女孩，会拿来剪子、尺子、针线等，还要加上一些饮食物品，以及珍宝玩具等物，把它们放在孩子面前，观察他（她）想抓取的东西，以此来检验孩子今后是贪婪还是廉洁，是愚蠢还是聪明，这种风俗称为“试儿”。这一天，亲戚们都聚在一起，设宴招待。从此以后，父母亲只要还在世，每到这个日子，就要置酒备饭，吃喝一顿。那些没有教养的人，有的虽然父亲已不在世，到了这天仍照常设宴请客，尽兴痛饮，纵情声乐，不知道应该有所感伤。梁孝元帝年轻的时候，每到八月六日生日这天，常常是设斋坛讲经。自从他母亲阮修容去世之后，这种事也就停止了。

人有忧疾，则呼天地父母，自古而然。今世讳避，触途急切[1]。而江东士庶，痛则称祢[2]。祢是父之庙号[3]，父在无容称庙，父殁何容辄呼？《苍颉篇》有倄字[4]，《训诂》云[5]：『痛而呼也[6]，音羽罪反[7]。』今北人痛则呼之。《声类》音于耒反[8]，今南人痛或呼之。此二音随其乡俗，并可行也。

注释

1 触途：各方面，处处。

2 祢（nǐ）：亡父在宗庙中立主之称。

3 庙号：父殁后在宗庙所立的木主的称号。

4《苍颉篇》：古代文字学著作，李斯所作。

5《训诂》：一本解释《苍颉篇》的书。

6 呼：大声呼叫。

7 反：反切。中国古代的一种注音方法，取反切上字的声母和反切下字的韵母，并且取上字的声调和下字的平仄，然后合起来成为另外一个字的注音。

8《声类》：书名，魏人，李登所作，音韵学著作。

译文

人有忧患疾病，就呼喊天地父母，自古以来就是这样。现在的人特别讲究避讳，处处都比古人来得严格。而江东的士人百姓，悲痛时就呼叫祢。祢是已故父亲的庙号，父亲在世时不允许立庙号，故不能喊，父亲死后怎能随意呼叫他的庙号呢？《苍颉篇》中有“倄”字，《训诂》解释说：“这是因悲痛而呼喊的声音，读音是羽罪反”。现在北方人悲痛时就呼叫这个音。《声类》指出这个字的音是于耒反，现在南方人悲痛时有的就呼叫这个音。这两个音随人们的乡俗而定，都是可行的。

梁世被系劾者[1]，子孙弟侄，皆诣阙三日[2]，露跣陈谢[3]；子孙有官，自陈解职。子则草屩粗衣[4]，蓬头垢面，周章道路[5]，要候执事[6]，叩头流血，申诉冤情。若配徒隶，诸子并立草庵于所署门，不敢宁宅[7]，动经旬日，官司驱遣，然后始退。江南诸宪司弹人事[8]，事虽不重，而以教义见辱者，或被轻系而身死狱户者，皆为怨雠，子孙三世不交通矣。到洽为御史中丞，初欲弹刘孝绰，其兄溉先与刘善，苦谏不得，乃诣刘涕泣告别而去。

注释

1 劾（hé）：审理、判决。

2 诣阙（yì què）：赴庙堂。

3 露：指露髻，即不戴帽子露出发髻。跣（xiǎn）：光着脚不穿鞋。

4 草屩（jué）：草鞋。

5 周章：惊恐不安。

6 要（yāo）候：中途等候，迎候。

7 宁宅：安居。

8 宪司：魏晋以来，御史的别称。

译文

梁朝被拘囚弹劾的人，他的子孙弟侄们，都要赶赴皇帝的殿廷，整整三天，披头散发，光着脚，陈情请罪。如子孙中有做官的，就主动请求解除官职。他的儿子们则穿上草鞋和粗布衣服，蓬头垢面，惊恐不安地守候在道路上，拦住主管官员，叩头流血，申诉冤情。如果这人被发配去服苦役，他的儿子们就一起在官署门口搭起小草棚居住，不敢在家中安居，一住就是十来天，直到官府驱逐才退离。江南地区各御史弹劾某人，案情虽不严重，但若某人是因教义而受弹劾之辱，或者因被拘留而身死狱中，两家就会成为死对头，子孙三代都不相往来。到洽当御史中丞的时候，开始想弹劾刘孝绰，到洽的哥哥到溉早就与刘孝绰关系友好，他苦苦规劝到洽不要弹劾刘孝绰而未能如愿，就前往刘孝绰处，流着泪与他告别，然后就离去了。

兵凶战危，非安全之道。古者，天子丧服以临师，将军凿凶门而出[1]。父祖伯叔，若在军阵，贬损自居，不宜奏乐宴会及婚冠吉庆事也[2]。若居围城之中，憔悴容色，除去饰玩，常为临深履薄之状焉[3]。父母疾笃，医虽贱虽少，则涕泣而拜之，以求哀也。梁孝元在江州，尝有不豫[4]，世子方等亲拜中兵参军李猷焉。

注释

1 凶门：古代将军出征时，会凿一扇向北的门，然后由此出发，如办丧事一样，以示必死的决心。

2 冠：冠礼。古代男子二十岁行成人礼，结发戴冠。

3 临深履薄：“如临深渊，如履薄冰”的缩语，形容小心翼翼、战战兢兢的样子。

4 不豫：天子有病称不豫。

译文

兵器都是凶器，战争都是危险的事，都不是安全之道。古代打仗之前，天子要身穿丧服去检阅军队，将军要凿一扇凶门，然后由此出征。某人的父祖伯叔如果在军队里，他就应该贬抑约束自己，不宜参加奏乐、宴会，以及婚礼、冠礼等吉庆活动。如果某人被围困在城邑之中，他应该显得面容憔悴，而且脱下各种装饰品，时时表现得如临深渊、如履薄冰的样子。如果他的父母病重，即使那医生地位低、年纪轻，他也应该向医生哭泣跪拜，以求得到医生的怜悯。梁孝元帝在江州的时候，曾经生了病，他的大儿子萧方等就亲自拜求过中兵参军李猷。

四海之人，结为兄弟，亦何容易。必有志均义敌[1]，令终如始者，方可议之。一尔之后[2]，命子拜伏，呼为丈人，申父友之敬；身事彼亲，亦宜加礼。比见北人，甚轻此节，行路相逢，便定昆季[3]，望年观貌，不择是非，至有结父为兄，托子为弟者。

注释

1 敌：相当。

2 一尔：一旦如此。

3 昆季：指兄弟。长为昆，幼为季。

译文

四海之内的异姓人，结拜为兄弟，是多么不容易的事。他们必须是志向相同、义气相投，能够对朋友始终如一的人，才可以考虑结交。一旦与人结拜为兄弟，就要让自己的孩子向他伏地下拜，称他为“丈人”，表达孩子对父亲朋友的尊敬。自己对结拜兄弟的父母亲，也应该待之以礼。近来见到一些北方人，很轻视这种结交的礼节，两人陌路相逢，就结为兄弟，有的只看看对方年龄、外貌，不管是非，以至于有把父辈当成兄长，把子侄辈当成弟弟的。

昔者，周公一沐三握发，一饭三吐餐，以接白屋之士[1]，一日所见者七十余人。晋文公以沐辞竖头须[2]，致有图反之诮。门不停宾，古所贵也。失教之家，阍寺无礼[3]，或以主君寝食嗔怒，拒客未通，江南深以为耻。黄门侍郎裴之礼[4]，号善为士大夫，有如此辈，对宾杖之。其门生僮仆，接于他人，折旋俯仰[5]，辞色应对，莫不肃敬，与主无别也。

注释

1 “周公”三句：周公，西周初年政治家，辅佐周成王，制礼作乐。相传周公因忙于接待天下贤人，往往洗一次头会中断多次，吃一次饭也中断多次。白屋之士：指平民。古代平民住房不施彩，故称其住屋为白屋。

2 晋文公：春秋五霸之一，姓姬，名重耳。沐：洗头。竖：小臣。《左传·僖公二十四年》记载竖头须求见晋文公，晋文公以正在洗头为由，拒绝见他。竖头须说洗头时低头顺水，心亦朝下，怪不得思维颠倒，晋文公便接见了他。

3 阍（hūn）寺：豪贵之家的守门人。

4 黄门侍郎：秦官名，汉因之，因给事于黄门，故称黄门侍郎。

5 折旋：曲行。古代行礼时的动作。

译文

从前，周公洗一次头要三次停下握住头发，吃一顿饭要三次中断，把口中的食物吐出来，为的是接待来访的平民寒士，他一天之内接见的士人达七十多人。而晋文公以正在洗头为由拒绝接见侍臣头须，以致遭来思维颠倒的讥诮。不能让宾客滞留在门口，这是古人所看重的。那些没有教养的人家，他们的守门人也没有礼貌，有的以主人正在睡觉、吃饭或发脾气为借口，拒绝为客人通报，江南地区的人家深以这种事为耻。黄门侍郎裴之礼，被称作为人楷模的士大夫，如果他家中有这类慢待宾客的仆人，他会在客人面前用棍子打仆人。因此他的门生、僮仆在接待客人时，进退礼仪，言行举止，无不毕恭毕敬的，与主人没有什么两样。

赏析与点评

如我们认为古人讲究“风操”，是因为圣人的教诲及执政者循循善诱而造成的，这也许并不错。不过更深层次的原因是：圣人的教诲与儒家文化的氛围形成了一种“耻感”的社会文化。例如孟子指出“羞恶之心”是人与生俱来的特性，并认为“无羞恶之心，非人也”，即视“羞恶之心”是人之为人的特性。故此，以儒家文化为主的社会耻感文化，形成了道德体系，有效约束人的欲望，其效果如《论语·为政》：“道之以政，齐之以刑，民免而无耻；道之以德，齐之以礼，有耻且格。”文中举例说：“失教之家，阍寺无礼，或以主君寝食嗔怒，拒客未通，江南深以为耻”，如果主人因门僮失礼而怠慢客人，应感到耻辱；更有甚者，官员一旦犯罪，其子孙亦因羞而辞职，“子孙有官，自陈解职”。如果社会能够形成这种耻感氛围，所谓的失范、失德、失节操的事情，相信会大大减少。

慕贤第七

本篇导读

慕贤，即仰慕贤人之意。作者认为人年少时性情尚未定型，故攀附景仰圣人，可收“潜移默化”之功，久而久之，能提高自己的品德修养。不过贤人大多不容易被认同，因为“世人多蔽，贵耳轻目，重遥轻近”，所以我们应尽量宣扬他们的功绩。颜之推以史为鉴，以齐梁时代的贤臣名将为例，阐述人才与国之兴亡的关系。他主张重视人才、善待人才，切勿妒贤嫉才，以至黄钟尽去，长城自毁。

古人云：『千载一圣，犹旦暮也；五百年一贤，犹比髆也[1]。』言圣贤之难得，疏阔如此[2]。傥遭不世明达君子，安可不攀附景仰之乎？吾生于乱世，长于戎马，流离播越[3]，闻见已多。所值名贤，未尝不心醉魂迷向慕之也。人在年少，神情未定，所与款狎[4]，熏渍陶染，言笑举动，无心于学，潜移暗化，自然似之。何况操履艺能[5]，较明易习者也？是以与善人居，如入芝兰之室，久而自芳也。与恶人居，如入鲍鱼之肆[6]，久而自臭也。墨子悲于染丝，是之谓矣。君子必慎交游焉。孔子曰：『无友不如己者。』颜、闵之徒[7]，何可世得！但优于我，便足贵之。

注释

1 髆（bó）：肩胛。比髆指并肩，挨得近。

2 疏阔：间隔久远。

3 播越：离散，流亡。

4 款狎：款洽狎昵，彼此关系亲密。

5 操履：操守德行。

6 鲍鱼之肆：卖盐渍鱼的店铺，气味腥臭。这里比喻坏人与小人聚集的地方。

7 颜、闵：指孔子弟子颜回、闵损，有贤德之人。

译文

古人说："一千年能出一个圣人，就如同从早到晚那么快了；五百年出一位贤士，密得像肩碰肩一样了。"这是说圣贤难得，旷世不遇。倘若有幸遇上了人世罕有的贤明君子，怎能不去攀附景仰他呢？我生于乱世，成长在兵荒马乱的年代，颠沛流离，听到见到的已经很多了，但只要遇到有名望的贤人，未尝不心醉魂迷地向往钦慕他。人年轻的时候，精神性情尚未定型，常与那些志趣相投的朋友朝夕相伴，受其熏陶感染，一言一笑，一举一动，虽然没有存心学习朋友，但在潜移默化中，自然就跟朋友变得相似了。何况操守德行和技艺才能，是明显容易学到的东西呢？因此，与好人住在一起，就像进入满是芷草兰花的屋子中一样，时间一长，自己也变得芬芳起来；与坏人住在一起，就像进入满是卖盐渍鱼的店铺一样，时间一长，自己也会变得腥臭难闻。墨子看见人们染丝就叹惜，说的也就是这个意思。君子与人交往一定要慎重。孔子说："不要和不如自己的人交朋友。"像颜回、闵损那样的贤人，哪是我们在人生里可以遇见的？只要是比我好的，就足以让我尊重他了。

世人多蔽，贵耳贱目，重遥轻近。少长周旋[1]，如有贤哲，每相狎侮，不加礼敬。他乡异县，微藉风声，延颈企踵[2]，甚于饥渴。校其长短，核其精粗，或彼不能如此矣。所以鲁人谓孔子为东家丘[3]。昔虞国宫之奇[4]，少长于君，君狎之，不纳其谏，以至亡国，不可不留心也。

注释

1 少长：指从年少到长大成人。周旋：交往。

2 延颈企踵：伸长脖子踮起脚跟，形容殷切盼望。

3 东家丘：东边的邻居孔丘。当时鲁国人不清楚孔子的价值，把他看作平常人，称之为“东家丘”。

4 宫之奇：虞国大夫，年纪稍长于国君。虞君自幼与他相熟，因此不重视宫之奇劝谏他不要借道给晋国的意见，最终亡国。事见《左传·僖公五年》。

译文

世间的人多有一种偏见，就是对传闻的东西很看重，对亲眼所见的东西却很轻视；对远处的事情很感兴趣，对近处的事情却不放在心上。从小到大在一起相处的人，其中或有贤人智士，人们却往往轻慢侮弄他们，并不以礼相待；至于处在远方异土的人，凭着风传的一点名声，就能使大家伸长脖子、踮起脚跟去朝思暮盼，渴望之情甚至超过了饥渴。其实比较一下两者的长短，审察二人的优劣，也许远处的人还不如身边的人。正因如此，鲁国人称孔子为“东家丘”。从前虞国的宫之奇，与虞国国君从小一起相处，国君与他太亲近了，因此没有采纳他的劝谏，以致亡国了，这个教训不可不永记在心啊。

用其言，弃其身，古人所耻。凡有一言一行，取于人者，皆显称之，不可窃人之美，以为己力；虽轻虽贱者，必归功焉。窃人之财，刑辟之所处[1]；窃人之美，鬼神之所责。

注释

1 刑辟（bì）：刑法，刑律。

译文

采用了某人的意见却抛弃那人，古人认为这种行为是可耻的。凡采纳一个建议、办理一件事情，如得到别人帮助，都应公开称赞，不可窃取别人的成果，把它当作是自己的功劳。即使对方是地位低下的人，也一定要把功绩归于他。窃取别人的钱财，会遭到刑法的处置；窃取别人的成果，会遭到鬼神的谴责。

梁孝元前在荆州，有丁觇者，洪亭民耳，颇善属文，殊工草隶。孝元书记，一皆使之。军府轻贱[1]，多未之重，耻令子弟以为楷法，时云：『丁君十纸，不敌王褒数字。』吾雅爱其手迹，常所宝持。孝元尝遣典签惠编送文章示萧祭酒[2]，祭酒问云：『君王比赐书翰[3]，及写诗笔[4]，殊为佳手，姓名为谁？那得都无声问[5]？』编以实答。子云叹曰：『此人后生无比，遂不为世所称，亦是奇事。』于是闻者稍复刮目。稍仕至尚书仪曹郎[6]，末为晋安王侍读[7]，随王东下。及西台陷殁[8]，简牍湮散，丁亦寻卒于扬州。前所轻者，后思一纸，不可得矣。

注释

1 军府：时萧绎都督六州军事，故称其治所为军府。

2 典签：本为掌管文书的小官，后来权力甚大，称为签帅。

3 比：近来。

4 诗笔：六朝人以“笔”对“言”，“笔”指无韵之文。

5 声问：声誉，名声。问，通“闻”。

6 仪曹郎：古代官名。

7 晋安王：指梁简文帝萧纲，他于梁天监五年被封为晋安王。侍读：诸王属官，职责是给诸王讲学。

8 西台：指江陵。

译文

梁孝元帝过去在荆州时，有一位叫丁觇的手下，是洪亭人，很会写文章，特别擅长草书和隶书，孝元帝的文书抄写，全都交给他做。军府中那些地位低下的人，大都看不起他，耻于让自己的子弟去临习他的书法，当时流行的话是：“丁君写上十张纸，也比不上王褒写的数个字。”我非常喜爱丁君的书法墨迹，常常把它们珍藏起来。孝元帝曾经派一位叫惠编的典签送文章给祭酒萧子云看，萧子云问惠编："君王最近写给我的书信，以及他的诗歌文章，书法非常漂亮，那代笔者定是一位书法高手，他姓甚名谁？哪里会一点名声都没有呢？"惠编据实回答了。萧子云感叹道："此人在后辈中没有人能与之相比，竟然不被世人所称道，这真是一件奇怪的事。"从此以后，听说这事的人慢慢对丁觇刮目相看。丁觇后来渐渐升任到尚书仪曹郎的位置，最后任至晋安王的侍读，随晋安王东下。后来江陵陷落的时候，那些文书信札一起散失了，丁觇不久也在扬州去世。从前轻视他书法的人，后来想得到只言片纸也不可能了。

赏析与点评

诺贝尔文学奖得主莫言由开始写作到得奖时已写作了三十余年，拿奖前后，待遇迥异，有出版社要为他立专章，部分读者甚至认为他可比肩鲁迅和狄更斯。这是由于得奖后莫言的水平立即就提升了，还是读者的欣赏能力因莫言获奖而突然提高了？两者都不是，原因只是"问者稍复刮目"，莫言得奖后得到所谓的认同而已。如要真正做到慕贤识士，就必须培养自己的眼光；光是靠别人的指点，是难以到达事物的深处的。

侯景初入建业[1]，台门虽闭[2]，公私草扰，各不自全。太子左卫率羊侃坐东掖门，部分经略[3]，一宿皆办，遂得百余日抗拒凶逆。于时，城内四万许人，王公朝士，不下一百，便是恃侃一人安之，其相去如此。古人云：『巢父、许由[4]，让于天下；市道小人，争一钱之利。』亦已悬矣。

注释

1 侯景：南朝梁人，曾发动兵变，攻破梁都建康。建业：梁时称建康，即今天江苏南京。

2 台门：禁城之门。晋、宋时称朝廷禁地为台，台城即禁城。

3 部分：部署安排。经略：策划处理。

4 巢父、许由：俱为尧时人，尧以天下让此二人，皆不受。

译文

侯景刚攻入建业城的时候，台城的门虽然仍紧闭着，但城内的官吏百姓都已惊恐不安，人人自危。这时，只有太子左卫率羊侃坐镇东掖门，部署策划御敌方略，仅一个晚上就策划好了，于是争取到一百多天的时间来抵抗凶恶的叛军。当时，台城内四万多人，其中的王公大臣不下一百，就只靠羊侃一人来安定局面，他们之间的表现差距竟如此之大。古人说："巢父、许由把天下都推辞掉了，而市井小人却为一文钱而争执不休。"两者的差距太悬殊了。

齐文宣帝即位数年，便沉湎纵恣，略无纲纪；尚能委政尚书令杨遵彦，内外清谧，朝野晏如[1]，各得其所，物无异议，终天保之朝[2]。遵彦后为孝昭所戮，刑政于是衰矣。斛律明月，齐朝折冲之臣[3]，无罪被诛，将士解体[4]，周人始有吞齐之志，关中至今誉之。此人用兵，岂止万夫之望而已哉！国之存亡，系其生死。

注释

1 晏如：安然的样子。

2 天保：北齐文宣帝高洋的年号，起于五五〇年，止于五五九年，共十年。

3 折冲之臣：指军事栋梁，重要武臣。冲，古代战车的一种。折冲，意思是使敌人的战车后撤，即击退敌军。

4 解体：人心离散。

译文

北齐文宣帝即位几年后，便沉缅酒色，放纵恣睢，毫无纲常法纪。不过他尚能将政事交给尚书令杨遵彦处理，故朝廷内外，清静安宁，朝野上下，安然无恙，群臣各得其所，大家都没有什么不同的议论，这种局面一直保持到了天保朝才结束。杨遵彦后来被孝昭帝所杀，国家的刑律政令从此就衰败了。斛律明月是齐朝安邦却敌的重臣，可是无罪被杀，军队将士因此而人心涣散。北周人于是萌生了吞并齐国的欲望，关中一带人民至今仍对斛律明月称誉不已。这个人用兵，岂止是众望所归而已啊！他的生死，是牵系着国家的存亡。

张延儁之为晋州行台左丞[1]，匡维主将，镇抚疆埸[2]，储积器用，爱活黎民，隐若敌国矣[3]。群小不得行志，同力迁之。既代之后，公私扰乱，周师一举，此镇先平。齐亡之迹，启于是矣。

注释

1 行台：凡朝廷遣派大臣督诸军于外，谓之行台。

2 疆埸（yì）：国界，边界。

3 隐：威重貌。敌国：相当于一国。

译文

张延儁任晋州行台左丞时，辅助支持主将，镇守安抚边疆，储藏聚集人才物资，爱护救助百姓，其威严庄重可与一国相匹敌。一些卑鄙小人因不能随心所欲，就联合起来排斥他。那些人取代了他的位置之后，把晋州上下弄得一片混乱，北周的军队一起兵，晋州城就最先被攻克。齐国的灭亡，就从这里开始了。

赏析与点评

“天下治乱系于用人”，这是北宋史学家范祖禹从历史经验中总结出来的至理名言。

世上一切竞争，归根结底，都是人才的竞争。因此，平时我们要以贤人为师，从而“见贤思齐”。颜之推认同孔子所言：“三人行，必有我师。”不过这种“我师”，不是不加选择的，他认为“但优于我”，即是孔子所言“无友不如己者”，我们首先要发现贤人，一旦发现了贤人，除了向他们学习之外，还应向人推介，不可剽窃他们的成果，这样才能从慕贤人，进而推良才。作者在文中以日常生活和历史贤臣名将为例，展现了他独到的眼光和宽阔的胸怀，这显然是与中国古代重才敬贤的思想一脉相承的。

卷三

卷三

卷三

卷 三

勉学第八

本篇导读

《荀子》有《劝学》篇，《颜氏家训》亦有《勉学》篇。两篇相去数百年，虽然其论证角度和写作背景都各不相同，但两篇皆强调学习的重要性。颜之推指出两朝贵族子弟平时养尊处优、不学无术，“射不能穿札，笔则才记姓名”，以致当发生动乱，朝代更替时，他们便颠沛流离，窘迫度日。作者认为“人生在世，会当有业”，不论哪个行业，学好了，都可以安身立命。他鼓励子弟要学会一技之长：“积财千万，不如薄伎在身”。本篇还讽刺了“博士买驴，书券三纸，未有驴字”的迂腐之徒，提倡要重视“眼学”，而勿信“耳学”；反对“空守章句，但诵师言，施之世务，殆无一可”的空疏学风。

自古明王圣帝犹须勤学，况凡庶乎！此事遍于经史，吾亦不能郑重[1]，聊举近世切要，以启寤汝耳[2]。士大夫子弟，数岁已上，莫不被教，多者或至《礼》、《传》，少者不失《诗》、《论》。及至冠婚，体性稍定；因此天机，倍须训诱。有志尚者，遂能磨砺，以就素业[3]；无履立者[4]，自兹堕慢[5]，便为凡人。人生在世，会当有业：农民则计量耕稼，商贾则讨论货贿，工巧则致精器用，伎艺则沉思法术，武夫则惯习弓马，文士则讲议经书。多见士大夫耻涉农商，差务工伎，射则不能穿札[6]，笔则才记姓名，饱食醉酒，忽忽无事[7]，以此销日，以此终年。或因家世余绪，得一阶半级，便自为足，全忘修学；及有吉凶大事，议论得失，蒙然张口，如坐云雾；公私宴集，谈古赋诗，塞默低头，欠伸而已[8]。有识旁观，代其入地[9]。何惜数年勤学，长受一生愧辱哉！

注释

1 郑重：这里是频繁的意思。

2 寤：通“悟”。

3 素业：清素之业，即士族所从事的儒业。

4 履立：操行。

5 堕慢：散漫。

6 札：铠甲上用皮革或金属制成的叶片。

7 忽忽：恍惚。

8 欠伸：倦时打哈欠和伸懒腰。

9 入地：羞愧入地。

译文

自古以来的圣明帝王，尚且需要勤奋学习，何况是普通老百姓呢！这类事情在经籍史书中随处可见，我不能列举太多的例子，姑且举几个近世重要的事说说，借以启发你们觉悟。士大夫家的子弟，在几岁以后，没有不受教育的，学得多的已学习了《礼经》和《春秋三传》；学得少的也学完了《诗经》和《论语》。等到他们二十岁行冠礼或结婚以后，体质性情逐渐成型，应根据他们的天生灵性，加倍对他们进行教育和诱导。那些志气高尚的人，就能经受磨炼，成就清素的儒家事业；那些没有操守的人，从此懒惰下去，就成了平庸的人。人生在世，都应当有一定的职业：农民要计划筹算怎样耕田种地，商贩要商讨买卖生财之道，能工巧匠要精心制作器具，艺人要深入研习技艺，武士要熟习骑马射箭，文人要讲论儒家经典。我常常见到一些士大夫耻于从事农商，又羞于研习手工技艺，射箭连铠甲也射不穿，动笔仅仅能书写自己的名字，他们整天酒足饭饱，恍恍惚惚，无所事事，以此消磨时光，以此了结一生。有的人靠着祖上的荫庇，得到了一官半职，便自我满足，完全忘记了学习修业。当碰上吉凶大事，与人议论得失时，就懵懵懂懂，张口结舌，如堕云雾之中。在各种公私宴会上，大家谈古论今，吟诗作赋，他们却像被塞住了嘴巴一样，低头不能吭声，只好打打呵欠，伸伸懒腰罢了。那些有见识的旁观者，都替他们害羞，恨不能钻到地下去。这些人为什么不勤学几年，而宁愿受一生的愧辱呢！

梁朝全盛之时，贵游子弟[1]，多无学术，至于谚云：『上车不落则著作[2]，体中何如则秘书[3]。』无不熏衣剃面，傅粉施朱，驾长檐车[4]，跟高齿屐[5]，坐棋子方褥[6]，凭斑丝隐囊[7]，列器玩于左右，从容出入，望若神仙。明经求第[8]，则顾人答策[9]；三九公宴[10]，则假手赋诗。当尔之时，亦快士也[11]。及离乱之后，朝市迁革，铨衡选举[12]，非复曩者之亲[13]；当路秉权，不见昔时之党。求诸身而无所得，施之世而无所用。被褐而丧珠，失皮而露质，兀若枯木，泊若穷流，鹿独戎马之间[14]，转死沟壑之际。当尔之时，诚驽材也。有学艺者，触地而安。自荒乱已来，诸见俘虏。虽百世小人，知读《论语》、《孝经》者，尚为人师；虽千载冠冕，不晓书记者，莫不耕田养马。以此观之，安可不自勉耶？若能常保数百卷书，千载终不为小人也。

注释

1 贵游子弟：无官职的王公贵族称为贵游。这里泛称贵族子弟。

2 著作：即著作郎，古代官名。

3 体中何如：当时书信中的客套话。这里是指这些贵游子弟无才无学，仅仅能写一般问候起居的书信而已。

4 长檐车：一种用车幔覆盖整个车身的车子。

5 跟：穿屐。高齿屐：一种装有高齿的木底鞋。

6 棋子方褥：一种用方格图案织品制成的方形坐褥。

7 凭：倚。隐囊：靠枕。

8 明经：通晓经术。

9 顾：通“雇”。答策：即对策。

10 三九：即三公九卿，封建王朝执掌中央政权的高级官员。

11 快士：优秀人物。

12 铨衡：衡量，品评。选举：选拔人才。

13 曩（nǎng）：过去。

14 鹿独：颠沛流离的样子。

译文

梁朝极盛时期，无官职的贵族子弟大多不学无术，以致谚语说：“只要登车不跌跤，便可当著作郎；只要能写‘身体好’，便可当秘书。”这些贵族子弟没有一个不以香料熏衣，修剃脸面，涂脂抹粉的。他们乘着长檐车，穿着高齿屐，坐在有方格图案的丝绸坐褥上，倚着五彩丝线织成的靠枕，身边摆着各种古玩，不慌不忙地进进出出，看上去仿佛神仙一样。到参加明经科考试以求取功名的时候，他们就雇人顶替自己回答策问；在三公九卿出席的宴会上，他们就请别人替自己吟诗作赋。这时候，他们也算是快意之士。及至动乱之后，改朝换代，选人用人的，不是往日的亲朋；当政掌权的，不再是过去的同伴。这些贵族子弟想靠自己去求得一官半职却无所获，想在社会上发挥作用又身无长技。他们只能身穿粗布衣服，丢掉自己的品格，剥下华丽的外表，露出无能的本质，呆头呆脑像一截枯木，有气无力像一条干涸的河流，在兵荒马乱之中颠沛流离，最后抛尸于荒沟野壑之中。这个时候，这些贵族子弟的的确确成了蠢材。而有学识、有技艺的人，则到处可以安身。自从兵乱以来，我见过不少俘虏。即使世代是平民百姓，只要懂得《论语》和《孝经》，还可以当别人的老师；有些人虽然是年代久远的世家大族，但因为不会动笔作文，没有一个不去耕田养马。由此看来，人们怎能不自励自勉、努力学习呢？如果能够经常研读几百卷书籍，就是再过一千年也不会成为贫贱的人。

夫明『六经』之指[1]，涉百家之书，纵不能增益德行，敦厉风俗[2]，犹为一艺，得以自资。父兄不可常依，乡国不可常保，一旦流离，无人庇荫，当自求诸身耳。谚曰：『积财千万，不如薄伎在身。』伎之易习而可贵者，无过读书也。世人不问愚智，皆欲识人之多，见事之广，而不肯读书，是犹求饱而懒营馔，欲暖而惰裁衣也。夫读书之人，自羲、农已来[3]，宇宙之下，凡识几人，凡见几事，生民之成败好恶，固不足论，天地所不能藏，鬼神所不能隐也。

注释

1 六经：指《诗》、《书》、《礼》、《乐》、《易》、《春秋》六部儒家经典。

2 敦厉：敦促砥砺。

3 羲：伏羲氏，中国古代传说中的三皇之一。农：神农氏，中国古代传说中教人衣耕、亲尝百草的人。

译文

通晓“六经”旨意、涉猎百家著述的人，即使不能增强道德修养，砥砺世风习俗，仍算有一艺之材，可借此谋生。父亲兄长不能长期依赖，家乡邦国不能常保无虞，一旦流离失所，没有人庇护周济时，就得靠自己了。俗话说：“积蓄千万财产，不如身有薄技。”技艺容易学习而又可贵的，莫过于读书了。世人不管愚蠢的还是聪明的，都希望认识的人多，见识的事广，却不肯读书，这就好像想饱餐却懒得做饭，想身体暖和却懒得裁衣一样。大凡读书人，从伏羲、神农的时代以来，在这世界上，认识过多少人，见识过多少事，对一般人的成败好恶，根本不用细说了，就连天地万物的道理，鬼神的事情，也是瞒不过他们的。

有客难主人曰[1]：『吾见强弩长戟[2]，诛罪安民，以取公侯者有矣；文义习吏，匡时富国，以取卿相者有矣；学备古今，才兼文武，身无禄位，妻子饥寒者，不可胜数，安足贵学乎？』主人对曰：『夫命之穷达，犹金玉木石也；修以学艺，犹磨莹雕刻也。金玉之磨莹，自美其矿璞[3]；木石之段块，自丑其雕刻。安可言木石之雕刻，乃胜金玉之矿璞哉？不得以有学之贫贱，比于无学之富贵也。且负甲为兵，咋笔为吏[4]，身死名灭者如牛毛，角立杰出者如芝草[5]；握素披黄[6]，吟道咏德，苦辛无益者如日蚀，逸乐名利者如秋荼[7]，岂得同年而语矣。且又闻之：生而知之者上，学而知之者次。所以学者，欲其多知明达耳。必有天才，拔群出类，为将则暗与孙武、吴起同术[8]，执政则悬得管仲、子产之教[9]，虽未读书，吾亦谓之学矣。今子即不能然，不师古之踪迹，犹蒙被而卧耳。

注释

1 主人：作者自称。

2 弩（nǔ）：一种用机械力量发射的弓。戟（jǐ）：古代一种结合戈与矛的长柄兵器。

3 矿：未经冶炼的金属。璞：未经雕琢的玉石。

4 咋笔：操笔。

5 角立：像角一样挺立。芝草：即灵芝草。

6 素：即绢素。黄：即黄卷。素、黄均代指书籍。

7 荼：菅茅等植物的白花，因其秋天花开茂盛，故文中以秋荼比喻繁多。

8 孙武、吴起：春秋时期著名军事家。

9 管仲、子产：春秋时期著名政治家，管仲相齐，子产相郑。

译文

有客人诘难问我说："手持强弓长戟，诛灭罪人，安抚百姓，以此取得公侯禄位的人，我看是有的；阐释礼仪，研习吏道，匡正时世，使国家富足，以此获取卿相职位的人，我看是有的；而学问贯通古今，才能兼备文武，却身无俸禄官职，妻子儿女挨饿受冻的人，却数也数不清。这么看来，何必看重学习呢？"我回答他说："一个人的命运是穷困还是显达，就好比金、玉与木、石。研习学问和技艺，就好比琢磨金、玉和雕刻木、石。经过琢磨的金、玉，比矿石、璞玉更美；一段一块的木、石，比经过雕刻的木、石丑陋。怎么可以说经过雕刻的木、石，就胜过未经琢磨的矿石、璞玉呢？所以，不能以有学问的贫贱人，与无学问的富贵人相比。况且，披起铠甲当兵的人，和操笔充任小吏的人，身死名灭的，多如牛毛；卓然挺立的，少如灵芝。勤奋攻读，修养品性，含辛茹苦的人，像日蚀那样少见；而闲适安乐、追名逐利的人，却像秋荼那样繁多，二者怎能同日而语呢？况且我又听说：生下来就明白事理的是上等人，通过学习才明白事理的是次一等的人。人之所以要学习，是想增多知识，通达道理。如果说有天才存在的话，那就是出类拔萃的人，他们如做将领，便具备了与孙武、吴起相同的军事谋略；若做执政者，他们先天就获得了管仲、子产那样的政治教养，虽然他们没有读过书，我也认为他们是有学问的人。现在你们没有这天分，不去师法古人的作为，就像蒙着被子睡大觉，什么也看不见了。”

人见邻里亲戚有佳快者[1]，使子弟慕而学之，不知使学古人，何其蔽也哉？世人但见跨马被甲，长矟强弓[2]，便云我能为将；不知明乎天道，辨乎地利，比量逆顺，鉴达兴亡之妙也。但知承上接下，积财聚谷，便云我能为相；不知敬鬼事神，移风易俗，调节阴阳，荐举贤圣之至也[3]。但知私财不入，公事夙办，便云我能治民；不知诚己刑物[4]，执辔如组[5]，反风灭火[6]，化鸱为凤之术也[7]。但知抱令守律，早刑晚舍[8]，便云我能平狱；不知同辕观罪[9]，分剑追财[10]，假言而奸露，不问而情得之察也。爰及农商工贾，厮役奴隶，钓鱼屠肉，饭牛牧羊，皆有先达，可为师表，博学求之，无不利于事也。

注释

1 佳快：优秀的意思。

2 矟（shuò）：即槊，古代的兵器。

3 至：周密。

4 刑物：给人做榜样。

5 辔（pèi）：马缰绳。组：用丝织成的宽带子。执辔如组本指马车驾得好，这里喻指御民有方。

6 反：同“返”，回的意思。《后汉书·儒林传》载江陵令刘昆向火叩头，能降雨止风。

7 鸱（chī）：即猫头鹰，食其母，古人视为恶鸟。《后汉书·循吏传》载仇览感化陈元孝母之事，时人有化鸱为凤之誉。

8 早刑晚舍：用刑宁早，纵舍宁迟。

9 同辕观罪：将犯人系在同一车辕，使其明白自己所犯的罪行。

10 分剑追财：《风俗通》载沛郡富人临死之际，将家财全部交给女儿，并给女儿一把剑，吩咐她等弟弟十五岁时，便要把剑还给弟弟。弟弟十五岁时，姐姐不肯还剑，于是姊弟打起官司来。太守何武将全部家财判给弟弟，并指那个父亲是怕女儿害弟弟，于是等儿子十五岁时，让他索回剑。剑的寓意就是决断。

译文

人们看见邻居、亲戚中有出人头地的人物，便让子弟仰慕及学习他们，却不懂得让子弟向古人学习，这是多么无知啊。世人只知道骑骏马，披铠甲，手持长矛强弓，就说自己能当将军，却不知道将领要了解天时的阴晴寒暑，分辨地理的险易远近，比较权衡战争中的逆境与顺境，审察历史上兴盛衰亡的种种奥妙。世人只知道善于上下应酬，积财储粮，就说自己能当宰相，却不知道宰相要懂得敬重鬼神，移风易俗，调节自然变化，荐贤举能等周密的工作。世人只知道不谋私财，公事及早办理，就说自己能管理好百姓，却不知道管理百姓要诚恳待人，为人楷模，御民有方，止风灭火，具备化恶为善的本领。世人只知道依照法令条律，判刑宜早，赦免宜迟，就说自己能秉公办案，却不知道有同辕观罪、分剑追财、用假言诱使诈伪者暴露、无须反复审问就使案情自明的种种洞察力。至于农夫、商贾、工匠、僮仆、奴隶、渔民、屠夫、喂牛的、放羊的人中，都有贤德的前辈，可以作为学习的榜样，广泛向这些人学习，对事业不无帮助。

夫所以读书学问，本欲开心明目，利于行耳。未知养亲者，欲其观古人之先意承颜[1]，怡声下气，不惮劬劳[2]，以致甘腝[3]，惕然惭惧，起而行之也。未知事君者，欲其观古人之守职无侵，见危授命，不忘诚谏，以利社稷，恻然自念，思欲效之也。素骄奢者，欲其观古人之恭俭节用，卑以自牧，礼为教本，敬者身基，瞿然自失[4]，敛容抑志也；素鄙吝者，欲其观古人之贵义轻财，少私寡欲，忌盈恶满，赒穷恤匮[5]，赧然悔耻，积而能散也；素暴悍者，欲其观古人之小心黜己，齿弊舌存，含垢藏疾，尊贤容众，苶然沮丧[6]，若不胜衣也；素怯懦者，欲其观古人之达生委命[7]，强毅正直，立言必信，求福不回，勃然奋厉，不可恐慑也：历兹以往，百行皆然。纵不能淳，去泰去甚[8]。学之所知，施无不达。世人读书者，但能言之，不能行之，忠孝无闻，仁义不足；加以断一条讼，不必得其理；宰千户县[9]，不必理其民；问其造屋，不必知楣横而棁竖也[10]；问其为田，不必知稷早而黍迟也；吟啸谈谑，讽咏辞赋，事既优闲，材增迂诞，军国经纶，略无施用，故为武人俗吏所共嗤诋[11]，良由是乎！

注释

1 先意承颜：指孝子先父母之意而顺承其志。

2 劬（qú）劳：劳累。

3 腝（ér）：肉烂熟。

4 瞿然：惊愕的样子。

5 赒（zhōu）：周济，救济。恤：体恤，表示同情。匮：缺乏。

6 苶（nié）然：疲劳的样子。

7 达生：不受世务牵累。委命：听任命运支配。

8 去泰去甚：去其过甚。

9 千户县：指最小的县。

10 楣：房屋的横梁。棁（zhuō）：梁上的短柱。

11 嗤（chī）诋：讥笑嘲骂。

译文

人读书求学，本来是为了开发心智，增加认识，有利于行动。对那些不知道奉养父母的人，就要让他看看古人如何体察父母的心意，按父母的愿望行事；如何轻言细语、和颜悦色地与父母谈话；如何不怕劳苦，为父母罗致香甜软嫩的食品；从而使他们感到畏惧惭愧，起来实行孝亲之道。对那些不知道侍奉国君的人，就要让他们看看古人如何笃守职责而不侵凌犯上；如何在危急关头，不惜牺牲性命；如何不忘忠心进谏，以利于国家；使他们痛心疾首地反省自己，进而想去效法古人。对那些骄横奢侈的人，就要让他们看看古人如何恭谨俭朴，节约费用；如何谦卑自守，以礼为教化的根本，以恭敬为立身的基础；从而使他们震惊变色，自感若有所失，收敛傲慢的态度，抑制那骄奢的心思。对那些平时浅薄吝啬的人，就要让他们看看古人如何重义轻财，少私寡欲，忌讳过分地贪财；如何周济穷人，体恤贫民；使他们脸红耳赤，懊悔羞耻，从而能积财又能散财。对那些平时暴虐凶悍的人，就要让他们看看古人如何小心恭谨，约束自己，懂得齿亡舌存的道理；如何宽仁大度，尊重贤士，容纳众人；从而使他们垂头丧气，好像连衣服也穿不上一样。对那些平时胆小懦弱的人，就要让他们看看古人如何看透人生，听天由命；如何刚强坚毅，正直不阿；如何信守诺言，祈求福运，而又不违祖道；从而使他们能奋发振作，无所畏惧。由此类推，各方面的品行都可采取以上方式来培养，即使不能使风气淳正，也可去掉那些过分的不良行为。从学习中所获取的知识，没有哪里不可运用。然而世上的读书人，只知空谈，不能实践。他们忠孝谈不上，仁义也欠缺；加上他们审断一桩官司，不一定了解了其中道理；管理一个千户小县，不一定管理好百姓；问他们怎样造房子，他们不一定知道楣是横放而棁是竖放的；问他们怎样种田，不一定知道高粱下种的季节早，而黍子下种的季节晚；他们整天吟咏长啸，谈笑戏谑，写诗作赋，悠闲自在，只增加一些迂阔荒诞的技能，对治军治国则毫无办法。因此他们被武官俗吏共同嗤笑辱骂，确实是有原因的。

夫学者所以求益耳。见人读数十卷书，便自高大，凌忽长者，轻慢同列；人疾之如雠敌，恶之如鸱枭[1]。如此以学自损，不如无学也。

注释

1 鸱枭（chī xiāo）：猫头鹰，古人认为猫头鹰是不吉祥的恶鸟。

译文

学习是为了求进步。我看见有些人读了几十卷书，就自高自大，冒犯长者，轻慢同辈。大家仇视他就像对待仇敌一样，厌恶他就像对待鸱枭一样。像这样因学习反给自己招来损害的，还不如不学习。

古之学者为己，以补不足也；今之学者为人，但能说之也。古之学者为人，行道以利世也；今之学者为己，修身以求进也。夫学者犹种树也，春玩其华，秋登其实；讲论文章，春华也，修身利行[1]，秋实也。

注释

1 修身利行：涵养德行，以利于事。

译文

古人求学是为了充实自己，以弥补自身的不足；现代人求学是为了向别人炫耀，只能夸夸其谈。古人求学是为别人，即奉行大道而有利于世；现代人求学是为自己，即修身养性以求仕进。求学就像种树一样，春天观赏它的花朵，秋天摘取它的果实；至于讲论文章，就好比观赏春花；修身利行，就好比摘取秋果。

赏析与点评

随着钱钟书、季羡林等大师的陨落，文化界显得文化凋零，国学寂寞。媒体上充斥着各式的文化掮客，推销着各类的文化便当。当然，这也反映了社会的需求，快速的生活节奏和铺天盖地的电子信息，不断挤压都市人的空余时间，大家都不愿花精力埋头阅读经典，反而通俗的心灵鸡汤，更能滋润浮躁的心。

人生小幼，精神专利[1]，长成已后，思虑散逸，固须早教，勿失机也。吾七岁时，诵《灵光殿赋》，至于今日，十年一理，犹不遗忘；二十之外，所诵经书，一月废置，便至荒芜矣。然人有坎壈[2]，失于盛年，犹当晚学，不可自弃。孔子云：『五十以学《易》，可以无大过矣。』魏武、袁遗，老而弥笃，此皆少学而至老不倦也。曾子七十乃学[3]，名闻天下；荀卿五十，始来游学，犹为硕儒；公孙弘四十余，方读《春秋》，以此遂登丞相；朱云亦四十，始学《易》、《论语》；皇甫谧二十，始受《孝经》、《论语》：皆终成大儒，此并早迷而晚寤也。世人婚冠未学，便称迟暮，因循面墙[4]，亦为愚耳。幼而学者，如日出之光，老而学者，如秉烛夜行，犹贤乎瞑目而无见者也。

注释

1 专利：专注集中。

2 坎壈（lǎn）：困顿，不得志。

3 七十：亦有书作“十七”。

4 因循：守旧法而不知变更。此处指不愿再重新学习。

译文

人在幼小的时候，精神专注敏锐；长大成人以后，思想容易分散。因此，对孩子确实须及早教育，不可坐失良机。我七岁的时候，背诵《灵光殿赋》，直到今天，隔十年温习一次，仍然不会遗忘。二十岁以后，所背诵的经书，搁置一个月不温习，便到了荒废的地步。然而，人生如有挫折，年轻时失去了求学的机会，还应在晚年学习，不可自暴自弃。孔子说：“五十岁时学习《易经》，就可以没有大的过错了。”魏武帝和袁遗，年纪越老，学习兴趣就越浓厚，这都是年轻时勤奋学习直到老年也不厌倦的例子。曾子七十岁时才开始学习，却名闻天下。荀卿五十岁时才到齐国游学，仍然成了大学者。公孙弘四十多岁才开始读《春秋》，靠这些学问登上了相位。朱云也是四十岁时才开始学习《易经》、《论语》的；皇甫谧在二十岁时才开始学习《孝经》、《论语》，他们最后都成了大学者。这些都是早年迷惑而晚年觉悟的例子。世人到成年还未开始学习，就说晚了，拖拖拉拉过日子，好像面对着墙壁，一无所见，也够愚蠢了。从小就开始学习的人，就好像太阳初升时的光芒；到老来才开始学习的人，就好像手持蜡烛在夜间行走，但还是比那种闭着眼睛什么也看不见的人好。

学之兴废，随世轻重。汉时贤俊，皆以一经弘圣人之道，上明天时，下该人事[1]，用此致卿相者多矣。末俗已来不复尔，空守章句，但诵师言，施之世务，殆无一可。故士大夫子弟，皆以博涉为贵，不肯专儒。梁朝皇孙以下，总丱之年[2]，必先入学，观其志尚，出身已后，便从文史，略无卒业者。冠冕为此者[3]，则有何胤、刘瓛、明山宾、周舍、朱异、周弘正、贺琛、贺革、萧子政、刘绦等，兼通文史，不徒讲说也。洛阳亦闻崔浩、张伟、刘芳，邺下又见邢子才：此四儒者，虽好经术，亦以才博擅名。如此诸贤，故为上品，以外率多田野闲人，音辞鄙陋，风操蚩拙[4]，相与专固，无所堪能，问一言辄酬数百，责其指归[5]，或无要会。邺下谚云：『博士买驴，书券三纸，未有驴字。』使汝以此为师，令人气塞。孔子曰：『学也禄在其中矣。』今勤无益之事，恐非业也。夫圣人之书，所以设教，但明练经文，粗通注义，常使言行有得，亦足为人；何必『仲尼居』即须两纸疏义，燕寝讲堂[6]，亦复何在？以此得胜，宁有益乎？光阴可惜，譬诸逝水。当博览机要，以济功业；必能兼美，吾无闲焉[7]。

注释

1 该：备具，完备。

2 总丱（guàn）之年：指童年时代。丱，儿童束发成两角的样子。

3 冠冕：此处为仕宦的代称。

4 蚩：无知的样子。

5 指归：意旨，意向。

6 燕寝：闲居之处。

7 无闲：无话可说。

译文

学习风气的兴盛或衰败，是随着社会对学习的轻视或重视而变化的。汉代的贤士俊才，都是靠精通一部经书来弘扬圣人之道，上能说明自然界的变化，下能洞悉人事，凭着这种特长而得到卿相职位的人有很多。汉末风气改变以后，就不再是这样了，读书人都空守古书的章句之学，只知背诵老师的话，如果只靠这些东西来处理实际事务，大概不会有任何用处。因此士大夫的子弟都以广泛涉猎为贵，不肯专攻儒学。梁朝从皇孙以下，在童年时就一定先让他们入学读书，观察他们的志向爱好，步入仕途后，就参与文官的事务，大约没有一个人把学业坚持到底。当官后还能坚持学业的，只有何胤、刘瓛、明山宾、周舍、朱异、周弘正、贺琛、贺革、萧子政、刘绦等人，这些人兼通文学和史学，不只是口头说说而已。我也听说在洛阳城的崔浩、张伟、刘芳三人和邺下的邢子才：这四位儒者，虽然都喜好经术，但也同样以才识广博而著名。以上诸位贤士，都是人才中的上品。他们之外，就大多是些村夫闲人，他们言语粗俗浅薄，风度笨拙愚昧，彼此之间固执己见，什么事也干不了。问他一句，他就会答出几百句，若问他话中的主旨，却没有一点要领。邺下有谚语说："博士买驴，契约写了三大张，还没有写出个'驴'字。"如果你们以这种人为老师，真令人气死。孔子说："学习吧，你的俸禄就在其中了。"现在人们忙于一些毫无益处的事情，恐怕不是正当的事业吧。圣人的书，是用来教育人的，只要熟读经文，粗通注释和含义，使之对自己的言行有帮助，也足以在世上为人了。何必对"仲尼居"三字用两张纸去疏解呢？把“居”解作闲居之处或讲习之所也好，现在又在何处呢？在这种问题上争个输赢，难道会有什么好处吗？光阴最可惜，就像流水般一去不复返。我们应当广泛阅读书中那些精要的学说，以求对自己的事业有所裨益。如果能把博览与专精结合起来，我就再无什么可议论了。

赏析与点评

时移世易，随着社会结构性的调整，各个行业便需要不同的人才。除了医生、律师等专业人士外，许多行业都需要通才，而不是“专才”。行业需要通才来整合知识，为本来程序化的行业带来革命性、创造性的改变。当然，如能兼美博览与专精，就更胜一筹。

俗间儒士，不涉群书，经纬之外[1]，义疏而已。吾初入邺，与博陵崔文彦交游，尝说《王粲集》中难郑玄《尚书》事。崔转为诸儒道之，始将发口[2]，悬见排蹙[3]，云：『文集只有诗赋铭诔[4]，岂当论经书事乎？且先儒之中，未闻有王粲也。』崔笑而退，竟不以粲集示之。魏收之在议曹，与诸博士议宗庙事，引据《汉书》，博士笑曰：『未闻《汉书》得证经术。』收便忿怒，都不复言，取《韦玄成传》，掷之而起。博士一夜共披寻之，达明，乃来谢曰：『不谓玄成如此学也。』

注释

1 经纬：经书和纬书。经书指儒家经典著作，纬书是汉代混合神学附合儒家经义的书。

2 发口：开口。

3 排蹙：斥责。

4 赋：有韵之文。铭：称述功美的有韵之文。诔（lěi）：哀悼死者的文章。

译文

世间的读书人，不涉猎群书，只在经书和纬书之外，学学解释这些经典的注疏而已。我初到邺城时，与博陵的崔文彦交游，曾谈起《王粲集》中有责难郑玄《尚书》的事，崔文彦转而与几位读书人谈起此事，刚一开口，就被他们无所依据地指责，他们说："文集中只有诗、赋、铭、诔等，难道会有论及经书的事吗？况且在先儒中，没听说有王粲这个人啊。"崔文彦笑了笑，便告退了，终于未把《王粲集》给他们看。魏收任议曹时，与博士们议及有关宗庙之事，引《汉书》作为根据，博士们嘲笑说："我们没有听说过《汉书》可以验证经学。"魏收很生气，一句话也不再说，把《汉书》中的《韦玄成传》扔给他们，就起身走了。博士们花了一个晚上的时间共同翻检此书，寻找有关内容，天亮时，他们走来道歉说："想不到韦玄成还有这等学问啊。"

夫老、庄之书，盖全真养性，不肯以物累己也。故藏名柱史[1]，终蹈流沙；匿迹漆园，卒辞楚相，此任纵之徒耳。何晏、王弼[2]，祖述玄宗，递相夸尚，景附草靡[3]，皆以农、黄之化[4]，在乎己身，周、孔之业，弃之度外。而平叔以党曹爽见诛，触死权之网也；辅嗣以多笑人被疾，陷好胜之阱也；山巨源以蓄积取讥[5]，背多藏厚亡之文也；夏侯玄以才望被戮，无支离臃肿之鉴也[6]；荀奉倩丧妻[7]，神伤而卒，非鼓缶之情也[8]；王夷甫悼子[9]，悲不自胜，异东门之达也[10]；嵇叔夜排俗取祸[11]，岂和光同尘之流也[12]；郭子玄以倾动专势[13]，宁后身外己之风也；阮嗣宗沉酒荒迷[14]，乖畏途相诫之譬也；谢幼舆赃贿黜削[15]，违弃其余鱼之旨也[16]：彼诸人者，并其领袖，玄宗所归。其余桎梏尘滓之中，颠仆名利之下者，岂可备言乎！直取其清谈雅论，剖玄析微，宾主往复，娱心悦耳，非济世成俗之要也。洎于梁世，兹风复阐，《庄》、《老》、《周易》，总谓《三玄》。武皇、简文，躬自讲论。周弘正奉赞大猷[17]，化行都邑，学徒千余，实为盛美。元帝在江、荆间，复所爱习，召置学生，亲为教授，废寝忘食，以夜继朝，至乃倦剧愁愤，辄以讲自释。吾时颇预末筵，亲承音旨，性既顽鲁，亦所不好云。

注释

1 柱史：柱下史的省称，为周秦时官名，相当于汉代以后的御史。

2 何晏：字平叔，魏代名士。王弼：字辅嗣，魏代名士。

3 草靡：赞同，臣服。

4 农、黄：神农氏和黄帝。

5 山巨源：山涛名巨源，竹林七贤之一。

6 支离：《庄子》书中寓言的人物，形体怪异臃肿。

7 荀奉倩：荀粲，字奉倩，魏名士。

8 缶（fǒu）：瓦器。鼓缶之情是指庄子在丧妻后击鼓盆而歌的通达态度。

9 王夷甫：王衍，字夷甫，西晋名士。

10 东门：即东门吴，战国时期秦国人，为人达观乐命，儿子死后还表现得很乐观。后来成为达观者的通称。事见《战国策·秦策》。

11 嵇叔夜：嵇康，字叔夜。

12 和光同尘：同样看待光荣和尘浊。语出《老子》："和其光，同其尘。"

13 郭子玄：郭象，字子玄。

14 阮嗣宗：阮籍，字嗣宗。

15 谢幼舆：谢鲲，字幼舆。

16 余鱼：比喻多余的东西。语出《淮南子·齐俗篇》："惠子从车百乘过孟诸，庄子见之，弃之余鱼。"

17 大猷（yóu）：治国的大道。

译文

老子、庄子的书，讲的是如何保持本性、修养品性，不被外物拖累自己。因此老子甘任柱下史，埋名隐姓，最后隐遁于沙漠之中；庄子隐居漆园为小吏，最后拒绝担任楚相，这两人都是任性放纵之人。后来何晏、王弼宣讲玄学的深奥意旨，人们一个接一个地夸夸其谈，如影子依附形体、草木顺风倒伏一样，都以为奉行神农、黄帝的教化，就在于自己，而把周公、孔子的学业置诸度外。然而，何晏因为党附曹爽而被杀，这是触到了贪恋权势的罗网上了；王弼因多次讥笑别人而招来怨恨，这是掉进了争强好胜的陷阱里了；山涛因为贪吝积敛而遭到议论，这是违背了聚敛越多丧失越大的古训；夏侯玄因有才能声望而遭到杀害，这是没有借鉴支离疏以疾病保全生命的教训；荀奉倩在丧妻之后，因太哀伤而致丧命，这就不具有庄子在丧妻之后敲缶而歌的超脱情怀；王衍因悼念儿子而悲不自胜，这就和东门吴面对丧子之痛所抱的达观态度不同了；嵇康因排斥俗流而招致杀身之祸，这哪能算是“和其光，同其尘”的人呢？郭象倾慕权力，仗势专权，他难道有甘于人后的风度吗？阮籍纵酒迷乱，不合于险途应小心谨慎的古训；谢鲲因贪污而丢官，这违背了不贪多余财物的宗旨。以上这些人，都是玄学中人们心目中的领袖人物。其他像那些在尘世污秽中身套名缰利锁，在名利场中摸爬滚打之辈，就更不用说了！这些人只不过是选取老庄书中的清谈雅论，剖析玄妙细微之处，宾主在清谈中互相问答，只求娱心悦耳，但这些并不是拯救社会、形成良好风气的急要之事。到了梁朝，这种玄谈的风气又流行起来，《庄子》、《老子》、《周易》被总称为“三玄”。武帝和简文帝都亲自讲论。周弘正向君主讲述以玄学治国的大道理，其风气流行到大小城镇，各地学徒达到一千多人，实在兴盛极了。后来元帝在江陵、荆州的时候，也十分爱好并熟悉此道。他召来一些学生，亲自为他们讲授，废寝忘食，夜以继日，以至他在极度疲倦、忧愁烦闷的时候，也靠讲授玄学来自我排解。我当时也在末位就座，亲耳聆听元帝的教诲，但我资质顽钝愚鲁，对玄学缺乏兴趣。

赏析与点评

《老子》、《庄子》等虽然成书在两千多年前，但他们的思想却十分符合现今的社会，故我们应领会其精神，再结合现实的情况实践出来，而不是生搬硬套。

齐孝昭帝侍娄太后疾，容色憔悴，服膳减损。徐之才为灸两穴，帝握拳代痛，爪入掌心，血流满手。后既痊愈，帝寻疾崩，遗诏恨不见太后山陵之事[1]。其天性至孝如彼，不识忌讳如此，良由无学所为。若见古人之讥欲母早死而悲哭之，则不发此言也。孝为百行之首，犹须学以修饰之，况余事乎！

注释

1 山陵：帝王或皇后的坟墓。这里指孝昭帝母亲的丧事。

译文

北齐的孝昭帝护理病中的娄太后，脸色憔悴，饭量减少。徐之才为太后针灸两个穴位，孝昭帝握住自己的手，为母代痛，指甲嵌入掌心，以致血流满手。太后的病痊愈之后，孝昭帝因积劳成疾，不久去世了，临终留下遗诏说：他遗憾的是不能够为娄太后操办后事。他的天性如此孝顺，却又如此不知忌讳，这确实是由没有学问造成的。他如果知道古人讽刺那些希望母亲早死而痛哭的人，就不会在遗诏中说出那样的话了。孝在各种善行中是首位的，还须要通过学习去培养完善，何况其他的事呢！

梁元帝尝为吾说：『昔在会稽，年始十二，便已好学。时又患疥[1]，手不得拳，膝不得屈。闲斋张葛帏避蝇独坐[2]，银瓯贮山阴甜酒，时复进之，以自宽痛。率意自读史书，一日二十卷，既未师受，或不识一字，或不解一语，要自重之，不知厌倦。』帝子之尊，童稚之逸，尚能如此，况其庶士，冀以自达者哉？

注释

1 疥：疥疮，一种皮肤病。

2 葛帏：用葛布制成的围帐。

译文

梁元帝曾经对我说："我从前在会稽的时候，才十二岁，就已喜欢学习了。当时，我身患疥疮，手不能握拳，膝不能弯曲。我在闲斋中挂上葛布帏帐，避开苍蝇独坐，银盆内装着山阴的甜酒，不时喝上几口，以减轻自己的疼痛。我随意读一些史书，一天读二十卷，没有老师传授，有时不认识某字，有时不理解某句，这就需要自己重复去读，反复理解，从不感到厌倦。"元帝以帝王之子的尊贵身份，在孩童闲适之时，尚且能够如此用功学习，何况那些出身普通却希望通过学习以求仕途显达的人呢？

古人勤学，有握锥投斧[1]，照雪聚萤[2]，锄则带经[3]，牧则编简[4]，亦为勤笃。梁世彭城刘绮，交州刺史勃之孙，早孤家贫，灯烛难办，常买荻尺寸折之，然明夜读。孝元初出会稽，精选寮寀[5]，绮以才华，为国常侍兼记室[6]，殊蒙礼遇，终于金紫光禄。义阳朱詹，世居江陵，后出扬都，好学，家贫无资，累日不爨[7]，乃时吞纸以实腹。寒无毡被，抱犬而卧。犬亦饥虚，起行盗食，呼之不至，哀声动邻，犹不废业，卒成学士，官至镇南录事参军，为孝元所礼。此乃不可为之事，亦是勤学之一人。东莞臧逢世，年二十余，欲读班固《汉书》，苦假借不久，乃就姊夫刘缓乞丐客刺书翰纸末[8]，手写一本，军府服其志尚，卒以《汉书》闻。

注释

1 握锥：指战国时苏秦以锥刺股之事，比喻用功刻苦。事见《战国策·秦策》。投斧：指文党投斧求学之事。文党和人一起到山中砍树，和人说："我想到远方求学。现在我来试一下，我把斧子扔出去，一定会挂在高高的树上。"文党仰头扔斧子，果然挂在树上，于是他就到长安求学去。

2 照雪：指晋人孙康映雪读书的事。聚萤：指晋人车胤借萤火虫之光读书的事。他读书十分用功，因为家里穷常常买不起灯油，夏天的时候他就把捉来的萤火虫装在白丝袋子里照明。事见《晋书·列传第五十三》。

3 锄则带经：汉倪宽在下田耕作时仍带书学习。

4 牧则编简：汉路温舒在牧羊时编蒲草为书简，抄写阅读。

5 寮寀（liáo cǎi）：官吏。

6 记室：官名，掌管章表书记文檄。

7 爨（cuàn）：烧火煮饭。

8 客刺：名刺，名片。

译文

古代勤奋好学的人，有用锥子刺大腿以防止打瞌睡的苏秦；有投斧于高树，下决心求学的文党；有在夜间靠雪地反光勤读的孙康；有收聚萤火虫以照明的车胤；倪宽耕种时也不忘带上经书；路温舒在放羊时编蒲草为简，用来写字。他们都能勤奋刻苦。梁代彭城的刘绮，是交州刺史刘勃的孙子，年少时父亲便死了，家境贫寒，难以置办灯烛，常买来荻草，按一定尺寸折断，点燃照明夜读。梁元帝任会稽太守时，精心选拔官吏，刘绮凭着自己的才华当上了太子府中的国常侍兼记室，很受尊重，最后官至金紫光禄大夫。义阳的朱詹，世世代代住在江陵，后来到了建业，十分勤学，家贫无钱，竟连续几天没有生火煮饭，他经常吞食废纸充饥。天冷时没有被盖，就抱着狗取暖睡觉。狗也十分饥饿，跑到外面去偷吃东西，朱詹呼唤狗也不见狗归家，悲哀的呼声惊动了邻里。然而他仍不荒废学业，终于成为学士，官至镇南录事参军，为元帝所尊重。朱詹所做的，是一般人不能做到的。这也是一个勤学的典型。东莞人臧逢世，二十多岁时想读班固的《汉书》，但苦于借来的书不能长久阅读，就向姐夫刘缓要来名片、书札的边幅纸头，手抄一本。军府中的人都佩服他的志气，后来他终于因精通《汉书》而出了名。

齐有宦者内参田鹏鸾[1]，本蛮人也。年十四五，初为阍寺[2]，便知好学，怀袖握书，晓夕讽诵。所居卑末，使彼苦辛，时伺闲隙，周章询请。每至文林馆[3]，气喘汗流，问书之外，不暇他语。及睹古人节义之事，未尝不感激沉吟久之。吾甚怜爱，倍加开奖。后被赏遇，赐名敬宣，位至侍中开府。后主之奔青州，遣其西出，参伺动静，为周军所获。问齐主何在，绐云[4]：『已去，计当出境。』疑其不信，欧捶服之，每折一支[5]，辞色愈厉，竟断四体而卒。蛮夷童丱，犹能以学成忠，齐之将相，比敬宣之奴不若也。

注释

1 内参：太监。

2 阍寺：阍人、寺人，皆为宫门守门人。

3 文林馆：官署名，北齐置，掌著作及校理典籍，兼训生徒，置学士。

4 绐（dài）：哄骗，欺骗。

5 支：同“肢”，肢体。

译文

北齐有位太监叫田鹏鸾，本是少数民族。在十四五岁刚当上守门太监时，就十分好学，怀中袖中带着书，早晚诵读。他所处的地位十分低下，工作很辛苦，但他仍能经常利用空闲的时间，四处求教。他每次到文林馆，气喘汗流，除了询问书中不懂的地方外，就顾不得讲其他的话。每当他从书中看到古人讲气节、重义气的事，就十分感慨，赞叹不已。我很喜欢他，对他倍加开导勉励。后来他得到皇帝的赏识和知遇，赐名为敬宣，职位到了侍中开府。北齐后主逃奔青州的时候，派敬宣到西边观察北周军队的动静，被北周军队所俘。北周军问他北齐君主在何处，他骗北周军队说：“走了！估计已出境了。”周军不信他的话，便殴打他，企图使他屈服。他的四肢每被打断一条，言辞神色就更加激烈，最终被打断四肢而死。一位少数民族的少年，尚且能够通过学习形成忠诚的节操，北齐的将相们，比敬宣这个奴仆都不如！

邺平之后，见徙入关。思鲁尝谓吾曰[1]：『朝无禄位，家无积财，当肆筋力，以申供养。每被课笃[2]，勤劳经史，未知为子，可得安乎？』吾命之曰：『子当以养为心，父当以学为教。使汝弃学徇财[3]，丰吾衣食，食之安得甘？衣之安得暖？若务先王之道，绍家世之业，藜羹缊褐[4]，我自欲之。』

注释

1 思鲁：颜之推的长子，精于文字音韵。隋朝时曾任东宫学士，入唐后，任秦王府记室参军。

2 笃：查视，督促。

3 徇：谋求。

4 藜羹：用嫩藜煮成的羹饭，此指粗劣的食物。缊（yùn）褐：泛指贫者所穿的粗陋衣服。

译文

邺城被北周军队平定之后，北齐君主被流放到关内。思鲁曾对我说："我们在朝廷中没人当官，家里也没有积财，我应当尽力劳动，以尽供养之责。但我常常被您督促读书，致力于经史，我不知道如何尽人子之道，这能安心学习吗？"我教诲他说："当儿子的应当把修养放在心上，当父亲的应当以学业教育子女。如果让你放弃学业去赚钱，使我丰衣足食，我吃东西怎么会香甜？穿衣怎么会感到温暖呢？如果你致力于先王的儒家之道，继承祖传的事业，纵使喝野菜汤，穿麻布衣，我也心甘情愿。"

《书》曰：『好问则裕。』《礼》云：『独学而无友，则孤陋而寡闻。』盖须切磋相起明也[1]。见有闭门读书，师心自是[2]，稠人广坐，谬误差失者多矣。《谷梁传》称公子友与莒挐相搏，左右呼曰『孟劳』。孟劳者，鲁之宝刀名，亦见《广雅》。近在齐时，有姜仲岳谓：『孟劳者，公子左右，姓孟名劳，多力之人，为国所宝。』与吾苦诤[3]。时清河郡守邢峙，当世硕儒，助吾证之，赧然而伏。又《三辅决录》云：『灵帝殿柱题曰：「堂堂乎张[4]，京兆田郎。」』盖引《论语》，偶以四言，目京兆人田凤也。有一才士，乃言：『时张京兆及田郎二人皆堂堂耳。』闻吾此说，初大惊骇，其后寻愧悔焉。江南有一权贵，读误本《蜀都赋》注，解『蹲鸱[5]，芋也』，乃为『羊』字；人馈羊肉，答书云：『损惠蹲鸱[6]。』举朝惊骇，不解事义，久后寻迹，方知如此。元氏之世[7]，在洛京时，有一才学重臣，新得《史记音》，而颇纰缪[8]，误反『颛顼』字[9]，顼当为许录反，错作许缘反，遂谓朝士言：『从来谬音「专旭」，当音「专翾」耳。』此人先有高名，翕然信行[10]；期年之后，更有硕儒，苦相究讨，方知误焉。《汉书·王莽赞》云：『紫色蛙声，余分闰位。』谓以伪乱真耳。昔吾尝共人谈书，言及王莽形状，有一俊士，自许史学，名价甚高，乃云：『王莽非直鸱目虎吻，亦紫色蛙声。』又《礼乐志》云：『给太官挏马酒[11]。』李奇注：『以马乳为酒也，揰挏乃成[12]。』二字并从手。揰挏，此谓撞捣挺挏之，今为酪酒亦然。向学士又以为种桐时，太官酿马酒乃熟。其孤陋遂至于此。太山羊肃，亦称学问，读潘岳赋：『周文弱枝之枣』，为杖策之杖；《世本》：『容成造历。』以历为碓磨之磨。

注释

1 起：启发，开导。

2 师心自是：本指以己意为师，后指固执己见，自以为是。

3 诤（zhèng）：争辩。

4 堂堂乎张：出自《论语・子张》，原文为："曾子曰：'堂堂乎张也，难与并为仁矣。'"

5 蹲鸱：大芋，形状像蹲伏的鸱。

6 损惠：谢人馈送礼物的敬辞。意谓对方降抑身份而加惠于己。

7 元氏之世：指北魏。元氏为北魏皇帝之姓。

8 纰缪（pī miù）：差错，谬误。

9 反：反切，中国古代的标音方法。

10 翕然：聚集的样子。

11 挏（dòng）：摇动撞击。

12 揰（chòng）挏：上下撞击。

译文

《尚书》说："喜欢提问，便知识充足。"《礼记》上说："独自学习而没有与朋友讨论，就会学识浅陋，见闻不广。"学习必须共同切磋，互相启发，这是很明白的。我看到那些闭门读书，自以为是，在大庭广众之中口出谬误的人有很多。《谷梁传》叙述公子友与莒挐搏斗，左右的人呼叫"孟劳"。孟劳是鲁国宝刀的名称，这个解释也见于《广雅》。我近来在齐国，有位叫姜仲岳的人说："孟劳是公子友左右的人，姓孟，名劳，是位大力士，被鲁国人所看重。"他和我苦苦争辩。当时清河郡守邢峙也在座，他是当今的大儒，帮助我证实了孟劳的真实涵义，姜仲岳才红着脸认输了。此外，《三辅决录》说："汉灵帝在宫殿柱子上题字：'堂堂乎张，京兆田郎。'"这是引用《论语》中的话，偶然以四言句式，来品评京兆人田凤。有一位才士却解释成："当时张京兆及田郎都相貌堂堂。”他听了我的解释，开始时感到非常惊骇，后来又感到惭愧懊悔。江南有一位权贵，读误本《蜀都赋》的注解“蹲鸱，芋也”时，把“芋”字错作“羊”字。有人馈赠他羊肉，他回信说：“实在有损您的身份来惠赐蹲鸱。”满朝官员都感到很惊讶，不了解他写的是什么意思，经过长时间查究事情的来龙去脉，才知道是这么回事。北魏元氏时，在洛阳，有一位有才有学而位居要职的大臣，新得了一本《史记音》，当中有很多错谬，如写错了“颛顼”一词的反切，“顼”字应当为“许录反”，却错注为“许缘反”。这位大臣就对朝中官员们说：“过去一直把颛顼读成‘专旭’，应该读成‘专翾’。”这位大臣以前名气很大，故此大家一致赞同并采用他的读法。一年以后，又有大学者苦苦地研究探讨这个词的发音，才知道那个大臣的错误。《汉书·王莽赞》说：“紫色蛙声，余分闰位。”是说王莽以假乱真。过去我曾经和别人一起谈论书籍，谈到王莽的模样，有一位颇有才气的人，自夸通晓史学，声名很高，却说：“王莽不但长着猫头鹰一样的眼睛，老虎一样的嘴，而且拥有紫色的皮肤，青蛙的嗓音。”还有《礼乐志》上说：“给太官挏马酒。”李奇的注解是：“用马乳熬成酒，要经过撞击、搅动才能做成。”“捶挏”二字的偏旁都从手。所谓捶挏，这里是说把马奶上下撞击拌动，现在做酪也是用这种方法。刚才提到的那位学士又认为李奇注解的意思是说，等到种桐树时，太官酿造的马酒才熟。他的学识浅陋到了这个地步！泰山的羊肃，也称得上有学问的人，他读潘岳赋中“周文弱枝之枣”一句，把“枝”字读作杖策的“杖”字；他读《世本》中“容成造历”一句，把“历”字认作碓磨的“磨”字。

谈说制文，援引古昔，必须眼学，勿信耳受。江南闾里间，士大夫或不学问，羞为鄙朴，道听涂说，强事饰辞：呼征质为周、郑[1]，谓霍乱为博陆[2]，上荆州必称陕西，下扬都言去海郡，言食则糊口，道钱则孔方[3]，问移则楚丘[4]，论婚则宴尔[5]，及王则无不仲宣[6]，语刘则无不公干[7]。凡有一二百件，传相祖述[8]，寻问莫知原由，施安时复失所[9]。庄生有乘时鹊起之说，故谢朓诗曰：『鹊起登吴台。』吾有一亲表，作《七夕》诗云：『今夜吴台鹊，亦共往填河。』《罗浮山记》云：『望平地树如荠。』故戴暠诗云：『长安树如荠。』又邺下有一人《咏树》诗云：『遥望长安荠。』又尝见谓矜诞为夸毗[10]，呼高年为富有春秋[11]，皆耳学之过也。

注释

1 质：典当，抵押。《左传·隐公二年》曾记载："周、郑交质。"故人们有此误。

2 博陆：汉代大臣霍光封博陆侯，人们于是把霍乱与博陆混为一谈。

3 孔方：钱的代称。晋鲁褒《钱神论》："亲爱如兄，字曰孔方。"

4 楚丘：代替迁移。《左传·闵公二年》："齐桓公迁邢于夷仪，封卫于楚丘。邢迁如归，卫国忘亡。"

5 宴尔：欢乐的样子，代指新婚。《诗经·邶风·谷风》："宴尔新昏，如兄如弟。"

6 仲宣：王粲，字仲宣，东汉末年文学家，建安七子之一。

7 公干：刘桢，字公干，东汉末年文学家，建安七子之一。

8 祖述：效法遵循前人的行为或学说。

9 失所：使用不当，用的不是地方。

10 夸毗：阿谀卑屈地取媚于人。

11 富有春秋：指年纪小。春秋，指年数。

译文

谈话写文章，援引古代典物，必须亲自去学书上的记载，而不要相信听闻。江南乡里，有些士大夫不做学问，又羞于被视为鄙陋粗俗，于是就道听途说，牵强附会，修饰言辞。比如，把“征质”说成“周、郑”，把霍乱叫作“博陆”，上荆州一定要说去陕西，下扬都就说去海郡，谈起吃饭说是“糊口”，提到钱就称为“孔方”，问起迁徙的地方就说是“楚丘”，谈论婚姻就说“宴尔”，说起姓王的人无不代称为“仲宣”，谈起姓刘的人无不呼作“公干”。这样的例子有一二百个，士大夫在流传中互相学习。如果向他们寻根问底，谁也不知道这些说法的缘由，他们使用时又往往用得不恰当。庄子有“来时鹊起”的说法，所以谢朓的诗就说：“鹊起登吴台”。我有一位表亲，作《七夕》诗说：“今夜吴台鹊，亦共往填河。”《罗浮山记》说：“望平地树如荠。”故戴暠的诗就说：“长安树如荠。”邺下有个人的《咏树》诗说：“遥望长安荠。”我还曾经见过有人把“矜诞”解释为“夸毗”。称“高年”为“富有春秋”，这些都是“耳学”的错误。

夫文字者，坟籍根本[1]。世之学徒，多不晓字：读《五经》者，是徐邈而非许慎[2]；习赋诵者，信褚诠而忽吕忱[3]；明《史记》者，专徐、邹而废篆籀[4]；学《汉书》者，悦应、苏而略《苍》、《雅》[5]。不知书音是其枝叶，小学乃其宗系[6]。至见服虔、张揖音义则贵之[7]，得《通俗》、《广雅》而不屑。一手之中，向背如此，况异代各人乎？

注释

1 坟：大。

2 徐邈：晋东筦人，见闻广博，著有《五经音训》。许慎：东汉经学家、文字学家，对经籍素有研究，著有《说文解字》，对后世研究文字有重大影响。

3 褚诠：褚诠之，南朝人。吕忱：字伯雁，任城人。

4 徐：徐野民，南朝宋中散大夫，著有《史记音义》。邹：邹诞生，南朝宋轻车都尉，著有《史记音》。篆（zhuàn）：指小篆。籀（zhòu）：指史籀大篆。篆籀，指篆书。

5 应：应劭，字仲瑗，东汉人，博览多闻，著有《汉书集解音义》。苏：苏林，字孝友，东汉人，博涉多闻。《苍》：《三苍》，即字书《苍颉篇》、扬雄《训纂篇》及贾访《滂喜篇》。《雅》：即《尔雅》，古代文字训诂书籍。

6 小学：汉代为文字学训诂学的专称，隋唐以后是文字学、训诂学、音韵学的总称。

7 服虔：东汉经学家。张揖：三国时魏国人，著有训诂书《广雅》。

译文

文字是书籍的根本。世上求学者多不懂得学文字的重要：读《五经》的人，都肯定徐邈而非议许慎；学习辞赋的人，信服褚诠而忽略吕忱；读明了《史记》的人，都精通徐野民和邹诞生的著作，而废弃了对篆籀文的钻研；学习《汉书》的人，喜欢应劭、苏林的注释，而忽略《三苍》、《尔雅》。他们不明白语音只是文字的枝叶，而字义才是文字的根本。以至有人见了服虔、张揖对个别音义的解释就十分重视，而得到他们所著的《通俗文》、《广雅》，却不屑一顾。对同出一人之手的著作，居然这样厚此薄彼，何况对不同时代不同人的著作呢？

夫学者贵能博闻也。郡国山川，官位姓族，衣服饮食，器皿制度，皆欲根寻，得其原本；至于文字，忽不经怀[1]，己身姓名，或多乖舛[2]，纵得不误，亦未知所由。近世有人为子制名：兄弟皆山傍立字，而有名峙者[3]；兄弟皆手傍立字，而有名机者；兄弟皆水傍立字，而有名凝者。名儒硕学，此例甚多。若有知吾钟之不调[4]，一何可笑。

注释

1 忽：轻视。经怀：留心。

2 乖舛（chuǎn）：违背，错乱。

3 峙：宋本作“峙”。

4 钟之不调：语出《淮南子·修务》。颜氏借用乐工听不出钟音不协调之典故，讽刺“名儒硕学”看不出命名不妥之处。

译文

求学的人都以博闻为贵。他们对于郡国山川、官位姓族、衣服饮食、器皿制度，都要寻根究底，弄清它们的本源；对于文字，他们却忽视而漫不经心，甚至连自己的姓名，也往往出现谬误，即使不出错误，也不知道它的由来。近世有些人为孩子起名字，几个兄弟的名字都用“山”作偏旁，当中就有取名为“峙”的；几个兄弟的名字都用“手”作偏旁，当中就有取名为“机”的；几个兄弟的名字都用“水”作偏旁，当中就有取名为“凝”的。在那些知名的大学者中，这类的例子有很多。如果他们明白钟音不协调这个典故，就会感到这是多么可笑了。

吾尝从齐主幸并州[1]，自井陉关入上艾县[2]，东数十里，有猎闾村。后百官受马粮在晋阳东百余里亢仇城侧。并不识二所本是何地，博求古今，皆未能晓。及检《字林》、《韵集》，乃知猎闾是旧余聚，亢仇旧是亭，悉属上艾。时太原王劭欲撰乡邑记注，因此二名闻之，大喜。

注释

1 幸：特指皇帝到某处去。

2 井陉（xíng）关：即井陉口，要隘名。

译文

我曾经跟从北齐的君主到并州去，从井陉关进入上艾县，从那里往东几十里，有一个猎闾村。后来百官都在晋阳以东百余里的亢仇城旁边接受马粮。大家都不知道上述两处在历史上本是什么地方。我广泛查阅古今书籍，都没有弄明白。直到翻检《字林》、《韵集》，才知道猎闾就是原来的余聚，亢仇原来叫亭，都属上艾县。当时太原的王劭想撰写《乡邑记注》，我把这两个旧地名说给他听，他非常高兴。

吾初读《庄子》『螝二首』[1]，《韩非子》曰：『虫有螝者，一身两口，争食相龁[2]，遂相杀也』，茫然不识此字何音，逢人辄问，了无解者。案：《尔雅》诸书，蚕蛹名螝，又非二首两口贪害之物。后见《古今字诂》，此亦古之虺字[3]，积年凝滞，豁然雾解[4]。

注释

1 螝（huǐ）：虫蛹。

2 龁（hé）：咬。

3 虺（huǐ）：毒蛇。

4 雾解：像雾一样消散。

译文

我开始读《庄子》"螝二首"时，发现《韩非子》说："有一种叫螝的虫，一个身体两张口，为了争夺食物而互相撕咬，导致互相残杀。"我茫茫然不知道这个"螝"字读什么音，碰到人就问，却没有一人答得上。按：《尔雅》等书说，蚕蛹名螝，但不是有两个头、两张口、贪吃有害的动物。后来读了《古今字诂》，才知道这是古代的"虺"字，我多年来积滞在胸中的疑难，一下子像大雾一样散开了。

尝游赵州，见柏人城北有一小水，土人亦不知名。后读城西门徐整碑云：『洦流东指。』众皆不识。吾案《说文》，此字古魄字也，洦，浅水貌。此水汉来本无名矣，直以浅貌目之，或当即以洦为名乎？

译文

我曾经游宦赵州，看见柏人城北面有一条小河，当地人也不知道它的名字。后来我读了城西门徐整写的碑文，上面说："洦流东指。"大家都不知道它的意思。我查阅了《说文》，这个"洦"字就是古"魄"字。洦，水浅的样子。这条河自汉代以来就没有名字，人们只把它当作一条浅河看待，或许就应当用这个"洦"字给他命名吧！

世中书翰，多称勿勿，相承如此，不知所由，或有妄言此忽忽之残缺耳。案：《说文》：『勿者，州里所建之旗也，象其柄及三斿之形[1]，所以趣民事[2]。故悤遽者称为勿勿[3]。』

注释

1 斿（liú）：古代旌旗的小垂吊饰物。

2 趣：即“促”，催促，督促。

3 悤遽（cóng jù）：匆促。

译文

世上的书信，当中多有“勿勿”二字，历来如此，互相传写，却不知道它的来源，有人妄下断言说这就是“忽忽”的缺笔省写。按《说文》说：“勿，是乡里所树立的旗帜。这个字像旗杆和旗帜末端三条飘带的形状，是用来催促民事的。所以就把匆忙急迫称为‘勿勿’。”

吾在益州，与数人同坐，初晴日晃，见地上小光，问左右：『此是何物？』有一蜀竖就视[1]，答云：『是豆逼耳。』相顾愕然，不知所谓。命取将来，乃小豆也。穷访蜀士，呼粒为逼，时莫之解。吾云：『《三苍》、《说文》，此字白下为匕，皆训粒，《通俗文》音方力反。』众皆欢悟。

注释

1 竖：僮仆。

译文

我在益州的时候，与几个人在一起闲坐，天刚放晴，阳光明晃晃的，我见地上有些小小的光点，问左右的人：“这是什么东西？”有一个蜀地的僮仆走近看了看，回答道：“是豆逼。”大家听了惊讶地互相看着，不知道他说的是什么。我叫他拿过来，原来是小豆。我曾经一一询问过蜀地的人士，他们都把“粒”叫作“逼”，当时没有谁能解释清楚。我说：“《三苍》、《说文》中，这个字就是‘白’下加‘匕’，都解释为‘粒’，《通俗文》注作方力反。”大家高兴地领悟了。

愍楚友婿窦如同从河州来[1]，得一青鸟，驯养爱玩，举俗呼之为鹖。吾曰：『鹖出上党，数曾见之，色并黄黑，无驳杂也。故陈思王《鹖赋》云：「扬玄黄之劲羽。」』试检《说文》：『雀似鹖而青，出羌中。』《韵集》音介。此疑顿释。

注释

1 友婿：即连襟，是同门女婿相互之间的称呼。

译文

愍楚的连襟窦如同从河州来，得到一只青色的鸟，把它驯养起来，喜爱地玩赏，所有的人都习惯地称这只鸟为“鹖”。我说：“鹖出产在上党，我曾经多次见过，羽毛都是黄黑色的，没有其他杂色。故此曹植的《鹖赋》说：‘鹖扬起那黑黄色有力的翅膀。’”我尝试翻检《说文》，上面说：“雀与鹖相似，但毛色是青色的，出产于羌中。”《韵集》的注音为“介”。这个疑问顿时就消除了。

梁世有蔡朗者讳纯，既不涉学，遂呼蒓为露葵[1]。面墙之徒[2]，递相仿效。承圣中，遣一士大夫聘齐，齐主客郎李恕问梁使曰[3]：『江南有露葵否？』答曰：『露葵是蒓，水乡所出。卿今食者绿葵菜耳。』李亦学问，但不测彼之深浅，乍闻无以核究[4]。

注释

1 蒓（chún）：蒓菜，浮在水面的水草，可供食用。露葵：或称"莼菜"，长于河川湖泊，嫩叶可作汤，味道鲜美。

2 面墙之徒：如面壁而立，一无所见。比喻蒙昧无知之人。

3 主客郎：官名，主要负责对外接待。

4 核究：查验，核实。

译文

梁朝有位叫蔡朗的人忌讳"纯"字，他没有什么学问，把"蒓"叫作"露葵"。那些不学无术之徒，也就一个跟着一个仿效。承圣年间，朝廷派一位士大夫出使北齐，北齐的主客郎李恕问这位梁朝的使者说："江南有露葵吗？"使者回答说："露葵就是蒓菜，那是水泊中出产的，您今天吃的就是绿葵菜。"李恕也是有学问的人，但不了解对方学识的深浅，当下听他的回答，也无法核实追究。

思鲁等姨夫彭城刘灵，尝与吾坐，诸子侍焉。吾问儒行、敏行曰：『凡字与咨议名同音者[1]，其数多少，能尽识乎？』答曰：『未之究也，请导示之。』吾曰：『凡如此例，不预研检，忽见不识，误以问人，反为无赖所欺，不容易也。』因为说之，得五十许字。诸刘叹曰：『不意乃尔[2]！』若遂不知，亦为异事。

注释

1 咨议：刘灵的官号。

2 不意乃尔：没想到是这样的啊！

译文

思鲁等人的姨夫彭城刘灵，曾经与我同坐闲谈，他的几个孩子在旁边陪伴着。我问儒行、敏行说：“凡与你们父亲名字同音的字，它的数目有多少个，你们都认识吗？”他们回答说：“没有研究过这个问题，请您指导指示一下。”我说：“凡是像这一类的字，如果不预先研究翻检，忽然发现自己不认识时，拿去问错了人，反而会被无赖所欺骗，不能轻率啊。”于是我就给他们解说这个问题，共找到了五十多个字。刘灵的几个孩子感叹道：“想不到有这样多！”如果他们一直都不知道，那也确实是怪事。

校定书籍，亦何容易，自扬雄、刘向，方称此职耳。观天下书未遍，不得妄下雌黄[1]。或彼以为非，此以为是；或本同末异；或两文皆欠，不可偏信一隅也。

注释

1 雌黄：矿物，可制作成颜料。古人以黄纸写字，有误，则以雌黄涂之。

译文

校勘核定书籍，又谈何容易！只有扬雄、刘向才胜任这个工作。没有看遍天下的书籍，就不能妄自改动书籍中的文字。有时那里认为不对的地方，这里却认为是对的；有时主要内容是相同的，而枝节上有所不同；有时两种版本都有欠缺，不能偏信一个方面。

赏析与点评

治学与治国类似，不能过于“清谈雅论”，好高骛远，而是要务实。香港自董建华时代提倡的“中药港”、“数码港”、“八万五”等口号，再到曾荫权的“十大基建”施政想法，始终是雷声大，雨点小，充斥了“大”和“空”，只有愿景，而无实景，犹如此篇所言的空疏学风。这篇文章前半部分是作者的宏观论点，论证了勤学之必要；而后半部分以其学问解决实际问题，既显出对大局之掌握，又可见细节的夯实，历史本如镜，唯借镜者少而已。

卷四

卷 四

卷四

卷四

文章第九

本篇导读

本篇讲述了各式文体的起源，并且评论了一些古代著名文人如屈原、宋玉等。颜之推认为，好的文章应以“理致为心肾，气调为筋骨，事义为皮肤，华丽为冠冕”。他针对当时文人片面追求华丽辞藻的情况，指出应先注重文章体制大义，然后才兼顾辞藻的修饰。他十分欣赏沈约文章的“三易”，即易见事、易识字、易读诵，反对穿凿补缀。在为文和德行方面，他看重的是文人德行，并指出一些有乖常理的文人行为，以此告诫子孙要“深宜防虑，以保元吉”。

夫文章者，原出五经：诏命策檄[1]，生于《书》者也；序述论议[2]，生于《易》者也；歌咏赋颂[3]，生于《诗》者也；祭祀哀诔[4]，生于《礼》者也；书奏箴铭[5]，生于《春秋》者也。朝廷宪章，军旅誓诰[6]，敷显仁义，发明功德，牧民建国，施用多途。至于陶冶性灵，从容讽谏，入其滋味，亦乐事也。行有余力，则可习之。然而自古文人，多陷轻薄：屈原露才扬己，显暴君过；宋玉体貌容冶，见遇俳优[7]；东方曼倩，滑稽不雅；司马长卿，窃赀无操；王褒过章《僮约》；扬雄德败《美新》；李陵降辱夷虏；刘歆反复莽世；傅毅党附权门；班固盗窃父史；赵元叔抗竦过度[8]；冯敬通浮华摈压[9]；马季长佞媚获诮；蔡伯喈同恶受诛；吴质诋忤乡里；曹植悖慢犯法；杜笃乞假无厌；路粹隘狭已甚；陈琳实号粗疏；繁钦性无检格；刘桢屈强输作；王粲率躁见嫌；孔融、祢衡，诞傲致殒；杨修、丁廙，扇动取毙；阮籍无礼败俗；嵇康凌物凶终；傅玄忿斗免官；孙楚矜夸凌上；陆机犯顺履险；潘岳干没取危；颜延年负气摧黜；谢灵运空疏乱纪；王元长凶贼自诒；谢玄晖侮慢见及。凡此诸人，皆其翘秀者，不能悉记，大较如此。至于帝王，亦或未免。自昔天子而有才华者，唯汉武、魏太祖、文帝、明帝、宋孝武帝，皆负世议，非懿德之君也[10]。自子游、子夏、荀况、孟轲、枚乘、贾谊、苏武、张衡、左思之俦[11]，有盛名而免过患者，时复闻之，但其损败居多耳。每尝思之，原其所积，文章之体，标举兴会，发引性灵，使人矜伐，故忽于持操，果于进取。今世文士，此患弥切，一事惬当，一句清巧，神厉九霄，志凌千载，自吟自赏，不觉更有傍人。加以砂砾所伤[12]，惨于矛戟，讽刺之祸，速乎风尘，深宜防虑，以保元吉[13]。

注释

1 诏命策：古代由皇帝颁发的命令。檄（xí）：古代官府用以征伐或声讨的文书。

2 序述：相当于记叙文。论议：相当于议论文。

3 歌咏：诗歌。赋：古代一种辞藻华丽的文体。颂：古代用于赞颂的文体。

4 祭：祭文。祀：古代祭祀的乐歌。哀诔：哀悼死者的文章。陆机《文赋》："碑披文以相质，诔缠绵而凄怆。"

5 箴：以规诫为主体的文体。铭：赞颂的文章。

6 诰（gào）：用于告诫或勉励的文体。

7 俳（pái）优：古代以歌舞作谐戏的艺人。

8 抗竦：高傲，倨傲。

9 摈压：摈弃压抑。

10 懿（yì）德：美德。

11 俦（chóu）：同辈。

12 砂砾：此处借喻为语言。

13 元吉：大吉。

译文

文章，来源于"五经"：诏、命、策、檄，产生于《尚书》；序、述、论、议，产生于《易》；歌、咏、赋、颂，产生于《诗经》；祭、祀、哀、诔，产生于《礼经》；书、奏、箴、铭，产生于《春秋》。朝廷中的典章法制，军队里的誓辞诰文，传播和发扬仁义，阐发和彰明功德，统治人民，建设国家，文章的用途多种多样。至于以文章来陶冶性情，或婉言劝勉他人，或深入体会其中的趣味，也是一件乐事。行有余力，可以学习这方面的东西。然而，自古以来的文人，大多陷于轻薄：屈原显露才华宣扬自己，揭露国君的过失；宋玉相貌艳丽，被人当作俳优对待；东方朔言行滑稽，缺乏儒雅；司马相如窃取卓王孙的钱财，不讲节操；王褒在《僮约》中自我暴露过错；扬雄在《剧秦美新》中歌颂王莽，损害自己的品德；李陵向外族匈奴投降而受辱；刘歆在王莽的新朝反复无常；傅毅依附权贵；班固剽窃父亲写的史书；赵元叔过分倨傲；冯敬通秉性浮华遭压抑；马季长谄媚权贵遭讥讽；蔡伯喈与恶人同受惩罚；吴质横行乡里；曹植傲慢犯法；杜笃向人索求，不知满足；路粹心胸过分狭隘；陈琳确实粗枝大叶；繁钦不知检点约束；刘桢性格倔强，被罚做苦工；王粲轻率急躁，遭人嫌弃；孔融、祢衡放诞倨傲，招致杀身之祸；杨修、丁廙搧动生事，自取灭亡；阮籍蔑视礼教，伤风败俗；嵇康盛气凌人，不得善终；傅玄负气争斗，被免官职；孙楚恃才自负，冒犯上司；陆机违反正道，自走绝路；潘岳唯利是图，遭到伤害；颜延年意气用事，致遭废黜；谢灵运空虚粗疏，扰乱朝纪；王元长凶恶残忍，自取恶果；谢玄晖轻忽傲慢，遭到陷害。以上这些都是出类拔萃的文人，我不能全都记载下来，大致如此吧。至于帝王，有时也难以避免。过去有才华的天子，只有汉武帝、魏太祖、魏文帝、魏明帝、宋孝武帝等数人，但他们都遭到世人的议论，并不是具有美德的君主。子游、子夏、荀况、孟轲、枚乘、贾谊、苏武、张衡、左思等人，有盛名而又能避免过失的，不时也可以听到，但他们中遭到祸患的人还是占多数。我常常思考这个问题，推究其中所蕴含的道理，文章的本质，是揭示兴味、抒发感情的，因而容易使人恃才自夸，忽视节操，急于追逐名利。当代的文人，这个缺点更加严重，若是一个典故用得妥当，一句诗文写得新奇，就神采飞扬，直到九霄，心高气傲，雄视千载，独自吟诵赞叹，不觉世上还有旁人。尤其是言辞所造成的伤害，比矛、戟等所带来的伤害更大，讽刺别人而招祸，比狂风闪电还要迅速。你们应该特别防备，以保大福。

赏析与点评

作者认为屈原之死是因为他“露才扬己，显暴君过”，由此说明中国文人自古恃才傲物，通过屈原、杨修等例子，我们可以知道，恃才可纵一时之意，却容易为人生埋下悲剧的种子，故此才气固然重要，可是太过骄矜的人，难养天年。

学问有利钝，文章有巧拙。钝学累功，不妨精熟；拙文研思，终归蚩鄙。但成学士，自足为人。必乏天才，勿强操笔。吾见世人，至无才思，自谓清华，流布丑拙，亦以众矣，江南号为詅痴符[1]。近在并州，有一士族，好为可笑诗赋，誂撆邢、魏诸公[2]，众共嘲弄，虚相赞说，便击牛酾酒[3]，招延声誉。其妻，明鉴妇人也，泣而谏之。此人叹曰：『才华不为妻子所容，何况行路！』至死不觉。自见之谓明，此诚难也。

注释

1 詅（líng）痴符：古代方言，指没有才学却又喜欢夸耀自己的人。

2 誂撆（tiǎo piē）：戏言嘲弄。

3 酾（shī）酒：倒酒斟酒。

译文

做学问有聪明与迟钝的分别，写文章有精巧与拙劣的分别。做学问迟钝的人，只要不断努力，就不会妨碍他达到精通熟练的境界；文章写得拙劣的人，即使钻研思考，终归鄙陋。只要能成为有学之士，也足以在世上为人了。如果确实缺乏写作天才，就不要勉强握笔作文。我看见世上某些人，极无才思，却说自己的文章清新华美，让丑陋拙劣的东西到处流传，这种人也太多了，江南一带的人称他们为“詅痴符”。最近并州有一位士族，喜欢写一些可笑的诗赋，嘲弄邢邵、魏收诸人，大家嘲弄这位士族，假意称赞他，他就杀牛酾酒，宴请客人，以招延声誉。他的妻子是一位明白事理的妇人，哭着劝阻他。他叹息说：“我的才华不被妻子所明白，何况陌生的路人呢！”他至死也没有觉悟。自己能了解自己，才算得上聪明，做到这点，确实不容易啊。

学为文章，先谋亲友，得其评裁，知可施行，然后出手；慎勿师心自任，取笑旁人也。自古执笔为文者，何可胜言。然至于宏丽精华，不过数十篇耳。但使不失体裁，辞意可观，便称才士；要须动俗盖世，亦俟河之清乎！

译文

学习写文章，应该先向亲友征求意见，得到他们的批评意见，知道怎样写了，然后才下笔写作。千万不要固执己见，自以为是，以致被人耻笑。自古以来执笔写文章的人，多得说不完，不过能达到宏伟精美的，不过几十篇而已。只要文章不脱离它应有的结构规范，辞意可观，就可称为才士了。如果一定要使自己的文章惊动众人，超越当世，只怕要等到黄河变清的时候了！

不屈二姓，夷、齐之节也；何事非君，伊、箕之义也。自春秋已来，家有奔亡，国有吞灭，君臣固无常分矣；然而君子之交绝无恶声，一旦屈膝而事人，岂以存亡而改虑？陈孔璋居袁裁书[1]，则呼操为豺狼；在魏制檄，则目绍为蛇虺。在时君所命，不得自专，然亦文人之巨患也，当务从容消息之[2]。

注释

1 陈孔璋：陈琳，字孔璋，先跟从袁绍，后降曹操。

2 消息：斟酌。

译文

不屈身于两个王朝，是伯夷、叔齐的气节；可以侍奉任何君主，是伊尹、箕子的道理。自春秋以来，士大夫家族奔窜流亡，邦国也时常被吞并灭亡，国君与臣子本来就没有固定的名分。然而君子之间的交情，即使断绝了也不会互相攻击辱骂。一旦屈膝侍奉别人，怎能因对方的存亡而改变初衷呢？陈琳曾为袁绍撰文，称曹操为豺狼；后来降曹后起草檄文时，则称袁绍为毒蛇。因为这是受当时君主之命，自己不能做主，但这也是文人的大毛病，应该认真斟酌一下。

或问扬雄曰：『吾子少而好赋？』雄曰：『然。童子雕虫篆刻[1]，壮夫不为也。』余窃非之曰：虞舜歌《南风》之诗，周公作《鸱鸮》之咏，吉甫、史克《雅》、《颂》之美者，未闻皆在幼年累德也。孔子曰：『不学诗，无以言。』『自卫返鲁，乐正，雅、颂各得其所。』大明孝道，引《诗》证之。扬雄安敢忽之也？若论『诗人之赋丽以则，辞人之赋丽以淫』，但知变之而已，又未知雄自为壮夫何如也？著《剧秦美新》[2]，安投于阁，周章怖慑[3]，不达天命，童子之为耳。桓谭以胜老子，葛洪以方仲尼，使人叹息。此人直以晓算术，解阴阳，故著《太玄经》，数子为所惑耳；其遗言余行，孙卿、屈原之不及，安敢望大圣之清尘？且《太玄》今竟何用乎？不啻覆酱瓿而已[4]。

注释

1 雕虫：比喻微不足道的小技艺。

2《剧秦美新》：扬雄所作歌颂王莽的文章。

3 周章：惊惧貌。

4 不啻（chì）：不过。瓿（bù）：小瓮。

译文

有人问扬雄说："你年轻时喜欢作赋吗？"扬雄说："是的。不过作赋好比儿童学写虫书和刻符，成年人是不会做的。"我私下反驳他说："虞舜吟唱《南风》诗，周公写《鸱鸮》诗，尹吉甫、史克写了《雅》、《颂》中的一些美好篇章，没听说过他们在幼年时因写作而损坏了品行。"孔子说："不学《诗》，就不善辞令。"又说："我从卫国返回鲁国后，订正了《诗》的乐曲，使《雅》乐和《颂》乐都各得其所。"孔子为了弘扬孝道，就引用《诗经》中的诗句来佐证。扬雄怎么敢忽视这些事实呢？如果说"诗人的赋华丽而规范，辞人的赋华丽而过分"这句话，只不过表明扬雄懂得辨别二者的区别而已，却不知道他作为成年人怎样去选择？扬雄写了《剧秦美新》，却稀里胡涂地从天禄阁上往下跳，惊慌恐惧，不能通达天命，这才是孩童的行为啊。桓谭认为扬雄超过了老子，葛洪拿扬雄与孔子相提并论，这实在让人叹息。扬雄只不过通晓算术，懂得阴阳学，所以写了《太玄经》，那几个人就被他迷惑了。他的言辞德行，连荀子、屈原都比不上，哪里能与大圣人相提并论呢？况且，《太玄经》在今天究竟有什么用处呢？不过用来盖酱瓿罢了。

齐世有席毗者，清干之士，官至行台尚书，嗤鄙文学，嘲刘逖云：『君辈辞藻，譬若荣华，须臾之玩，非宏才也；岂比吾徒千丈松树，常有风霜，不可凋悴矣！』刘应之曰：『既有寒木，又发春华，何如也？』席笑曰：『可哉！』

译文

齐朝有位叫席毗的人，是位清明干练的士人，官至行台尚书。他讥笑和鄙视文学，嘲讽刘逖说："你们的辞藻，好比开放的花朵一般，只供片刻观赏，算不上栋梁之材，哪比得上我们这样的千丈松树，尽管常有风霜侵袭，也不会凋零憔悴！"刘逖回答他说："既是耐寒的树木，又能绽放春花，怎么样呢？"席毗笑着说："那当然可以了！"

凡为文章，犹人乘骐骥[1]，虽有逸气，当以衔勒制之，勿使流乱轨躅[2]，放意填坑岸也。

注释

1 骐骥（qí jì）：良马，千里马。

2 轨躅（zhuó）：本指车辙，引申为法度规范。

译文

写文章好比骑着千里马，即使马匹骏逸奔放，也应当让它口衔铁勒来受到控制，不要让它放任自流，乱了法度，纵意而行以至陷入沟坑中。

文章当以理致为心肾，气调为筋骨，事义为皮肤，华丽为冠冕。今世相承，趋末弃本，率多浮艳。辞与理竞，辞胜而理伏；事与才争，事繁而才损。放逸者流宕而忘归[1]，穿凿者补缀而不足。时俗如此，安能独违？但务去泰去甚耳。必有盛才重誉，改革体裁者，实吾所希。

注释

1 流宕（dàng）：流浪漂泊。

译文

文章应当以义理情致为心肾，以气韵才调为筋骨，用典合宜为皮肤，华丽辞藻为冠帽。今人继承前人，趋求末节，放弃根本，所写文章大多浮浅华艳。文辞与义理相竞，文辞强而义理弱；内容与才思相争，内容繁杂而才华亏损。放纵者的文章随意散漫，忘却了主旨；穿凿拘泥的，虽补辑连缀，却文采不足。时下习俗如此，怎能独自避免呢？但求不要太过分罢了。如果有一位才华横溢、声名远播的人来改革这种文章体制，那实在是我所盼望的。

古人之文，宏材逸气，体度风格，去今实远；但缉缀呆朴[1]，未为密致耳。今世音律谐靡，章句偶对，讳避精详，贤于往昔多矣。宜以古之制裁为本，今之辞调为末，并须两存，不可偏弃也。

注释

1 缉缀：指文章的撰写连缀。

译文

古人的文章，气势宏大超群，其体势和风格与今天的文章有很大差别。不过古人在遣词造句方面比较粗疏质朴，不够严密细致。现在的文章，其音韵格律和谐华丽，篇章语句对偶工整，避讳精确详尽，比过去优秀多了。应当以古人的体制剪裁为本，以今人的文辞音调为末，两者并存，不可偏废。

赏析与点评

颜之推认为“制裁”与“辞调”应两者并存，不可偏废。同样，当今世界，事事要求一石二鸟，以体现其价值。比如，写小说需要形式与内容并重；政治人才要执政能力与演讲能力并重；选美要美貌与智慧并重；连洗发水也要去屑与柔顺并重。如文中所言“理致为心肾，气调为筋骨，事义为皮肤，华丽为冠冕”，心肾即为事物核心，筋骨即是事物形式，冠冕就是事物外表，就像某品牌的智能电话，既有颠覆行业的用户体验理念，又有流畅新颖的设计，还有华丽独特的外表。我们工作犹如写文章，必须不断增值，才能保值。

吾家世文章，甚为典正，不从流俗；梁孝元在蕃邸时，撰《西府新文》，讫无一篇见录者，亦以不偶于世，无郑、卫之音故也[1]。有诗赋铭诔书表启疏二十卷，吾兄弟始在草土[2]，并未得编次，便遭火荡尽，竟不传于世。衔酷茹恨[3]，彻于心髓！操行见于《梁史·文士传》及孝元《怀旧志》。

注释

1 郑、卫之音：《论语·卫灵公》中指“郑声淫”，此处指浮艳的文风。

2 草土：居丧。古代居父母之丧者寝苫枕块，故称草土。

3 酷：惨痛，痛恨。

译文

先父的文章十分典雅纯正，不会跟从社会上流行的风气。梁孝元帝为湘东王时，编撰《西府新文》，可是先父的文章竟没有一篇被收录，这也是因为他的文章不迎合世人的口味，没有郑、卫之音的缘故。他有诗、赋、铭、诔、书、表、启、疏等共二十卷，我们几兄弟正在守丧，来不及编辑整理就遭遇火灾，焚烧殆尽，最终文章未能流传于世。我怀痛含恨，痛彻心肺骨髓啊！先父的节操品行，见于《梁史·文士传》及孝元帝的《怀旧志》。

沈隐侯曰[1]：『文章当从三易：易见事，一也；易识字，二也；易读诵，三也。』邢子才常曰：『沈侯文章，用事不使人觉，若胸臆语也[2]。』深以此服之。祖孝征亦尝谓吾曰：『沈诗云：「崖倾护石髓。」此岂似用事邪？』

注释

1 沈隐侯：沈约，谥曰隐侯。

2 胸臆：心，心怀。

译文

沈约说："文章应当遵从'三易'的原则：容易理解的典故，这是第一点；容易认识的文字，这是第二点；容易诵读，这是第三点。"邢子才常说："沈约的文章，用典让人感觉不到，好像发自内心的话。"因此深深佩服他。祖孝征也曾经对我说："沈约的诗说：'崖倾护石髓'，这难道像在用典吗？"

邢子才、魏收俱有重名，时俗准的[1]，以为师匠。邢赏服沈约而轻任昉，魏爱慕任昉而毁沈约，每于谈宴，辞色以之。邺下纷纭，各有朋党。祖孝征尝谓吾曰：『任、沈之是非，乃邢、魏之优劣也。』

注释

1 准的：标准。

译文

邢子才和魏收的名声都很大，当时人们视他们为榜样，奉他们为宗师。邢子才欣赏和佩服沈约而轻视任昉，魏收爱慕任昉而诋毁沈约，他们每次在宴会谈论时，都争辩得改变了脸色。邺下的人对此看法不一，两个人都各有拥护者。祖孝征曾对我说："任昉和沈约的是非，实际上就是邢子才和魏收的优劣。"

《吴均集》有《破镜赋》。昔者，邑号朝歌，颜渊不舍[1]；里名胜母[2]，曾子敛襟：盖忌夫恶名之伤实也。破镜乃凶逆之兽[3]，事见《汉书》，为文幸避此名也。比世往往见有和人诗者，题云敬同，《孝经》云：『资于事父以事君而敬同。』不可轻言也。梁世费旭诗云：『不知是耶非。』殷澐诗云：『飖扬云母舟[4]。』简文曰：『旭既不识其父，澐又飖扬其母。』此虽悉古事，不可用也。世人或有文章引《诗》『伐鼓渊渊』者，《宋书》已有屡游之诮；如此流比，幸须避之。北面事亲，别舅摛《渭阳》之咏[5]；堂上养老，送兄赋桓山之悲[6]，皆大失也。举此一隅，触涂宜慎。

注释

1 舍：停止，停留。孔子弟子颜渊曾与曾子、子路、宰予出游，路过朝歌而不停留。

2 胜母：古地名。孔子弟子曾子是一名孝子，他曾因避讳“胜母”而不肯踏入此地。

3 破镜：一种恶兽，也称獍。《汉书·郊祀志》：“古天子常以春解祠，祠皇帝用一枭、破镜。”

4 飖（yáo）扬：飘扬。

5 摛（chī）：传布，舒展。《渭阳》：秦康公送别舅舅晋文公至渭水，想起已死去的母亲，于是写作《渭阳》一诗。见《诗经·秦风·渭阳》。

6 桓山之悲：《孔子家语》曾记颜回在道中听见某人的哭声悲切，与桓山一只母鸟送别成长后的孩子的哭声相近，从而推断那人经历生离之痛。孔子于是打发人去问那人，发现那人家里贫穷，无钱殓葬死去的父亲，于是卖了儿子换钱。他因为要与儿子永久诀别，所以哭声悲恸。因此后来以“桓山之鸟”或“桓山之悲”比喻父死且与亲人离别。

译文

《吴均集》中有《破镜赋》。古时候有座城邑名“朝歌”，颜渊不在这里停留；有个小村名叫“胜母”，曾子到此赶紧整饬衣襟，他们大概是担心这些不好的名称会损害事物的本质。破镜是一种凶恶的野兽，它的典故见于《汉书》，你们写文章时宜避开这个名词。近代常常看见有人和诗，题上“敬同”二字，《孝经》说：“资于事父以事君而敬同。”这两个字是不能随便说的。梁朝费旭的诗说：“不知是耶非。”殷澐的诗说：“飖扬云母舟。”简文帝讥讽他们说：“费旭既不认识他的父亲，殷澐又让他的母亲四处飘荡。”这些虽然都是旧事，但都不可以随便乱用。有人在文章中引用《诗经》“伐鼓渊渊”的诗句，《宋书》已讥讽他不懂反语。诸如此类的诗句，希望你们一定要避免使用。有人尚在侍奉母亲，与舅舅离别时却吟唱《渭阳》诗；有人父亲尚在，送别兄长时却引用“桓山之鸟”的典故，这些都是大大的失误。列举以上部分例子，你们写文章时应触类旁通，处处慎重。

江南文制，欲人弹射[1]，知有病累，随即改之，陈王得之于丁廙也[2]。山东风俗，不通击难。吾初入邺，遂尝以此忤人，至今为悔；汝曹必无轻议也。

注释

1 弹射：用言语指责。这里是指批评文章。

2 陈王：陈思王曹植。

译文

江南地区的人写文章，要求别人指正，知道了毛病之所在，会立刻改正，曹植从丁廙那里学到这种习惯。山东地区的风俗，不允许别人批评自己的文章。我刚到邺城的时候，曾因此而得罪了一些人，至今后悔。你们一定不要轻率地议论别人的文章。

凡代人为文，皆作彼语，理宜然矣。至于哀伤凶祸之辞，不可辄代。蔡邕为胡金盈作《母灵表颂》曰：『悲母氏之不永，然委我而夙丧[1]。』又为胡颢作其父铭曰：『葬我考议郎君。』《袁三公颂》曰：『猗欤我祖[2]，出自有妫[3]。』王粲为潘文则《思亲诗》云：『躬此劳悴，鞠予小人；庶我显妣，克保遐年。』而并载乎邕、粲之集，此例甚众。古人之所行，今世以为讳。陈思王《武帝诔》，遂深永蛰之思[4]；潘岳《悼亡赋》，乃怆手泽之遗[5]。是方父于虫，匹妇于考也[6]。蔡邕《杨秉碑》云：『统大麓之重[7]。』潘尼《赠卢景宣》诗云：『九五思龙飞。』孙楚《王骠骑诔》云：『奄忽登遐[8]。』陆机《父诔》云：『亿兆宅心[9]，敦叙百揆[10]。』《姊诔》云：『伣天之和[11]。』今为此言，则朝廷之罪人也。王粲《赠杨德祖诗》云：『我君饯之，其乐泄泄[12]。』不可妄施人子，况储君乎？

注释

1 夙：早上。

2 猗欤（yī yú）：叹词。

3 妫（guī）：姓氏。

4 永蛰（zhé）：长眠，指死亡。

5 手泽：先辈的遗墨、遗物。

6 考：父亲，后指已死的父亲。

7 大麓：统领国家之事。

8 奄忽：比喻死亡。登遐：对帝王死的讳称。

9 亿兆：极言众多。

10 百揆（kuí）：百官。

11 伣（qiàn）：譬喻。《诗经·大雅·大明》："大邦有子，伣天之妹。"

12 泄（yì）泄：和乐，闲散自得的样子。"泄泄"是郑庄公和母亲重归于好时说过的话。

译文

凡是为别人写文章，都使用对方的语气，道理上应该如此。至于涉及哀悼伤痛、死亡灾祸一类的文章，不可随便代笔。蔡邕替胡金盈写的《母灵表颂》说："悲痛母亲寿不长久，为何丢弃我们早逝？"又替胡颢写他父亲的墓志铭说："埋葬先父议郎君。"还有《袁三公颂》说："我的祖先，出自有妫这一姓氏。"王粲替潘文则写的《思亲诗》说："您亲自劳苦，抚育我辈儿女；希望我们的亡母，能保住灵魂，永获安宁。"这些都刊载于蔡邕、王粲的文集中，例子很多。古人是这样写的，今天就被认为是犯讳了。曹植在《武帝诔》中用"永蛰"表示对父亲的思念；潘岳在《悼亡赋》中用"手泽"抒发看见亡妻遗物而引起的伤感。这是把父亲比作昆虫，把妻子等同于亡父。蔡邕的《杨秉碑》说："总管天下的重大事务。"潘尼的《赠卢景宣》诗说："皇位正盼有飞龙出现。"孙楚的《王骠骑诔》说："迅速登遐。"陆机的《父诔》说："百姓归心，百官和睦。"《姊诔》说："她像天女一样。"如果在今天，谁写这些话就是朝廷的罪人了。王粲的《赠杨德祖诗》说："我君设宴送别，其乐泄泄。"这种话是不可以胡乱用于一般人的孩子的，何况是太子呢？

挽歌辞者，或云古者《虞殡》之歌[1]，或云出自田横之客，皆为生者悼往告哀之意。陆平原多为死人自叹之言[2]，诗格既无此例，又乖制作本意。

注释

1《虞殡》：古代挽歌之名。

2 陆平原：陆机，曾为平原内史。

译文

挽歌辞，有人说是古代的《虞殡》歌，有人说是出自田横的门客，都是活着的人用来追悼死者、表达哀思的。陆机写的挽歌诗大多是死者自叹之辞，诗的体例中既没有这种例子，又违背了作诗的本意。

凡诗人之作，刺箴美颂，各有源流，未尝混杂，善恶同篇也。陆机为《齐讴篇》，前叙山川物产风教之盛，后章忽鄙山川之情，殊失厥体[1]。其为《吴趋行》，何不陈子光、夫差乎？《京洛行》，胡不述赧王、灵帝乎？

注释

1 厥：其。

译文

大凡诗人的作品，讽谕的、规谏的、赞美的、颂扬的，各有各的源流，不曾混杂，从来没有将贬恶扬善的内容混杂在同一篇中。陆机作《齐讴行》，前面部分叙述山川、物产、风俗、教化的兴盛，后面部分却突然抒发鄙薄山川的情感，大大背离了此诗的风格。他的《吴趋行》，为什么不陈述子光、夫差的事情呢？至于《京洛行》，为什么不陈述周赧王和汉灵帝的事情呢？

自古宏才博学，用事误者有矣；百家杂说，或有不同，书傥湮灭，后人不见，故未敢轻议之。今指知决纰缪者[1]，略举一两端以为诫。《诗》云：『有鷕雉鸣[2]。』又曰：『雉鸣求其牡。』《毛传》亦曰：『鷕，雌雉声。』又云：『雉之朝雊，尚求其雌。』郑玄注《月令》亦云：『雊，雄雉鸣。』潘岳赋曰：『雉鷕鷕以朝雊。』是则混杂其雄雌矣。《诗》云：『孔怀兄弟。』孔，甚也；怀，思也，言甚可思也。陆机《与长沙顾母书》，述从祖弟士璜死，乃言：『痛心拔脑，有如孔怀。』心既痛矣，即为甚思，何故方言有如也？观其此意，当谓亲兄弟为孔怀。《诗》云：『父母孔迩[3]。』而呼二亲为孔迩，于义通乎？《异物志》云：『拥剑状如蟹，但一螯偏大尔。』何逊诗云：『跃鱼如拥剑。』是不分鱼蟹也。《汉书》：『御史府中列柏树，常有野鸟数千，栖宿其上，晨去暮来，号朝夕鸟。』而文士往往误作乌鸢用之。《抱朴子》说项曼都诈称得仙，自云：『仙人以流霞一杯与我饮之，辄不饥渴。』而简文诗云：『霞流抱朴碗。』亦犹郭象以惠施之辨为庄周言也。《后汉书》：『囚司徒崔烈以锒铛锁。』锒铛，大锁也；世间多误作金银字。武烈太子亦是数千卷学士，尝作诗云：『银锁三公脚，刀撞仆射头。』为俗所误。

注释

1 纰缪：疏忽，谬误。

2 鷕（yǎo）：雌雉的叫声。

3 迩（ěr）：近。

译文

自古以来，有宏才博学的人，错用典故的大有人在。诸子百家的学说，内容各不相同，书籍已如湮灭，后人读不到，所以不敢随便谈论它们。现在且指出肯定是错谬的事例，略举一两件，让你们引以为戒。《诗经》说："野鸡鸣叫。"又说："野鸡叫着找雄性。"《毛诗古训传》也说："鷕，是雌雉的叫声。"又说："野鸡早晨鸣叫，还在寻找雌性。"郑玄注解《月令》也说："鸲，雄雉的鸣叫声。"潘岳的赋却说："野鸡鷕鷕地在早晨鸣叫。"这就混淆了雌雄的区别了。《诗经》说："孔怀兄弟。"孔，是"很"的意思；"怀"是思念的意思。"孔怀"即十分想念的意思。陆机《与长沙顾母书》，叙述从祖弟士璜之死，却说："痛心绞脑，好像孔怀一样。"内心既然悲痛，就是十分思念，为什么说"好像"呢？看他这句话的意思，应该是说亲兄弟是"孔怀"。《诗经》说："父母很近。"把父母亲称为"孔迩"，在意义上说得通吗？《异物志》说："拥剑的形状像螃蟹，但有一只螯偏大。"何逊的诗说："鱼跳跃得像拥剑。"这是没有分辨鱼和螃蟹的区别。《汉书》说："御史府中栽种了许多柏树，常常有几千只野鸟，栖宿在树上，晨去暮来，被称为'朝夕鸟'。"而文人们往往把它们误作"乌鸢"来使用。《抱朴子》说项曼都诈称遇见了仙人，自言："仙人拿一杯流霞给我喝，我从不饥渴。"而梁简文帝的诗说："霞流是抱朴子的碗。"这就好像郭象把惠施的辩说当成庄周的话了。《后汉书》说："用银铛锁把司徒崔烈囚禁起来。"银铛，是大铁链锁，世上的人大多把"银"字误写成金银的"银"字。武烈太子也是饱读数千卷书的学者，他曾经写诗说："用银锁锁住三公的脚，用刀撞击仆射的头。"这是被世俗的写法误导了。

文章地理，必须惬当。梁简文《雁门太守行》乃云：『鹅军攻日逐[1]，燕骑荡康居，大宛归善马，小月送降书。』萧子晖《陇头水》云：『天寒陇水急，散漫俱分泻，北注徂黄龙，东流会白马[2]。』此亦明珠之颣[3]，美玉之瑕，宜慎之。

注释

1 鹅：古代的阵名。日逐：与下文的“康居”、“大宛”、“小月”都在西域，简文帝诗写燕、宋之军，不相涉。

2 “天寒”四句：陇在西北，黄龙在北，白马在西南，不在同一流域。

3 颣（lèi）：缺点毛病。

译文

文章中涉及地理的，必须恰当。梁简文帝的《雁门太守行》竟说：“鹅军攻击日逐，燕骑扫荡康居，大宛送来善马，小月送来降书。”萧子晖的《陇头水》说：“天寒陇水湍急，都散漫地分泻，北边流注到黄龙，东边与白马渡相接。”这些都是明珠中的缺点，美玉中的瑕疵，应该慎重对待。

王籍《入若耶溪》诗云：『蝉噪林逾静，鸟鸣山更幽。』江南以为文外断绝，物无异议。简文吟咏，不能忘之，孝元讽味，以为不可复得，至《怀旧志》载于《籍传》。范阳卢询祖，邺下才俊，乃言：『此不成语，何事于能？』魏收亦然其论。《诗》云：『萧萧马鸣，悠悠旆旌[1]。』《毛传》曰：『言不諠哗也。』吾每叹此解有情致，籍诗生于此耳。

注释

1 旆（pèi）：古代旗帜的统称。旌（jīng）：用牦牛尾和彩色鸟羽做杆饰的旗。

译文

王籍的《入若耶溪》诗说："蝉噪林逾静，鸟鸣山更幽。"江南文人认为这两句诗已达到极致，没有异议。梁简文帝常常吟咏，不能忘记这两句诗，梁孝元帝吟诵回味，也认为再无人能写得出来，以至他在《怀旧志》中把这两句诗记载于《籍传》中。范阳人卢询祖，是邺下的俊才，却说："这两句不算诗，怎么说他有才能呢？"魏收也同意他的评论。《诗经》说："萧萧马鸣，悠悠旆旌。"《毛诗故训传》说："此诗意在安静而不嘈杂。"我时常赞叹这个解释有情致，王籍的诗句就是由此产生的。

兰陵萧悫，梁室上黄侯之子，工于篇什。尝有《秋诗》云：『芙蓉露下落，杨柳月中疏。』时人未之赏也。吾爱其萧散，宛然在目。颍川荀仲举、琅琊诸葛汉，亦以为尔。而卢思道之徒，雅所不惬。

译文

兰陵人萧悫，是梁朝上黄侯萧晔的儿子，擅长作诗。他曾有《秋诗》写道："芙蓉露下落，杨柳月中疏。"当时没有人欣赏这两句诗。我却爱它清雅闲散，其情其景宛然在人眼前。颍川人荀仲举、琅琊人诸葛汉也认为是这样的。但卢思道一班人，不太喜欢这两句诗。

何逊诗实为清巧，多形似之言；扬都论者，恨其每病苦辛，饶贫寒气，不及刘孝绰之雍容也。虽然，刘甚忌之，平生诵何诗，常云：『「蘧车响北阙[1]」，愊愊不道车[2]。』又撰《诗苑》，止取何两篇，时人讥其不广。刘孝绰当时既有重名，无所与让；唯服谢朓，常以谢诗置几案间，动静辄讽味。简文爱陶渊明文，亦复如此。江南语曰：『梁有三何，子朗最多。』三何者，逊及思澄、子朗也。子朗信饶清巧。思澄游庐山，每有佳篇，亦为冠绝。

注释

1 蘧：指蘧伯玉，春秋末卫国士大夫。

2 愊（huà）：乖戾。

译文

何逊的诗确实清雅奇巧，较多生动形象的语句；扬都评论他的诗的人批评他太多深思苦吟，意境太过萧索清寒，及不上刘孝绰的温文尔雅。虽然这样，刘孝绰还很嫉妒他，平时读何逊的诗，常常说：“‘蘧伯玉的车声响彻北阙’，这是一种乖离情理、没有礼节的车子。”他又撰写《诗苑》，其中只选取何逊的两首诗，当时人们都讥笑他取材不广。刘孝绰既有大名声，又不谦让，他只佩服谢朓，常常把谢朓的诗放在几案上，起居作息总会诵读玩味一番。梁简文帝爱陶渊明的文章，也是这样。江南人说：“梁朝有三个姓何的人，子朗的诗最多。”三个姓何的人，指何逊、何思澄、何子朗。子朗的诗确实清雅奇巧，何思澄游庐山时，常有佳作问世，也是冠绝群伦的。

名实第十

本篇导读

“名”与“实”是魏晋南北朝文士喜欢谈论的话题。在本篇中，颜之推就专门讨论“名”与“实”的关系，不过他没有像时人般摆弄哲学概念，而是从现实的角度出发，强调为人处事要言行一致，表里如一。他讽刺了那些“不修身而求令名于世者，犹貌甚恶而责妍影于镜”的人，指出好的名声是靠自己“德艺周厚”、“修身慎行”而取得的；那些利用卑俗手段的人，在机缘巧合下，虽能得到一些虚名，但终会露出马脚，最后为人所笑。在文章末，他还指出人皆有慕名向善之心，执政者倘能以圣人的言行声名为号召，就能勉励众人一心向善，进而树立良好的社会风气。

名之与实，犹形之与影也。德艺周厚[1]，则名必善焉；容色姝丽，则影必美焉。今不修身而求令名于世者，犹貌甚恶而责妍影于镜也。上士忘名，中士立名，下士窃名。忘名者，体道合德，享鬼神之福佑，非所以求名也；立名者，修身慎行，惧荣观之不显[2]，非所以让名也；窃名者，厚貌深奸，干浮华之虚构，非所以得名也。

注释

1 德艺：德行才艺。周厚：亲密笃厚。

2 荣观：即荣名、荣誉。

译文

名与实的关系，好像形体与影子的关系。德才兼备亲厚的人，他的名声必然是好的；容貌秀丽的人，他的影子一定是美丽的。现在有些人不注重修身养性，却企求在世上有好名声，这好比相貌丑陋，却要求有漂亮的形象出现在镜中一样。上德之人忘记名声，中德之人努力树立名声，下德之人窃取名声。忘掉名声的人，体悟到事物的道理，言行符合道德规范，因而会受到鬼神的赐福和保佑，他们的言行不是去求取名声；树立名声的人，修养品德，谨言慎行，担心不能显扬个人的荣誉，他们对名声是不会谦让的；窃取名声的人，貌似忠厚，却心怀奸诈，追求浮华的虚名，他们是不会得到真正的好名声的。

人足所履，不过数寸，然而咫尺之途，必颠蹶于崖岸[1]，拱把之梁[2]，每沉溺于川谷者，何哉？为其旁无余地故也。君子之立己，抑亦如之。至诚之言，人未能信，至洁之行，物或致疑，皆由言行声名，无余地也。吾每为人所毁，常以此自责。若能开方轨之路[3]，广造舟之航[4]，则仲由之言信[5]，重于登坛之盟[6]，赵熹之降城[7]，贤于折冲之将矣。

注释

1 颠蹶：翻跌，倾跌。

2 拱把之梁：即独木桥。拱把，两只手合围或一手握满。梁，桥。

3 方轨：两车并行。

4 造舟：连船为桥，即浮桥。

5 仲由：即子路，孔子弟子，以信守承诺著称。

6 登坛：升登坛场。古时候帝王即位、祭祀、会盟、拜将，多设坛场，举行隆重仪式。

7 赵熹：东汉人，其事迹记载于《后汉书》。更始年间，赵熹曾劝降舞阴城。

译文

人们的脚能踩到的范围，不过是几寸的土地，然而在一尺宽的路上行走，一定会从山崖上摔下来；在直径大如两手合围大小的独木桥上走过，往往会淹没于河中。为什么呢？因为人的脚旁没有余地。君子要立身处世，也是这个道理。最诚实的话，别人不会相信；最高洁的行为，别人往往产生怀疑，这都是因为这类言论、行动的名声太好，未留有余地。每当我被别人诋毁时，常常以此责备自己。如果你行事为人能像走在开阔平坦的大道、加宽的浮桥上般留有余地，就能像子路那样说话真实可信，胜过诸侯登坛结盟的誓约，也像赵熹那样能招降对方盘踞的城池，胜过却敌善战的将军。

赏析与点评

颜之推认为不少君子在社会上身败名裂，是因为没有为自己留下余地。世人都喜欢名大于实，好让自己获得从名带来的更大享受，他们认为实大于名的人是傻瓜，殊不知名大于实是难以长久的，终有一天他们会“功绩损败”。

吾见世人，清名登而金贝入[1]，信誉显而然诺亏，不知后之矛戟，毁前之干橹也[2]。虙子贱云[3]：『诚于此者形于彼。』人之虚实真伪在乎心，无不见乎迹，但察之未熟耳。一为察之所鉴，巧伪不如拙诚，承之以羞大矣。伯石让卿[4]，王莽辞政，当于尔时，自以巧密；后人书之，留传万代，可为骨寒毛竖也。近有大贵，以孝著声，前后居丧，哀毁踰制[5]，亦足以高于人矣。而尝于苫块之中[6]，以巴豆涂脸[7]，遂使成疮，表哭泣之过。左右僮竖，不能掩之，益使外人谓其居处饮食，皆为不信。以一伪丧百诚者，乃贪名不已故也。

注释

1 金贝：金钱，货币。

2 干：抵御刀剑之类的小盾牌。橹：抵御矛戟的大盾牌。

3 虙子贱：孔子的弟子。

4 伯石：春秋时的郑国大夫，曾三让卿之位，但并非出自真心。

5 哀毁：哀痛使身体容貌都受到损害。

6 苫（shān）：草垫。块：土块。苫块代指居丧。古人居丧，会于先人墓边搭庐而住，以苫为席，以土块为枕。

7 巴豆：巴地的一种豆形植物，有毒。

译文

我看见世上有些人，树立了清白的名声之后，就敛聚钱财，信誉传扬出去以后，就不信守诺言，这些人不知道他们后来的行为，把前面建立的名声全毁掉了。虙子贱说：“在这方面有诚信，便为那方面树立了榜样。”人们的虚实真伪发自内心，没有不在形迹中显露出来的，只是别人观察得不仔细罢了。一旦被人看出真相，巧伪的人就不如拙诚的人，他所受到的羞辱也就更大了。伯石辞让卿位，王莽辞谢政权，在那个时候，他们自以为做得乖巧周密。后人把真相记载下来，留传到万代，使人们读后毛骨悚然，不寒而栗。最近有位大贵人，以孝义著称，前后几次守丧，其悲伤的行为都超过了礼制的要求，也足以说明他超越常人了。然而他曾在服丧的时候，用巴豆涂在脸上，使脸上长出了疮疤，以佯作他哭泣得非常厉害。他身边的僮仆，却没有遮掩这一作假的事实，这就更加使外人认为他在居处饮食方面所表露的行为，都是不可相信的。因为一次虚伪而毁掉了百次诚实，这是不知满足地贪求名声所导致的。

有一士族，读书不过二三百卷，天才钝拙，而家世殷厚，雅自矜持，多以酒犊珍玩[1]，交诸名士，甘其饵者，递共吹嘘。朝廷以为文华，亦尝出境聘。东莱王韩晋明笃好文学，疑彼制作，多非机杼[2]，遂设宴言，面相讨试。竟日欢谐，辞人满席，属音赋韵，命笔为诗，彼造次即成，了非向韵。众客各自沉吟，遂无觉者。韩退叹曰：『果如所量！』韩又尝问曰：『玉珽杼上终葵首[3]，当作何形？』乃答云：『珽头曲圜[4]，势如葵叶耳。』韩既有学，忍笑为吾说之。

注释

1 酒犊：酒和牛。此处指吃喝。

2 机杼（zhù）：原指织布机，这里比喻为诗文创作中的构思和布局的精巧。

3 玉珽（tǐng）：玉笏，古代朝臣上朝时所执的手版。

4 曲圜：弯而圆。

译文

有一位出身士族的子弟，读的书不超过两三百卷，天性迟钝笨拙，但家里非常富足，自诩甚高，常常拿出酒肉珍宝来结交名士，那些甘心受他利诱的人，纷纷为他吹嘘。朝廷以为他有才华，曾经聘他出来做官。东莱王韩晋明非常爱好文学，怀疑那士族子弟的诗文作品大多不是出自他的创作构思，于是摆设宴席，约他谈论，拟当面试试他。欢宴当日，满座词人骚客，他们按声韵提笔赋诗，这位士族子弟也提笔赋诗，快要写好了，但其诗却全然不似向来神韵。宾客们都在沉吟低唱，没有人发觉他的诗作有问题。韩晋明退席感叹地说："果然像我料想的一样！"韩晋明又问他说："玉珽机杼上安装的终葵之首，应该是什么形状？"他回答说："珽头弯曲，大概像葵叶吧。"韩晋明颇有学问，忍着笑跟我说这件事。

治点子弟文章[1]，以为声价，大弊事也。一则不可常继，终露其情；二则学者有凭，益不精励。

注释

1 治点：润饰修改文章。

译文

帮助子弟修改和润饰文章，以此抬高他们的身价，这是一大坏事。一是不可能永远替他们这样做，因为最终都会露出真相；二是初学者有了依靠，更加不会努力奋发了。

邺下有一少年，出为襄国令，颇自勉笃。公事经怀，每加抚恤[1]，以求声誉。凡遣兵役，握手送离，或赍梨枣饼饵[2]，人人赠别，云：『上命相烦，情所不忍；道路饥渴，以此见思。』民庶称之，不容于口。及迁为泗州别驾[3]，此费日广，不可常周，一有伪情，触涂难继，功绩遂损败矣。

注释

1 恤：体恤。

2 赍（jī）：送东西给别人。

3 别驾：官名，州刺史的佐吏，也称别驾从事史。因随刺史出行时令乘车，故称别驾。

译文

邺下有一位年轻人，出任襄国县县令，相当勤勉踏实，办公事尽心尽意，对下属体恤，希望以此博取好名声。每当派遣男丁服兵役时，他都亲自握手送别，有时还送他们梨子、枣子、糕饼等食物，还给他们临别赠言："上级的命令，有劳各位，我内心实在不忍。你们路上饥渴，凭此薄礼可以看到我的思念之情。"百姓很称颂他，赞不绝口。后来他升任泗州别驾后，这类费用一天比一天多，无法面面俱到，时间一长，势必矫情虚饰，难以为继，原有的名声也因此而受损。

或问曰：『夫神灭形消，遗声余价，亦犹蝉壳蛇皮，兽迒鸟迹耳[1]，何预于死者，而圣人以为名教乎？』对曰：『劝也，劝其立名，则获其实。且劝一伯夷[2]，而千万人立清风矣；劝一季札[3]，而千万人立仁风矣；劝一柳下惠[4]，而千万人立贞风矣；劝一史鱼[5]，而千万人立直风矣。故圣人欲其鱼鳞凤翼，杂沓参差，不绝于世，岂不弘哉？四海悠悠，皆慕名者，盖因其情而致其善耳。抑又论之，祖考之嘉名美誉，亦子孙之冕服墙宇也[6]，自古及今，获其庇荫者亦众矣。夫修善立名者，亦犹筑室树果，生则获其利，死则遗其泽。世之汲汲者，不达此意，若其与魂爽俱升，松柏偕茂者，惑矣哉！』

注释

1 迒（háng）：鸟兽或车辆经过的痕迹。

2 伯夷：商周之际贤人，曾让君位，耻食周粟，饿死于首阳山。

3 季札：春秋时吴国公子，以仁义著称。

4 柳下惠：春秋时鲁国人，以贞著称。

5 史鱼：春秋时卫国大夫，以正直著称。

6 冕服墙宇：衣帽房屋，代指上辈留下的遗产。

译文

有人问道："人的灵魂湮灭，身体消失，留下的名声就像蝉蜕下的壳，蛇脱掉的皮，鸟兽留下的足迹，这与死者有何相干，圣人何以还要以此作为教化的内容呢？"回答说："那是为了劝勉大家，劝勉大家树立好的名声，并做到名副其实。况且劝勉人们向伯夷学习，就会在成千上万的人中形成清白的风气；劝勉人们向季札学习，就会在成千上万的人中形成仁爱的风气；劝勉人们向柳下惠学习，就会在成千上万的人中形成忠贞的风气；劝勉人们向史鱼学习，就会在成千上万的人中形成正直的风气。因此圣人希望世人无论天赋如何都要追随伯夷、史鱼等人，并世世代代延续下去，这意义不是很大吗？四海之内，百姓众庶都爱慕名声，应该根据他们这种情感，引导他们走向善道。或许还可以这样说，祖先们的美好声誉，就好像是子孙们的礼服和房屋，从古到今得到它的庇荫的人也是很多的。广修善事，树立名声，好像建筑房屋和栽种果树，活着时能得到它的好处，死后也可把恩泽遗及后人。世上急迫追逐名利的人，不明白这个道理，他们希望自己的名声能与魂魄一起升华，像松柏一样长青不衰，这就令人疑惑了！"

赏析与点评

许由说："名者，实之宾也。"就是说，名不过是实的影子，是次要的角色。不过在政治方面看来，未必如此。香港特别行政区行政长官选举之后，还要获得中央的确认，以示正名，简单来说，就是获得治理的合法性。正如孔子所说："名不正，则言不顺；言不顺，则事不成"，故此近几年香港的各类抗争此起彼落。

涉务第十一

本篇导读

涉务，即专心致力于世务。南朝后期，门阀制度在南方已日趋没落。士族子弟不学无术，不事生产，对社会一无所知。故此作者在这篇讲述涉务，指出“士君子之处世，贵能有益于物”，批评了那些整日高谈阔论，“不知几月当下，几月当收”的士族子弟，告诫自己的子孙要接近实际，成为一个于国于民有用的人。作者又认为不论哪一种事物，只要能做到精通的地步，就能有益于国家，有益于自身。

士君子之处世，贵能有益于物耳，不徒高谈虚论，左琴右书，以费人君禄位也。国之用材，大较不过六事：一则朝廷之臣，取其鉴达治体[1]，经纶博雅；二则文史之臣，取其著述宪章，不忘前古；三则军旅之臣，取其断决有谋，强干习事；四则藩屏之臣，取其明练风俗，清白爱民；五则使命之臣，取其识变从宜，不辱君命；六则兴造之臣，取其程功节费[2]，开略有术，此则皆勤学守行者所能辨也。人性有长短，岂责具美于六涂哉？但当皆晓指趣，能守一职，便无愧耳。

注释

1 治体：指国家的体制、法度。

2 程功：衡量功绩，计算完成工程的进度。

译文

君子生活在世上，贵在能对社会有益，不能光是高谈空论，弹琴写字，耗费君主给予的俸禄官爵。国家使用人才，大体上不外乎六件事：第一种是在朝廷处理政务之臣，需要他们通晓政治方略，满腹经纶，博学文雅；第二种是掌管文史之臣，需要他们撰写典章制度，使今人不忘前代的经验教训；第三种是统领军队之臣，需要他们指挥果断有谋略，坚强干练，熟悉战阵；第四种是驻守边疆之臣，需要他们通晓民情风俗，清正廉洁，爱护百姓；第五种是出使外邦之臣，需要他们洞察时势，应变恰当，不辜负国君交付的使命；第六种是负责兴造之臣，需要他们考核工程，节约费用，有创办工程的办法。这些都是勤于学习、坚守操行的人所能分辨的。人的资质各有高低，怎能要求一个人把以上六事都办得完美呢？只要明白要旨，做好其中一项职务，也就问心无愧了。

吾见世中文学之士，品藻古今[1]，若指诸掌，及有试用，多无所堪。居承平之世，不知有丧乱之祸；处庙堂之下，不知有战陈之急；保俸禄之资，不知有耕稼之苦；肆吏民之上，不知有劳役之勤，故难可以应世经务也。晋朝南渡[2]，优借士族；故江南冠带[3]，有才干者，擢为令仆已下尚书郎中书舍人已上，典掌机要。其余文义之士，多迂诞浮华，不涉世务；纤微过失，又惜行捶楚，所以处于清高，盖护其短也。至于台阁令史，主书监帅，诸王签省，并晓习吏用，济办时须，纵有小人之态，皆可鞭杖肃督，故多见委使，盖用其长也。人每不自量，举世怨梁武帝父子爱小人而疏士大夫，此亦眼不能见其睫耳。

注释

1 品藻：评议鉴定等级。

2 晋朝南渡：指建武元年（公元三一七年）西晋灭亡，司马睿南渡并在建康建立东晋一事。

3 冠带：士族、缙绅的代称，以其戴冠束带故称。

译文

我看世上那些文学之士，品评古今，如同指点掌中物一般明白，等到任用他们时，却大都不能胜任。他们生活在社会安定的时代，不知道有丧国乱民的灾祸；他们在朝中为官，不知道战事的激烈急迫；他们有稳定的俸禄收入，不知道耕种的辛苦；他们肆意横行于吏民之上，不知道劳役的艰辛，所以难以靠他们去应付世变和处理公务。晋朝廷南渡后，朝廷优待士族，因此江南的士人，凡有才干的，都被提拔为尚书令、尚书仆射以下，尚书郎、中书舍人以上的官员，掌管机要大事。其他只懂得谈文弄墨的书生，大都迂阔荒诞，华而不实，不接触社会实际事务；当他们有小小过失，又怜惜他们受到杖责，因此只能安排他们在名高职轻的职位上，以掩盖他们的弱点。至于尚书省的令史、主书、监帅，诸王身边的典签、省事等，都熟悉官府事务，能成功地办理一时的重要政务，他们纵有小人的行为，但仍可施行鞭打杖责的惩罚，严加督促，因此他们多被委以重任，这运用了他们的所长。人往往没有自知之明，大家都埋怨梁武帝父子亲近小人而疏远士大夫，这就像眼睛看不见自己的睫毛一样。

梁世士大夫，皆尚褒衣博带，大冠高履，出则车舆，入则扶侍，郊郭之内，无乘马者。周弘正为宣城王所爱，给一果下马[1]，常服御之，举朝以为放达。至乃尚书郎乘马，则纠劾之。及侯景之乱[2]，肤脆骨柔，不堪行步，体羸气弱[3]，不耐寒暑，坐死仓猝者，往往而然。建康令王复性既儒雅，未尝乘骑，见马嘶喷陆梁[4]，莫不震慑，乃谓人曰：『正是虎，何故名为马乎？』其风俗至此。

注释

1 果下马：古时名马，身高三尺，骑之可从果树下过，故名。

2 侯景之乱：侯景，南朝梁人，于梁武帝末年发动兵变，攻破梁都建康。

3 羸（léi）：瘦弱。

4 嘶喷：马嘶鸣。陆梁：跳跃。

译文

梁朝的士大夫，都爱穿宽袍阔腰带，戴大帽，穿厚底鞋，他们出门要乘坐车舆，进门靠僮仆服侍，无论他们到城内或郊外，都不会骑马的。周弘正很受宣城王的宠爱，宣城王送他一匹果下马，他时常骑着外出，满朝官员都认为他放达不羁。如果尚书郎骑马出入，是会被纠察弹劾的。侯景之乱时，士大夫肌肤细嫩，体格柔弱，不堪步行的奔波，加上身体羸弱，气血不足，受不了严寒酷暑，在仓猝变乱中死去的，往往是这些人。建康令王复，性格温文尔雅，从未骑过马，一看到马嘶叫跳跃，就吓得魂飞魄散，便对别人说：“这正是老虎！为什么把它叫作马呢？”当时的风气竟柔弱到了这种地步。

古人欲知稼穑之艰难，斯盖贵谷务本之道也。夫食为民天，民非食不生矣，三日不粒，父子不能相存。耕种之，茠锄之[1]，刈获之，载积之，打拂之，簸扬之[2]，凡几涉手，而入仓廪[3]，安可轻农事而贵末业哉？江南朝士，因晋中兴，南渡江，卒为羁旅，至今八九世，未有力田，悉资俸禄而食耳。假令有者，皆信僮仆为之，未尝目观起一墢土[4]，耘一株苗，不知几月当下，几月当收，安识世间余务乎？故治官则不了，营家则不办，皆优闲之过也。

注释

1 茠（hāo）：除田草。锄（chú）：农具名，即锄。

2 簸（bǒ）扬：把谷物抄起，以风分隔抖落当中的谷壳、灰尘等。

3 仓廪（lǐn）：盛粮食的仓库。

4 一墢（fá）土：一犁土。墢，耕地翻起的土块。

译文

古人亲自耕种是为了体验务农的艰辛，这是使人珍惜粮食、重视农业劳动的方法。吃饭是民生的首要大事，百姓没有粮食就不能生存，三天不吃饭，父子都不能互相照顾救助。耕种、除草、收割、运载、脱粒、扬谷，共要经过几种工序，粮食才能入库，怎么可以轻农业而重商业呢？江南的士大夫，随着晋朝中兴，从北方南渡长江，最后寄居江南，到现在已有八九代了，但他们却从未下田耕作过，完全依赖朝廷的俸禄生活。即使家里有田地，也全靠僮仆耕种，从未亲眼看过人翻起的泥土，从未种过一株苗；更不知道哪月下种，哪月收割，哪里懂得世间的其他事务呢？因此他们当官不晓得如何做，治家不懂得如何经营，这都是养尊处优的弊病。

赏析与点评

子曰：“饱食终日，无所用心，难矣哉。”南朝这些士大夫工作时漫不经心，何以他们仍能保住饭碗？只因他们出身贵族，拥有特权。可是偏偏就是这种特权害了他们。这些纨绔子弟平时只会抹粉涂脂，手无缚鸡之力，一旦身处乱世，只能坐以待毙。真正的在上位者，应能致力实务，反馈社会的给予，又忠君报国，把时代扛在自己的肩上。

卷
卷五
五

卷五

卷五

省事第十二

本篇导读

省事，通俗而言，就是“多一事不如少一事”。换句话说，做什么事情，都要把握好分寸，做好分内的事，不可逾距。在本篇中，颜之推介绍了他这套处事哲学，并对先秦及秦汉时期流行的上书陈事之风加以斥责，他认为上书之人大都空疏浅薄，他们这样做不仅于事无补，反而破坏风气。接着，颜之推从人生经验的角度，告诫自己的后辈做事要专心一致，与其样样精通，不如专精一门；对于禄位，不可刻意追逐，应听从命运的安排；对自己不熟悉的人和事，不可妄加评议；要以道自守，不追求虚名。

铭金人云[1]：『无多言，多言多败；无多事，多事多患[2]。』至哉斯戒也！能走者夺其翼，善飞者减其指，有角者无上齿，丰后者无前足，盖天道不使物有兼焉也。古人云：『多为少善，不如执一；鼫鼠五能[3]，不成伎术。』近世有两人，朗悟士也[4]，性多营综[5]，略无成名，经不足以待问，史不足以讨论，文章无可传于集录，书迹未堪以留爱翫[6]，卜筮射六得三[7]，医药治十差五[8]，音乐在数十人下，弓矢在千百人中，天文、画绘、棋博，鲜卑语、胡书，煎胡桃油，炼锡为银，如此之类，略得梗概，皆不通熟。惜乎，以彼神明，若省其异端[9]，当精妙也。

注释

1 铭：刻在器物上用以记叙生平、事业或警戒自己的文字。

2 “无多言”四句：告诫人们不要多说话，言多失多；不要多事，多事便会多祸患。事见刘向《说苑·敬慎篇》：“孔子之周，观于太庙，右陛之前，有金人焉，三缄其口，而铭其背曰：‘古之慎言人也，戒之哉！戒之哉！无多言，多言多败；无多事，多事多患。’”

3 鼫（shí）鼠：鼠名，也叫石鼠、土鼠。《尔雅·释兽》郭注：“鼫鼠，行大如鼠，头似兔，尾有毛，青黄色，好在田中食粟豆。”五能：指鼫鼠有五种技能。《说文·鼠部》：“鼫，五技之鼠也，能飞不能过屋，能缘不能穷木，能游不能渡谷，能穴不能掩身，能走不能先人，此之谓五技。”

4 朗悟：聪敏。

5 营综：经营综理。

6 翫（wán）：同“玩”。

7 卜筮：古人预测吉凶，以龟甲为占称卜，用蓍草称筮，合称卜筮。射：猜度。

8 差（chài）：病好了。

9 异端：古代儒家称持不同见解的学派为异端，后泛称不合正统者为异端，《论语·为政》：“攻乎异端，斯害也已。”

译文

周朝太庙里的铜人背上刻着："别多话，多话就多失；别多事，多事就多祸患。"这一训诫是多么重要啊！能跑的，不长翅膀；会飞的，没有前爪；有角的，没有上齿；后腿发达的，前足退化。这大概是大自然不让动物兼备各种长处。古人说："做得多而好处少，不如专心做好一件事；鼯鼠有五种技能，却没有一种成了技术。"近世有两个人，都是聪明颖悟的士人，兴趣广泛，涉猎很广，却没有一样成名，因为他们的经学知识经不起盘问，史学知识不足以与人讨论，文章没有被收录于集子中以留传下去，书法手迹不值得留以观赏，卜筮六次只有三次准确，治病开药十次只有五人病好了，音乐造诣在几十人之下，射箭技能在千百人里只算中等，至于在天文、绘画、棋艺、鲜卑语、胡人文字、煎胡桃油、炼锡成银之类的事情上，只了解些大概情况，都不精通。可惜啊，凭他们的聪明，如果割弃其他的爱好，肯定能使自己的专业达到精妙的水平。

赏析与点评

通识，在部分人眼中，就是统统都识，这样或许只能培养出"样样精通，样样稀松"的庸才。通识的目的是让人学习不同范畴的科目，不过在学习时应留意科目之间的相关性。比如说，修读中文系的人同时学习历史、哲学、艺术等相关科目，科目之间便会互相激荡，使人在本业中更上一层楼。

上书陈事，起自战国，逮于两汉[1]，风流弥广。原其体度：攻人主之长短，谏诤之徒也[2]；讦群臣之得失[3]，讼诉之类也；陈国家之利害，对策之伍也；带私情之与夺，游说之俦也[4]。总此四涂[5]，贾诚以求位[6]，鬻言以干禄[7]。或无丝毫之益，而有不省之困，幸而感悟人主，为时所纳，初获不赀之赏[8]，终陷不测之诛，则严助、朱买臣、吾丘寿王、主父偃之类甚众[9]。良史所书，盖取其狂狷一介[10]，论政得失耳，非士君子守法度者所为也。今世所睹，怀瑾瑜而握兰桂者，悉耻为之。守门诣阙，献书言计，率多空薄，高自矜夸，无经略之大体，咸秕糠之微事[11]，十条之中，一不足采，纵合时务，已漏先觉，非谓不知，但患知而不行耳。或被发奸私，面相酬证，事途回穴，翻惧愆尤[12]；人主外护声教，脱加含养，此乃侥幸之徒，不足与比肩也。

注释

1 逮（dài）：及，至。

2 谏诤：直言规劝，止人之失。刘向《说苑·臣术》：“有能尽言于君，用则留之，不用则去之，谓之谏；用则可生，不用则死，谓之诤。”

3 讦（jié）：直言不讳。

4 俦：同类。

5 涂：同“途”，道路。这里指途径。

6 贾（gǔ）诚：出卖衷心。

7 鬻（yù）言：出卖言论。

8 不赀（zī）：不可计量。

9 严助、朱买臣、吾丘寿王、主父偃：四人同为汉武帝时人，曾显贵一时，后皆死于非命。

10 狂狷：激进与拘谨保守，因为二者皆偏于一面，后泛指偏激。狷，洁身自好。《论语·子路》：子曰：“不得中行而与之，必也狂狷乎！狂者进取，狷者有所不为也”。

11 秕糠（bǐ kāng）：秕子和糠。比喻没有价值或没用的东西。

12 愆（qiān）尤：过失，罪咎。

译文

给人主上书陈述意见这种事，起源于战国时期，到了两汉，此风流行更广。推究它的体制，指责人主长短的，是直言不阿一类；批评群臣得失的，是好讼一类；陈说国家利害的，是对策一类；带着个人感情进行褒贬，属游说之士。总括这四类人的做法，都是贩卖他们的忠心来换取官位，出售他们的言论来谋求利禄。他们的意见有的无丝毫益处，反而会因君主不理解而招致困厄，假如侥幸感悟了人主，被时人采纳，他们起初也能获得不可估量的奖赏，但最终还是会招来不可预测的杀身之祸，就好像严助、朱买臣、吾丘寿王、主父偃这类人有很多。优秀的史官所记载的，大概只选取洁身自好、耿介不阿的人，以评论时政得失罢了，但这不是谨守法度的君子所做的。现在我们所见到的，怀才抱德的人，都耻于这样做。那些守候公门，出赴朝廷，给皇帝献书言计的人，大都空疏浅薄，自傲自夸，毫无治理国家的方略，都谈些没有意义的琐事。十项建议中，没有一项值得采纳，即使偶有切合时务的意见，人主却早已知道了，不是人们不知道，只是担心知而不行。有些献书言计者被揭发包藏私心，假如当面追查考问，他们因事情变化无常，反会畏惧自己的错失；即使人主为了对外维护朝廷的声誉和教化，或许对他们加以包涵，但他们是些侥幸之徒，不值得与之为伍。

谏诤之徒，以正人君之失尔，必在得言之地，当尽匡赞之规[1]，不容苟免偷安，垂头塞耳；至于就养有方[2]，思不出位，干非其任，斯则罪人。故《表记》云[3]：『事君，远而谏，则谄也；近而不谏，则尸利也[4]。』《论语》曰：『未信而谏，人以为谤己也[5]。』

注释

1 匡赞：匡正辅佐。《南齐书·王晏传》："隆昌以来，运集艰难，匡赞之功，颇有心力。"

2 就养：侍奉、奉养。

3《表记》：《礼记》篇名。

4 尸利：是指身居官位接受俸禄而无所作为。语出《礼记·表记》："事君，远而疏，则谄也；近而不谏，则尸利也。"

5 谤（bàng）：诽谤、毁谤。文中所引出自《论语·子张》："子夏曰：'君子信而后劳其民，未信，则以为厉己也；信而后谏，未信，则以为谤己也。'"

译文

谏诤者的责任是纠正人主的失误，这就必须在能够说话的地方，并且应当尽量匡正辅助人君，决不可苟且偷安、垂头塞耳。至于侍奉人主，要万事适当，不要超越职权，如果干涉职责以外的事，就会成为朝廷的罪人。因此《礼记·表记》说："事奉人君，如与君主关系疏远，却去劝谏，有谄媚之嫌；如关系亲近，而不劝谏，就是白食俸禄。"《论语·子张》说："没有得到对方信任而劝谏，对方就会认为你在讥谤他。"

君子当守道崇德，蓄价待时[1]，爵禄不登，信由天命。须求趋竞，不顾羞惭，比较材能，斟量功伐[2]，厉色扬声，东怨西怒；或有劫持宰相瑕疵，而获酬谢，或有諠聒时人视听[3]，求见发遣；以此得官，谓为才力，何异盗食致饱，窃衣取温哉！世见躁竞得官者，便谓『弗索何获』；不知时运之来，不求亦至也。见静退未遇者，便谓『弗为胡成』；不知风云不与，徒求无益也。凡不求而自得，求而不得者，焉可胜算乎！

注释

1 蓄价：蓄养名誉身价。

2 功伐：功劳，功勋。

3 諠聒（guō）：喧嚣刺耳。

译文

君子应当坚守正道，提高自身道德修养，蓄养身价名望，等待合适的机会，就算不能得到高官厚禄，那也是上天的安排。要是主动奔走索求，不顾羞耻，和别人比较才能，评论功绩，面带怒容高声呼喊，整天怨这怪那，或者以宰相的短处相要挟，以获得酬谢；或者在世人面前哗众取宠扰乱视听，以求早日被派遣官职。通过这些手段得到官职，并以为是有能力，这跟偷吃东西使自己饱足，偷衣服来使自己温暖有什么区别呢？世上的人看到那些到处奔走求谒而得到官职的人，便说“不主动索取，哪里会有收获？”他们不知道一个人的时运临到时，不去寻求也能得到。看到那些恬淡谦退而没有得到重用的人，他们便说：“不去争取怎么会有所成呢？”他们不知道时势不允许，白白追求也是没用的。所有不索求而获得的人，索求而不获的人，多得数也数不清。

齐之季世[1]，多以财货托附外家，喧动女谒[2]。拜守宰者，印组光华[3]，车骑辉赫，荣兼九族，取贵一时。而为执政所患，随而伺察，既以利得，必以利殆，微染风尘，便乖肃正；坑阱殊深[4]，疮痏未复[5]，纵得免死，莫不破家，然后噬脐[6]，亦复何及。吾自南及北，未尝一言与时人论身份也，不能通达，亦无尤焉。

注释

1 季世：末代，衰败时期。汉代桓宽《盐铁论·授时》："三代之盛无乱萌，教也；夏商之季世无顺民，俗也。"

2 諠：喧闹。女谒（yè）：谓通过宫中嬖宠的女子干求请托，后泛指通过有权势的妇女干求请托。

3 印组：印信和系印信的丝带。古人在印信上系有丝带，佩戴在身。

4 坑阱（jǐng）：用以捕兽或擒敌的陷阱。常比喻害人的圈套。

5 疮痏（wěi）：疮疡，伤痕。

6 噬（shì）脐：自啮腹脐，比喻后悔不及。《左传·庄公六年》："亡邓国者，必此人也。若不早图，后君噬脐。"杜预注云："若啮腹脐，喻不可及也。"

译文

北齐王朝的末代时期，很多人用财物贿赂依附外戚权贵，他们通过宫中的宠姬来为自己干求请托。一旦被授为地方长官，则身上官印绶带光华闪耀，车马光鲜显赫，荣耀遍及九族，荣华富贵一时而得。然而这些人往往为执政者所厌恶，随即对其进行侦视监察。既然是通过钱财取得的好处，也必定会因为钱财而招致危亡，稍微沾染世间庸俗之事，便违背了端正之道。陷阱太深，受的创伤没有恢复，即使免于一死，也还是免不了家门离散，这时候后悔莫及又有什么用呢？我从南方到北方，未曾跟别人说起过一句论及身份地位的话，不能够亨通显达，也没有怨言。

王子晋云[1]：『佐饔得尝[2]，佐斗得伤。』此言为善则预，为恶则去，不欲党人非义之事也。凡损于物，皆无与焉。然而穷鸟入怀，仁人所悯；况死士归我，当弃之乎？伍员之托渔舟[3]，季布之入广柳[4]，孔融之藏张俭[5]，孙嵩之匿赵岐[6]，前代之所贵，而吾之所行也，以此得罪，甘心瞑目。至如郭解之代人报仇[7]，灌夫之横怒求地[8]，游侠之徒，非君子之所为也。如有逆乱之行，得罪于君亲者，又不足恤焉[9]。亲友之迫危难也，家财己力，当无所吝；若横生图计，无理请谒，非吾教也。墨翟之徒[10]，世谓热腹，杨朱之侣[11]，世谓冷肠；肠不可冷，腹不可热，当以仁义为节文尔。

注释

1 王子晋：周灵王之太子，传说他死后成仙，即王子乔。

2 佐饔（yōng）：协助制作菜肴。

3 伍员：即伍子胥，春秋时期楚国人，其父兄都被楚平王杀害，他逃至吴国，后领兵打败楚国。传说他在出逃时曾经得到一个渔人的帮助。事见《史记·伍子胥列传》。

4 季布：楚人，项羽的将领，曾经多次围困刘邦。广柳：古代运送棺柩的大车。刘邦灭项羽之后曾以千金重赏求捕季布，季布为逃避刘邦，隐姓埋名，卖为鲁朱家为奴，藏身于广柳车之中。事见《史记·季布栾布列传》。

5 孔融：东汉末期鲁人，字文举，建安七子之一，后为曹操所杀。张俭：字符节，山阳高平人。他曾投奔孔融的哥哥孔褒，当时孔褒不在家，孔融便自作主张收留了他。事见《后汉书·郑孔荀列传》。

6 赵岐：字邠卿，京兆长陵人，因为得罪宦官，出逃至北海，得到孙嵩的救助。事见《后汉书·吴延史卢赵列传》。

7 郭解：字翁伯，汉代游侠，以替人报仇来结交朋友，事见《史记·游侠列传》。

8 灌夫：西汉人，字仲孺。为人刚正不阿，后被田蚡以不敬罪弹劾族诛。事见《史记·魏其武安侯列传》。

9 恤：体恤，怜悯。

10 墨翟：春秋、战国时期的思想家，墨家学派的创始人，主张“兼爱、非攻、尚同”。

11 杨朱：战国时期魏国人，字子居，又称杨子、阳子或阳生。年代晚于墨翟，早于孟子，他的学说重在爱己，不以物累，不拔一毛以利天下，与墨子的“兼爱”思想相对。

译文

王子晋说：“协助别人做菜可以吃到佳肴，帮人打架会受到伤害。”这话是说别人做好事要参与，别人做坏事要避开，不要和人结伙做不正当的事。凡是损害别人利益的事都不参与。然而当无处可去的小鸟飞到自己的怀里时，仁慈的人都会怜悯它，更何况是敢死的勇士前来投靠我，难道要舍弃他么？伍子胥托身渔舟，季布被人藏在广柳车中，孔融收留张俭，孙嵩隐藏赵岐，这些都是前人崇尚的行为，也是我所遵从奉行的，即使因此而获罪，也心甘情愿死而瞑目。至于像郭解那样因小利而替别人报仇，灌夫为人怒责田蚡索求田户，这类游侠，不是君子所为。若是因为谋逆叛乱的行为，受君主和长辈的怪罪与责罚，这就不值得同情了。亲友处在窘迫危难的时候，应当毫不吝啬自己的财产和能力；要是有人图谋不轨，提出一些无理的请托，那不是我教你们怜悯的人。墨家学派的人，世人认为他们心肠太热；杨朱学派的人，世人认为他们心肠冷漠。心肠不可过冷，也不可过热，应当以礼制和道义来节制。

前在修文令曹，有山东学士与关中太史竞历[1]，凡十余人，纷纭累岁，内史牒付议官平之[2]。吾执论曰：『大抵诸儒所争，四分并减分两家尔。历象之要[3]，可以晷景测之[4]；今验其分至薄蚀，则四分疏而减分密。疏者则称政令有宽猛，运行致盈缩，非算之失也；密者则云日月有迟速，以术求之，预知其度，无灾祥也。用疏则藏奸而不信，用密则任数而违经。且议官所知，不能精于讼者，以浅裁深，安有肯服？既非格令所司[5]，幸勿当也。』举曹贵贱[6]，咸以为然。有一礼官，耻为此让，苦欲留连，强加考核[7]。机杼既薄，无以测量，还复采访讼人，窥望长短，朝夕聚议，寒暑烦劳，背春涉冬，竟无予夺，怨诮滋生，赧然而退[8]，终为内史所迫：此好名之辱也。

注释

1 竞历：争论历法。

2 牒：官府公文的一种。

3 历象：推算观测天体的运行。

4 晷（guǐ）景：晷表之投影，日影。景，同“影”。

5 格令：法令。

6 举曹：争论的双方。

7 核：检验、查核。

8 赧然：惭愧脸红貌。

译文

从前我在修文令官署的时候，有些山东学士与关中太守争论历法的问题，总共有十几个人，纷纷扰扰地争执了好几年，内史发文牒请议官评定此事。我提出说：“大体上儒生们所争论的，可分为四分历和减分历两家。历算天象的要点，可通过日晷仪的影像来测定。现在以此来检验两种历法中有关春分、秋分、夏至、冬至以及日蚀、月蚀的情况，可发现四分法疏略，而减分法周密。支持疏略者声称政治法令也有严有松，日月的运行也相应会有不足或超前，并非历法计算的误差；支持细密者则说日月运行有快有慢，用正确的方法来计算，可预先知道它们运行的情况，没有什么灾祸和吉祥之说。使用疏略的四分历，可能隐藏伪诈而失却真实；使用细密的减分历，可能顺应了天象而违背了经义。而且议官所了解的，不可能比争论双方更精深，用浅薄的知识去裁判高深的学问，怎能让人信服呢？这件事既然不属法律法令的范围，希望不要去裁断谁是谁非。”整个官署的人无论地位高低，都认为我的看法是正确的。有一位礼官却认为这样做是一种耻辱，苦苦地缠绕于这个问题上，勉强地对这两种历法进行考核。他对这方面的知识本已很少，又无法实地测算，回过头来，仍去采访争执双方，想借此判断二者的优劣。他们早晚聚在一起议论，由寒到暑，劳顿烦苦，然而从春到冬，终不能作出判断，以致惹来抱怨讥嘲之声，他只得抱愧退场，最后还被内史斥责：这是追求虚名惹来的耻辱。

赏析与点评

作者认为凡事不应过于强求，而应该“守道崇德，蓄价待时”。这不是叫人不要努力，而是要在机会来临之前，不断充实自己，不要在时机尚未成熟时就“见躁竞官”，要等待“风云”扶摇而上。作者反对浮躁，贪多务得，又认为做事水到便会渠成。

止足第十三

本篇导读

止足，意思就是凡事知止知足，不能贪得无厌。本篇指出不论是做官还是积财都要有限度，不能放纵自己的欲望，否则，各种麻烦和祸患就会临到。因此，颜之推告诫其子孙，做官只能做到中品，“前望五十人，后顾五十人”，这样才有保险；至于物质生活，家里的仆人不可超过二十个，良田只需十顷。显然，作者这种“谦虚冲损，可以免害”的想法，与当时的混乱时世有密切关系。

《礼》云：『欲不可纵，志不可满。』宇宙可臻其极[1]，情性不知其穷，唯在少欲知足，为立涯限尔。先祖靖侯戒子侄曰：『汝家书生门户，世无富贵；自今仕宦不可过二千石[2]，婚姻勿贪势家。』吾终身服膺[3]，以为名言也。

注释

1 臻（zhēn）：达到。

2 二千石（dàn）：根据汉朝官制，郡守俸禄为二千石，即每月俸禄为一百二十斛。世人因此称郡守为“二千石”。

3 服膺（yīng）：铭记在心，衷心信奉。

译文

《礼记》说：“欲望不可放纵，志向不可满足。”宇宙还可以到达边缘，人的本性却没有尽头，只有寡欲知足，为自己立个限度。先祖靖侯告诫子侄们说：“你们的家是书香门第，世世代代没有出现过大富大贵之人；从现在起，你们做官不可担任超过二千石的官职；婚姻大事上不可高攀有权有势的人家。”我终生铭记这些话，并把它当作至理名言。

天地鬼神之道，皆恶满盈。谦虚冲损，可以免害。人生衣趣以覆寒露[1]，食趣以塞饥乏耳。形骸之内[2]，尚不得奢靡，己身之外，而欲穷骄泰邪[3]？周穆王、秦始皇、汉武帝，富有四海，贵为天子，不知纪极，犹自败累，况士庶乎？常以二十口家，奴婢盛多，不可出二十人，良田十顷，堂室才蔽风雨，车马仅代杖策，蓄财数万，以拟吉凶急速，不啻此者[4]，以义散之；不至此者，勿非道求之。

注释

1 趣：通“取”，仅仅。

2 形骸：人的躯体。

3 骄泰：骄恣放纵。

4 不啻：不仅，何止。

译文

天地鬼神都憎恶满盈。谦虚淡泊，可以避免灾害。人生在世，穿衣无非是为了御寒，饮食也只为了充饥。在自身身体方面，尚且不得奢侈浪费，自身以外的事情，还要穷奢极欲吗？周穆王、秦始皇、汉武帝，都富有得拥有天下，并且贵为天子，但他们不知道满足，以致招致败损，何况士人和百姓呢？我常常认为，二十口人的家庭，奴婢最多不可超过二十人，良田只需十顷，房屋只求能遮蔽风雨，车马只求可以代替扶杖步行，积蓄几万钱财，只用作预备婚丧急用，积蓄多过这个数量，就该仗义散财；达不到这个数量，不要用不正当的手段来追求。

仕宦称泰[1]，不过处在中品，前望五十人，后顾五十人，足以免耻辱，无倾危也。高此者，便当罢谢，偃仰私庭[2]。吾近为黄门郎，已可收退；当时羁旅，惧罹谤讟[3]，思为此计，仅未暇尔。自丧乱已来，见因托风云，徼幸富贵[4]，旦执机权，夜填坑谷，朔欢卓、郑[5]，晦泣颜、原者[6]，非十人五人也。慎之哉！慎之哉！

注释

1 泰：通达。

2 偃仰：安居，游乐。

3 罹：被，遭受。谤讟（dú）：怨恨毁谤。

4 徼幸：非分企求，希望得到意外的成功。

5 卓、郑：旧氏与程郑，皆是《史记·货殖列传》所记载的大商人，富比王侯。

6 颜：颜回。原：原思。都是孔子的弟子。

译文

做官要做得平安，是处在中品的官位，前面有五十人，后面有五十人，这就足以避免耻辱，又没有倾覆的风险。高过这个官位，便应当辞谢，安居家中。我近来担任黄门侍郎，已经可以告退了，当时因客居异乡，怕贸然请辞会遭到诽谤，虽有这个想法，却找不到适当的机会。自从发生丧乱以来，我看见那些乘时而起、侥幸富贵的人，早上还在执掌大权，晚上就尸填坑谷，月初还在高兴自己与旧氏、程郑一样富有，月底就悲泣自己像颜回、原思一样贫穷，这样的人，不止十个五个啊！要谨慎，千万要谨慎啊！

赏析与点评

“中庸之道”、“适可而止”等昔日的处世标准，在现今世界似乎已成为落后者、逃避者的代名词。在这个城市狩猎场里，只有丛林动物崇拜的欲望，才是世界前进之源。人的欲望永无止境，欲壑难填，而世界的资源却是有限的，如何公正地分配稀少的资源，是整个世界面临的难题。如果盲目地追求满足欲望，后果可能如庄子所言：“以有涯随无涯，殆矣。”

诫兵第十四

本篇导读

本篇主要论述作者对习武带兵的态度，作者先从颜氏的祖先讲起，列举本族之中因从武而得祸的例子。他认为士大夫应以儒雅之业为尚，不该参预军事，更不能因读了几部兵书，稍通一点谋略，便以武力自诩，心怀不轨，拥兵作乱。作者告诫子孙应该世习儒雅，恪守士大夫之风以保存门户。

颜氏之先，本乎邹、鲁，或分入齐，世以儒雅为业，遍在书记[1]。仲尼门徒，升堂者七十有二，颜氏居八人焉。秦、汉、魏、晋，下逮齐、梁，未有用兵以取达者。春秋世，颜高、颜鸣、颜息、颜羽之徒，皆一斗夫耳。齐有颜涿聚[2]，赵有颜冣[3]，汉末有颜良[4]，宋有颜延之[5]，并处将军之任，竟以颠覆。汉郎颜驷[6]，自称好武，更无事迹。颜忠以党楚王受诛[7]，颜俊以据武威见杀[8]，得姓已来，无清操者，唯此二人，皆罹祸败。顷世乱离，衣冠之士，虽无身手，或聚徒众，违弃素业，徼幸战功。吾既羸薄[9]，仰惟前代，故寘心于此[10]，子孙志之。孔子力翘门关[11]，不以力闻，此圣证也。吾见今世士大夫，才有气干，便倚赖之，不能被甲执兵，以卫社稷；但微行险服[12]，逞弄拳腕，大则陷危亡，小则贻耻辱，遂无免者。

注释

1 书记：指文学、书籍、文章等。

2 颜涿聚：即颜庚。

3 颜冣（zuì）：事见《史记·赵世家》："幽缪王迁七年，秦人攻赵，赵大将军李牧，将军司马尚将，击之。李牧诛，司马尚免，赵忽及齐将颜冣代之。赵忽军破，颜冣亡去。"

4 颜良：袁绍属下将领，后被关羽所杀。事见《三国志》。

5 颜延之：字延年，南朝宋人。官至金紫光禄大夫，文章冠绝当时。事见《宋书·颜延之传》。

6 颜驷：汉代人，于汉文帝时为郎，历文帝、景帝、武帝三世，不获任用，老于郎署。事见《汉武故事》。

7 颜忠：汉人，曾参与楚王英的谋反，事发，被诛。事见《后汉书·光武十王列传》。

8 颜俊：三国时人。《三国志·魏书·刘司马梁张温贾传》："是时，武威颜俊、张掖和鸾、酒泉黄华、西平曲演等并举郡反，自号将军，更相攻击。俊遣使送母及子诣太祖为质，求助。太祖问既，既曰：'俊等外假国威，内生傲悖，计定势足，后即反耳。今方事定蜀，且宜两存而斗之，犹卞庄子刺虎，坐收其毙也'。太祖曰：'善。'岁余，鸾遂杀俊，武威王秘又杀鸾。"

9 羸薄：瘦弱。

10 寘（zhì）：置，安置。

11 翘：举。门关：门闩。

12 微行：指悄无声息的行动。险服：不合礼制的服饰，奇异的服装。

译文

颜氏的祖先，源于邹国、鲁国一带，有的分别迁至齐国，世世代代从事儒雅的事业，这全都记载于书籍中。孔子的门生，学问精深的有七十二人，颜氏家族占了八人。从秦、汉、魏、晋，往下数到齐、梁，颜氏家族中没有靠用兵而显达的。春秋时期，颜高、颜鸣、颜息、颜羽等人，都是一些武夫斗士。齐国有颜涿聚，赵国有颜冣，汉朝末年有颜良，南朝宋有颜延之，担任将军之位，但最终因此而败亡。汉朝的郎官颜驷，自称喜爱武术，却没有事迹流传。颜忠因党附楚王而被诛，颜俊因割据武威而被杀，自有颜姓以来，没有高尚节操的，只有这两个人，他们都招致了灾祸败亡。近世遭逢战乱，士大夫们虽然没有武艺，但有的也聚集徒众，放弃历来的儒学，希望侥幸求取战功。我因为身体瘦弱，又想起前人的教训，因此都把心神放在读书上，子子孙孙都应记住这点。孔子的力气可举起城门的门闩，但他不以武力闻名，这是从圣人那里得来的例证。我看见当今的士大夫，只不过有点气力才干，就以此自恃，他们又不能披铠甲执兵器，去保卫国家；只知穿上剑客的服装，行迹诡秘，逞弄拳术，这样做重则使自己陷于危险，轻则为自己带来耻辱，最后没有一个能幸免的。

国之兴亡，兵之胜败，博学所至，幸讨论之。入帷幄之中，参庙堂之上，不能为主尽规以谋社稷，君子所耻也。然而每见文士，颇读兵书，微有经略，若居承平之世，睥睨宫阃[1]，幸灾乐祸，首为逆乱，诖误善良[2]；如在兵革之时，构扇反复[3]，纵横说诱，不识存亡，强相扶戴：此皆陷身灭族之本也。诫之哉！诫之哉！

注释

1 睥睨（pì nì）：斜视。这里可解作窥视、侦伺。阃（kǔn）：门栏，借指军事或政务。

2 诖（guà）误：贻误，连累。

3 构扇：挑拨煽动。

译文

对国家的兴亡，军队的胜败这类问题，如自己具有广博的知识，是可以讨论的。在军中运筹帷幄，在朝廷参与国政，如果不能为君主尽规划之责，以谋求国家利益，这是君子引以为耻的。但是，我常见一些文士，只是粗略读过几本兵书，稍微有一点谋略。如果处在太平之世，他们便窥伺宫廷动静，幸灾乐祸，领头叛乱，连累善良的人；如果处在战争时期，他们便反复挑拨煽动，到处游说引诱，不了解存亡的大势所趋，竭力互相扶持拥戴：这些都是招致杀身灭族的祸根。警惕啊，警惕啊！

习五兵[1]，便乘骑，正可称武夫尔。今世士大夫，但不读书，即称武夫儿，乃饭囊酒瓮也。

注释

1 五兵：五种兵器。所指不一，后泛指各种兵器。

译文

熟悉使用五种兵器，擅长骑马，方可称作武夫。现世的士大夫，只要不读书，就自称为武夫，其实只是一些酒囊饭袋罢了。

赏析与点评

颜之推"一生而三化"，三为亡国之人，其悲惨遭遇多是由武将动乱所致。所谓"侠以武犯禁"，他特别讨厌那些卖弄拳勇，连累善良人的人。颜之推所处的年代，时人颇有"万般皆下品，惟有读书高"的观念，观其历史原因，不难理解。后来这种风气越加浓厚，唐朝文人尚佩刀剑，李白诗曰："十步杀一人，千里不留行"；到了宋朝，文武分殊，文官地位高，武官地位低，一旦遇到强大外族，朝廷就毫无抵抗能力。孔子之"六艺"尚有射御之术，到了后世分工过细，专注科举，不利于治国抗敌等事。至于近年香港及内地提出"通识"、"博雅教育"等，打破学科限制，发展多元化，实有其必要性。

养生第十五

本篇导读

经过寇谦之、陆修静、陶弘景等人的改造，在南北朝时期，道家逐渐趋向成熟；至于道教追求长生不老，得道成仙的思想亦越来越流行。对于这些情况，作者是有保留的，他列举了一些因服药养生而被药物所害的例子，指出真正的养生必须注意避祸，要将保养身体和修身立世结合起来。文中通过叙述嵇康因傲物而受刑，石崇因贪溺而得祸的例子，来说明如不能全身避祸，再精于养生之术也是无用的。作者虽重视生命，但又认为一个人遇到大是大非的事情时，就不能太爱惜自己的生命。这种“生不可不惜，不可苟惜”的生命态度在今天看来仍然可取。

神仙之事，未可全诬[1]；但性命在天，或难钟值[2]。人生居世，触途牵絷[3]：幼少之日，既有供养之勤；成立之年，便增妻孥之累[4]。衣食资须，公私驱役；而望遁迹山林，超然尘滓，千万不遇一尔。加以金玉之费，炉器所须，益非贫士所办。学如牛毛，成如麟角。华山之下，白骨如莽，何有可遂之理？考之内教，纵使得仙，终当有死，不能出世。不愿汝曹专精于此。若其爱养神明，调护气息，慎节起卧，均适寒暄，禁忌食饮，将饵药物[5]，遂其所禀[6]，不为夭折者，吾无间然。诸药饵法，不废世务也。庾肩吾常服槐实[7]，年七十余，目看细字，须发犹黑。邺中朝士，有单服杏仁、枸杞、黄精、术、车前得益者甚多[8]，不能一一说尔。吾尝患齿，摇动欲落，饮食热冷，皆苦疼痛。见《抱朴子》牢齿之法，早朝叩齿三百下为良；行之数日，即便平愈，今恒持之。此辈小术，无损于事，亦可修也。凡欲饵药，陶隐居《太清方》中总录甚备[9]，但须精审，不可轻脱。近有王爱州在邺学服松脂[10]，不得节度，肠塞而死，为药所误者甚多。

注释

1 诬：虚假，虚妄。

2 钟值：正好遇上。

3 牵絷（zhí）：牵绊。

4 孥（nú）：子女。

5 饵：服食，吃。

6 禀：领受，承受。

7 庾肩吾：南朝梁代人，字子慎，庾信的父亲。工诗赋，有《书品》传世。槐实：槐树的果实，可入中药。

8 术（zhú）：草名。多年生草本，有白术、苍术等数种，根茎可入药。

9 陶隐居：指陶弘景。

10 松脂：由松树树干分泌的树脂，呈黏液或块状固体，相传久服能延年不老。

译文

关于神仙的事，不可认为全是假的；只是人的性命长短取决于天，很难碰到这样的机会。人生在世，到处都有牵绊：少年之时，已有供养父母的辛劳；成年以后，便增加了妻子儿女的拖累。还有穿衣吃饭的费用，公事私事的役使。如果希望隐身山林，超脱尘世，千万人中也遇不到一个。加上炼丹费用高昂，又要设置丹炉、鼎器，更不是贫苦人能负担的。学道求仙的人多如牛毛，而真正成功的却少如麟角。华山之下，求仙未成者的白骨多得像草芥，哪有顺心如愿的情况呢？查考佛教典籍的记载，即使能够成仙，最终还会死亡，不能超脱尘世。我不愿你们把精力放在这事上。如果你们爱惜保养精神，只要调理护卫气息，起居有规律，穿衣冷暖适当，注意饮食禁忌，服用养生药物，便能达到应尽之年，不至夭折，那我也就没什么好批评的了。掌握各种药物的服用方法，不要因此荒废世间的事务。庾肩吾经常服食槐实，七十多岁还能看清细字，头发胡须还是乌黑的。邺中的朝臣们，有人只服食杏仁、枸杞、黄精、白术、车前等，获益良多，我不在此一一细说。我曾经患了牙病，牙齿摇动欲落，饮食过冷过热都相当疼痛。后来我读了《抱朴子》记载的固齿法，早上叩齿三百下为最好；我试行了几天就好了，现在我仍坚持这样做。这类治病的小方子，对我们的事业没有损害，也可以学习。大凡要服药，陶弘景的《太清方》记录得很详备，只是必须仔细了解，不可轻率。最近有一位叫王爱州的人，在邺下效法人家服食松脂，因为不能节制，肠道梗塞而死，这种被药物贻误的例子有很多。

赏析与点评

老子说：“人法地，地法天，天法道，道法自然。”中国人讲究师法自然，和自然和平相处，作者也认为人如能“爱养神明，调护气息”，起居有规律，根据天气冷暖穿着适当的衣服，注意饮食禁忌，达到应尽之年应该不难。养生要顺从春生、夏长、秋收、冬藏的自然规律，这就是人法自然的道理。与自然相适应、相和谐，则身体自然健康，否则就会百病缠身。

夫养生者先须虑祸，全身保性，有此生然后养之，勿徒养其无生也。单豹养于内而丧外，张毅养于外而丧内[1]，前贤所戒也。嵇康著《养生》之论，而以傲物受刑；石崇冀服饵之征[2]，而以贪溺取祸[3]，往世之所迷也。

注释

1 “单豹”两句：引用了《庄子》记载单豹和张毅的事迹。单豹注重养生，却被饿虎所杀；张毅善于避祸，却患热病而死。作者以此说明内外均需保养。见《庄子・达生》：“善养者如牧羊，视其后者而鞭之。鲁有单豹者，岩居而水饮，不与民共利，行年七十，而犹有婴儿之色。不幸遇饿虎，饿虎杀而食之。有张毅者，高门县簿，无不走也，行年四十，而有内热之病以死。豹养其内而虎食其外，毅养其外而病攻其内：此二子者，皆不鞭其后者也。”

2 石崇：西晋人，以富奢著称，为孙秀所杀。

3 贪溺：贪于财货，溺于美色。

译文

养生的人，首先必须考虑可能发生的灾祸，保全身心性命。有了生命，然后才可能保养它，不能够徒然保养不存在的生命。单豹善于保养身心，却因外界因素而丧生；张毅善于驱凶避祸，却因体内有病而早死。这些都是前贤引以为戒的。嵇康著有《养生论》，却因为人倨傲而受到刑罚；石崇希望服用药物来延年益寿，却因贪得无厌而招致杀身之祸。这些都是因为前人不明白养生与全身的道理。

夫生不可不惜，不可苟惜[1]。涉险畏之途，干祸难之事，贪欲以伤生，谗慝而致死[2]，此君子之所惜哉；行诚孝而见贼，履仁义而得罪，丧身以全家，泯躯而济国[3]，君子不咎也。自乱离已来，吾见名臣贤士，临难求生，终为不救，徒取窘辱，令人愤懑。侯景之乱，王公将相，多被戮辱，妃主姬妾，略无全者。唯吴郡太守张嵊[4]，建义不捷，为贼所害，辞色不挠；及鄱阳王世子谢夫人，登屋诟怒，见射而毙。夫人，谢遵女也。何贤智操行若此之难？婢妾引决若此之易？悲夫！

注释

1 苟惜：以不正当手段爱惜。

2 慝（tè）：灾害，祸患。

3 泯躯：捐躯。济国：利国，对国家作出有益的贡献。

4 张嵊：字四山，镇北将军稷之子，曾领兵讨伐侯景，兵败被杀。事见《梁书·张嵊传》。

译文

生命不能不爱惜，但也不可苟且偷生。涉足险要的路途，做一些招灾惹难的事情，追求欲望的满足而伤及生命，为奸作恶而致死，对于这些事情，君子都会珍惜生命的。尽忠尽孝而被杀害，行仁行义而获罪咎，舍身以保全家庭，捐躯以救护国家，君子对这些是不会怪罪的。自从发生战乱以来，我看见一些名臣贤士，面临危难，苟且求生，最后也救不了自己，只白白地自取羞辱，实在令人气愤。侯景叛乱时，王公将相，大多被杀，妃嫔、公主、姬妾，也少有保全的。只有吴郡太守张嵊，组织义军反抗，虽未取胜，被叛军所杀，但言辞神色没有折服的表现。还有鄱阳王世子萧嗣的夫人谢氏，她曾登上屋顶，怒骂叛贼，被箭射死。这位夫人是谢遵的女儿。为什么贤能智能的王公将相坚守操行这么困难，而婢女妻妾舍身就义反而如此容易呢？真是可悲啊！

归心第十六

本篇导读

佛教自汉代传入中国后，至南北朝，已有四五百年时间。在这段时间，佛教已渗入中国文化内，并改变了中国文化的结构；此外，士大夫对佛教的接受和传播起了至关重要的作用。本篇名为归心，是归于佛心虔诚信佛之意。作者在本篇叙述了自己对佛教的虔诚信仰，他认为佛教不仅博大精深，且其中的道理与儒学多有相契之处，两者可调适融合。他又针对时人对佛教的诘难，从五个方面展开论述，维护佛教思想，并告诫子孙要坚持持戒修行，不可虚度生命。不过，在今天来说，文中一些看法多少有点牵强，特别是论证因果报应思想的例子颇为荒唐，我们阅读本篇时要多加留意。

三世之事[1]，信而有征，家世归心[2]，勿轻慢也。其间妙旨，具诸经论，不复于此，少能赞述；但惧汝曹犹未牢固，略重劝诱尔。

注释

1 三世：佛家以过去、现在、未来为三世。

2 归心：心悦诚服地归附。

译文

佛家所说的过去、现在、未来三世的事情，确实是可信且有证据的，我家世代心归佛门，不可轻视怠慢。佛教中的精妙主旨，全都载于佛教典籍中，我不在此重复赞颂和转述了。不过我担心你们的信念还不够坚牢，故再次略作劝勉和诱导。

赏析与点评

世界上的宗教，只要不是异端邪教，无论其宗旨如何，都有一个共通点：引路光明，导人向善。这种闪亮正气的宗教本质，使人在遇到不可抗力时，能获得正能量，并且激发起内在的潜能。颜之推一生命途多舛，崇信佛教让他有了精神的寄托和依赖。由此可见，宗教给予人的虔诚与念力，是黑暗里的光。

原夫四尘五荫[1]，剖析形有；六舟三驾[2]，运载群生：万行归空，千门入善，辩才智惠，岂徒『七经』、百氏之博哉[3]？明非尧、舜、周、孔所及也。内外两教，本为一体，渐积为异，深浅不同。内典初门[4]，设五种禁；外典仁义礼智信[5]，皆与之符。仁者，不杀之禁也；义者，不盗之禁也；礼者，不邪之禁也；智者，不酒之禁也；信者，不妄之禁也。至如畋狩军旅，燕享刑罚，因民之性，不可卒除，就为之节，使不淫滥尔。归周、孔而背释宗，何其迷也！

注释

1 四尘：佛教用语，是色、香、味、触的总称。五荫：即五蕴，佛教用语，指色、受、想、行、识五者假合而成的身心。色是物质现象，其余四者是心理现象。佛教不承认灵魂实体，认为身心虽由五蕴假合而不无烦恼、轮回。又名“五阴”、“五众”。

2 六舟：即六度，佛教语，又译为“六到彼岸”。“度”是梵文pāramitā（波罗密多）的意译，指令人由生死之此岸度到涅盘（寂灭）之彼岸的六种法门：布施、持戒、忍辱、精进、静虑（禅定）、智慧（般若）。三驾：佛教以羊车喻声闻乘，鹿车喻缘觉乘，牛车喻菩萨乘，称三驾。

3 七经：汉以来历代王朝所推崇的七部儒家经典。东汉《一字石经》作：《易》、《诗》、《书》、《仪礼》、《春秋》、《公羊》、《论语》。

4 内典：佛教徒称佛经为内典。

5 外典：佛教徒称佛教以外的书籍为外典。

译文

推究佛教的“四尘”和“五荫”，就可以剖析世间的事物；借助佛教的“六舟”、“三驾”的方法修行，就可以普度众生：佛教有万种方法让人归入空门，又有千种法门导引人至善良境界，佛教经论中的辩才和智慧，岂只是儒家七经和诸子百家所具有的广博学问？显然不是尧、舜、周公、孔子及得上的。佛教和儒教本来同为一体，只是悟道过程和方式有所不同，境界的深浅也有些差异。内教经典的初级阶段，设有五种禁戒；外教经典中说的仁、义、礼、智、信，都与五禁相符。仁，是不杀生的禁戒；义，是不盗窃的禁戒；礼，是不做奸邪之事的禁戒；智，是不酗酒的禁戒；信，是不妄言的禁戒。至于狩猎、征战、饮宴、刑罚等等，应顺应人民的本性，不可猝然废除，只要对它们节制，不至于过分。如果只知道尊周公、孔子，而违背佛教宗旨，是何等迷惑糊涂啊！

俗之谤者，大抵有五：其一，以世界外事及神化无方为迂诞也[1]。其二，以吉凶祸福或未报应为欺诳也[2]。其三，以僧尼行业多不精纯为奸慝也[3]。其四，以糜费金宝减耗课役为损国也。其五，以纵有因缘如报善恶，安能辛苦今日之甲，利益后世之乙乎？为异人也。今并释之于下云。

注释

1 迂诞：迂阔荒诞，不合事理。

2 诳（kuáng）：欺骗、瞒哄。

3 奸慝：奸佞邪恶。

译文

世俗对佛教的诽谤，大体上有五种：第一，是认为佛教讲述的现实世界以外的事和神灵的变化无常是迂阔荒诞的；第二，是认为人世间的吉凶祸福没有得到相应的报应，因而觉得佛教欺诈蒙骗人；第三，是认为和尚尼姑中有很多不清白的人，并指寺庙是藏污纳垢之地；第四，是认为寺庙虚耗财务，不交税，不服役，有损国家利益；第五，是认为既然说有因缘、有善恶报应，怎么会使今天的甲劳苦，而使后世的乙获利呢？因为甲和乙是两个不同的人。现在，我会一并解释这些诽谤。如下。

释一曰：夫遥大之物，宁可度量？今人所知，莫若天地。天为积气，地为积块，日为阳精，月为阴精，星为万物之精，儒家所安也。星有坠落，乃为石矣；精若是石，不得有光，性又质重，何所系属？一星之径[1]，大者百里，一宿首尾[2]，相去数万；百里之物，数万相连，阔狭从斜，常不盈缩。又星与日月，形色同尔，但以大小为其等差；然而日月又当石也？石既牢密，乌兔焉容[3]？石在气中，岂能独运？日月星辰，若皆是气，气体轻浮，当与天合，往来环转，不得错违，其间迟疾，理宜一等；何故日月五星二十八宿，各有度数[4]，移动不均？宁当气坠，忽变为石？地既滓浊，法应沉厚，凿土得泉，乃浮水上；积水之下，复有何物？江河百谷，从何处生？东流到海，何为不溢？归塘尾闾[5]，渫何所到[6]？沃焦之石，何气所然？潮汐去还，谁所节度？天汉悬指[7]，那不散落？水性就下，何故上腾？天地初开，便有星宿；九州未划，列国未分，翦疆区野[8]，若为躔次[9]？封建已来[10]，谁所制割？国有增减，星无进退，灾祥祸福，就中不差；乾象之大，列星之伙，何为分野，止系中国？昴为旄头[11]，匈奴之次；西胡、东越，雕题、交址[12]，独弃之乎？以此而求，迄无了者，岂得以人事寻常，抑必宇宙外也？

注释

1 径：直径。

2 宿：星宿，中国古代指某些星的集合体。

3 乌兔：神话谓日中有乌，月中有兔，故以“乌兔”指日月。

4 度数：以度为单位计量而得的数目。

5 归塘：也称“归墟”，传说为海中无底之谷，是众水汇聚之处。《列子·汤问》：“渤海之东，不知几亿万里，有大壑焉，实惟无底之谷，其下无底，名曰归墟。”尾闾（lǘ）：古代传说中泄海水之处。《庄子·秋水》：“天下之水，莫大于海，万川归之，不知何时止而不盈；尾闾泄之，不知何时已而不虚。”

6 渫（xiè）：泄漏。

7 天汉：天河。悬指：指定向悬挂。

8 翦疆：划分疆界。

9 躔（chán）次：日月星辰在运行轨道上的位次。

10 封建：封邦建国。古代帝王把爵位、土地分赐亲戚或功臣，使之在各区建立邦国，相传黄帝为封建之始。

11 昴：二十八星宿之一。《史记·天官书》：“昴曰旄头，胡星也。”

12 西胡：古代对葱岭内外的西域的泛称。东越：古代越人的一支，相传是越王勾践的后裔。雕题：指古代南方雕额纹身之部族。交址：又称交趾，原为古地区名，泛指五岭以南。汉武帝时为所置十三刺史部之一，辖境相当于今广东、广西大部和越南的北部、中部。东汉末改名为交州。

译文

对于第一种指责的解释：那些遥远巨大的物体，怎么能够测量呢？今人所知道的最大的物体，莫过于天地。天是云气积聚而成的，地是土石堆积而成的；太阳是阳刚之气的精华，月亮是阴柔之气的精华，星辰是宇宙万物的精华，这是儒家的说法。星星有时坠落下来，到了地上就成为石头；这万物的精华如果是石头，就不会有光芒，其特质沉重，是靠什么悬挂在天上呢？一颗星星的直径，大的有一百里，一个星宿的首尾，相距数万里；直径长百里的物体，连成数万里，它们相距宽窄纵横，都有一定的常态，没有盈缩变化。再者，星辰与日月的形状、色泽是相同的，只是大小有别。既然是这样，太阳和月亮也是石头吗？石头很坚固，太阳里的乌、月亮里的白兔如何能置身其中呢？石头在空气中怎么能自行运转呢？太阳、月亮、星星如果都是气体，而气体是轻浮的东西，它们就该与天空合为一体，来回运转，不能错位，其速度的快慢，按理应该一样，为什么太阳、月亮、五大星辰、二十八星宿的运行，各有一定的位置，运行速度不均呢？为什么作为气体的星星，坠落地上忽然变成了石头呢？大地既然是细微实体所聚集而成，按理说应当沉重厚实，可是深挖土地能够挖到泉水，这说明地是浮在水上的；那么聚集的流水下面又是什么呢？长江黄河以及众多的河流从哪里流出？江河水都向东流入大海，海水为什么不会溢出来？传说中水都汇集到“归塘”和“尾闾”，那么其中的水又流向何处呢？如果说海水都被沃焦山的石头烧干了，那么又是什么气体使石头燃烧的呢？海水的潮汐涨落，又是谁在控制？银河悬挂在空中，为什么不会散落下来？水的特性从高处往低流，又是什么原因使它升到天上？天地刚刚开辟的时候，就有了星宿；当时还没有划分九州岛和分封列国，这些星宿划断疆界，区别地域，又是谁为它们在运行轨道上安排位次呢？自从封邦建国以来，又是谁在主宰这些事呢？诸侯国有增有减，而星辰的位置却没有移动，其对应的吉凶祸福都照样发生，并无偏差；天象这样大，星辰如此多，为什么星宿划分的州郡疆野只限于中原地区呢？被称为旄头的昴星是对应匈奴的，西胡、东越、雕题、交址这些地区就被弃置不管了么？这样的问题，要是探求起来是永无尽头的，又怎能以人间事物的寻常道理去衡量宇宙之外的事呢？

凡人之信，唯耳与目；耳目之外，咸致疑焉。儒家说天，自有数义：或浑或盖[1]，乍宣乍安[2]。斗极所周[3]，管维所属[4]，若所亲见，不容不同；若所测量，宁足依据？何故信凡人之臆说[5]，迷大圣之妙旨，而欲必无恒沙世界、微尘数劫也[6]？而邹衍亦有九州之谈[7]。山中人不信有鱼大如木，海上人不信有木大如鱼；汉武不信弦胶[8]，魏文不信火布[9]；胡人见锦，不信有虫食树吐丝所成；昔在江南，不信有千人毡帐，及来河北，不信有二万斛船：皆实验也。

注释

1 浑：浑天说，天体学说之一。认为天地的形状浑圆，天包着地。盖：盖天说，天体学说之一。认为天地是一斗笠，地像覆盖着的盘子，天在上，地在下。

2 宣：宣夜说，天体学说之一。主张天空没有一定的形状，也不是由物质造成的，天空高远无边际，日月星辰都靠气来悬浮在空中。安：安天论，是在宣夜说上的发展，认为天空是有极限的，天体都在极限之下运动。

3 斗极：北斗星与北极星。

4 管维：亦作“莞维”，斗枢，古人指天宇以此为运转的枢纽。

5 臆说：只凭个人想象的说法。

6 恒沙：即“恒河沙数”，佛教语，形容数量多得无法计算。

7 邹衍：战国时期齐国人，曾著书讨论“九州”之事。事见《史记·孟子荀卿列传》。

8 弦胶：即续弦胶。古代传说西海之中有凤麟洲，仙家以凤喙及麟角合煎作胶，名之续弦胶，又名集弦胶、连金泥。此胶能续弓弩已断之弦，连刀剑断折之金，更以胶连续之处，使力士掣之，他处乃断，黏合之处，终无所损。

9 火布：指火浣布，即石棉布。

译文

一般人所相信的，都是自己亲耳听到亲眼看见的事，凡是耳闻目睹之外的事都会加以怀疑。儒家对天的认识，有好几种学说：有浑天说，有盖天说，有宣夜说，有安天论。北斗星和北极星的运行，是依靠斗枢为转轴，若是亲眼所见就不会有不同的看法；若是猜测揣量，又怎么能够说是可靠呢？为什么相信普通人的主观猜测，而怀疑佛祖的精妙教义呢？为何认为没有像恒河沙子那样多的世界，不相信微小的尘埃也曾经历过多次劫难呢？况且，邹衍也曾提出过中国之外还有九州的说法。生活在山里的人不相信有树那样大的鱼，生活在海边的人不相信有鱼那样大的树；汉武帝不相信世界上有续弦胶，魏文帝不相信有火浣布；胡人看见锦缎，不相信那是用吃树叶的虫子所吐的丝织成的。过去我在江南的时候，不相信有可以容纳上千人的毡帐；后来到了黄河以北的地区之后，又发现这里的人不相信有可容纳两万斛的大船。这些都是得到事实验证的。

世有祝师及诸幻术[1]，犹能履火蹈刃，种瓜移井，倏忽之间[2]，十变五化。人力所为，尚能如此；何况神通感应，不可思量，千里宝幢[3]，百由旬座[4]，化成净土，踊出妙塔乎？

注释

1 祝师：能祝物的巫师。

2 倏（shū）忽：忽然，很快地。

3 宝幢（chuáng）：即经幢，刻有佛号或经咒的石柱。

4 由旬：古印度计程单位。一由旬的长度，中国古有八十里、六十里、四十里等诸说。

译文

世上有巫师及懂各种幻术的人，他们能踏在火上，在刀刃上行走，撒下种子后立即结果，随意移动水井，在转瞬之间，产生出种种变化。人力的所作所为尚且如此，何况佛祖的神通感应之力，更不可思量，它能够变出高达千里的宝幢，大至千里的莲花宝座，在庄严洁净的极乐净土，使地上涌出座座宝塔！

释二曰：夫信谤之征，有如影响；耳闻目见，其事已多，或乃精诚不深，业缘未感[1]，时傥差阑[2]，终当获报耳。善恶之行，祸福所归。九流百氏，皆同此论，岂独释典为虚妄乎？项橐、颜回之短折[3]，伯夷、原宪之冻馁[4]，盗跖、庄蹻之福寿[5]，齐景、桓魋之富强[6]，若引之先业，冀以后生，更为通耳。如以行善而偶钟祸报，为恶而傥值福征，便生怨尤，即为欺诡；则亦尧、舜之云虚，周、孔之不实也，又欲安所依信而立身乎？

注释

1 业缘：佛教语。谓苦乐皆为业力而起，故称为“业缘”。

2 差阑：略迟，较晚。

3 项橐（tuó）：古代的神童。《战国策·秦策五》：“甘罗曰：‘夫项橐生七岁而为孔子师，今臣十二岁于兹矣！君其试焉，奚以遽言叱也？’”颜回：孔子的学生，早亡。短折：夭折，早死。

4 伯夷：商末周初人，因不肯食周粟而退隐山林，最终饿死。原宪：孔子弟子，一生安贫乐道。冻馁：饥寒交迫。

5 盗跖（zhí）：相传是黄帝时的大盗，春秋时期柳下惠的弟弟为天下大盗，所以世人称他为“盗跖”。事见《史记·伯夷列传》。庄蹻：战国楚威王时将军，后为大盗。

6 齐景：齐景公，《史记·齐世家》记载他“好治宫室，聚狗马，奢侈，厚赋重刑。”《论语·季氏》：“死之日，民无德而称焉。”桓魋（tuí）：春秋时期宋司马向魋，因是宋桓公之后，故称“桓魋”，他对孔子很不友好。事见《史记·孔子世家》。

译文

对于第二种指责的解释：诽谤佛教因果报应之说的那些证据，就好像影子跟随形体、回声伴着声音一样。耳闻目睹的事情，已经很多，这或许是由于诚心不深，业缘还未产生感应，使报应发生误差，没及时到来，但最终还是有报应的。一个人的善行或恶行，最终会为他招来祸或福。九流百家各个学派，都认同这种论点，为什么唯独认为佛经是虚妄的呢？项橐、颜回短命而死，伯夷、原宪受冻挨饿而死，盗跖、庄蹻幸福长寿，齐景公、桓魋富足强大，如果说是他们前生积下的善"业"或恶"业"，报应在后辈子孙身上，这就全说得通了。如果因某人行善却偶遭祸患，某人行恶却意外得福，然后产生怨尤，并认为佛教的因果报应说是一种欺诈蒙骗，这就好比指责尧、舜的事迹都是假的。如果周公、孔子的话也不可信，那以后又凭什么信念去立身呢？

赏析与点评

颜之推认为"善恶之行，祸福所归。九流百氏，皆同此论"；同样，西方的康德认为若我们不相信善，那么我们在这个世界所做的一切努力不知有何意义了。本节的重点在于如果我们不相信宇宙有一个最后的裁判者，我们生存的意义和一切的努力便如同虚妄。故此，无论读者是否拥有宗教信仰，在任何一个时空下，把导人向善作为立身处事的信念，都可成为人类存在的原因，以及正常社会的基石。

释三曰：开辟已来，不善人多而善人少，何由悉责其精洁乎[1]？见有名僧高行，弃而不说；若睹凡僧流俗，便生非毁。且学者之不勤，岂教者之为过？俗僧之学经律，何异士人之学《诗》、《礼》？以《诗》、《礼》之教，格朝廷之人，略无全行者；以经律之禁，格出家之辈，而独责无犯哉？且阙行之臣[2]，犹求禄位；毁禁之侣，何惭供养乎？其于戒行，自当有犯。一披法服，已堕僧数，岁中所计，斋讲诵持[3]，比诸白衣[4]，犹不啻山海也。

注释

1 精洁：精粹纯洁。

2 阙行：道德修养上有过错。

3 斋讲：宣讲佛法的集会。诵持：诵念经文并持守之。

4 白衣：指俗家人。佛教徒因为身穿缁衣，所以称俗家为“白衣”。

译文

对于第三种指责的解释：自从开天辟地以来，坏人多而好人少，怎么可以要求每一个僧尼都是清白的好人呢？看见名僧高尚的德行，都放在一旁不说；只要看到了凡庸僧人伤风败俗，就指责非议谤毁。况且，接受教育的人不勤勉，难道是教育者的过错？凡庸僧尼学习佛经，跟士人学习《诗经》、《礼记》有什么分别？用《诗经》、《礼记》中所要求的标准去衡量朝廷中的大官员，大概没有几个是符合标准的。用佛经的戒律衡量出家人，怎么唯独要求他们不可违犯戒律呢？品德很差的官员，还能获取高官厚禄；犯了禁律的僧尼，坐享供养又有什么惭愧呢？对于戒律规范，人们难免会违犯。出家人一披上法衣，就算加入了僧侣的行业，一年到头所做的事情就是吃斋念佛，诵经修行，与世俗之人的德行修养相比，其高低深浅的差距远胜于高山与深海。

赏析与点评

“以《诗》、《礼》之教，格朝廷之人，略无全行者”，作者认为，既然我们不能要求所有官员品行端正，那么，我们也不能要求僧侣不违反戒律。这样的辩解并不成立。首先，政治不能和宗教模拟，人们明显对宗教有较高的标准和要求；其二，僧侣有没有违犯戒律是实然，而他们应不应该违反则是应然，身为僧侣，必定是不该违反戒律的。如按照作者这种想法，人们只会降低对宗教的绝对标准，僧侣也会降低自我的标准，这样便可能导致江河日下，形成道德品行的滑坡。

释四曰：内教多途，出家自是其一法耳。若能诚孝在心，仁惠为本，须达、流水[1]，不必剃落须发；岂令罄井田而起塔庙，穷编户以为僧尼也？皆由为政不能节之，遂使非法之寺，妨民稼穑，无业之僧，空国赋算，非大觉之本旨也。抑又论之：求道者，身计也；惜费者，国谋也。身计国谋，不可两遂。诚臣徇主而弃亲，孝子安家而忘国，各有行也。儒有不屈王侯高尚其事，隐有让王辞相避世山林；安可计其赋役，以为罪人？若能偕化黔首[2]，悉入道场[3]，如妙乐之世，穰佉之国[4]，则有自然稻米，无尽宝藏，安求田蚕之利乎？

注释

1 须达：又称“须达多”，梵语sudatta的音译，意译“善与”、“善给”、“善授”等。古印度拘萨罗国舍卫城的富商，波斯匿王的大臣，释迦的有力施主之一，号称给孤独。后皈依佛陀，与祇陀太子共同施佛法精舍，称祇树给孤独园。流水：即流水长者。

2 黔（qián）首：古代称平民、老百姓。

3 道场：佛寺。

4 穰佉（ráng qū）：梵语。印度古代神话中的国王名，即转轮王。也有写作“儴佉”、“蠰佉”。

译文

对于第四种指责的解释：佛教修行的途径有很多，出家仅仅是其中一种。如果心中有忠孝之念，能以仁爱施惠为立身之本，就像须达和流水两位长者那样，是不必剃掉须发出家为僧的。哪能把所有的田地都用来建造佛塔，让所有的百姓都做僧尼呢？都是由于执政者不能合理地节制佛事，才出现大量不守法纪的寺庙，妨碍百姓的农事生产。没有生计来源的僧尼空享国家的赋税，这并非佛教的原意。或者也可以这样说：信佛求道是为自身打算；节省费用是为国家打算。为自身打算和为国家打算，二者不能两全。这就像是忠臣献身君主而不能奉养双亲，孝子安定家庭而忽略了为国家尽义务，各有不同的行为准则。儒家当中有不肯屈身侍奉王侯，以高尚标准行事的人，隐士当中有辞让王爵相位而隐居山林的，怎能计算他们的赋税徭役，并认定他们是逃避徭役的罪人呢？如果能够感化全部百姓，使他们信奉佛教，皈依空门，去往极乐之地、穰佉之国，那就会有自然生长的稻米，无尽的宝藏，哪里还要追求种田养蚕的利益呢？

释五曰：形体虽死，精神犹存。人生在世，望于后身似不相属；及其殁后，则与前身似犹老少朝夕耳。世有魂神，示现梦想，或降童妾，或感妻孥，求索饮食，征须福佑，亦为不少矣。今人贫贱疾苦，莫不怨尤前世不修功业；以此而论，安可不为之作地乎？夫有子孙，自是天地间一苍生耳，何预身事？而乃爱护，遗其基址[1]，况于己之神爽[2]，顿欲弃之哉？凡夫蒙蔽，不见未来，故言彼生与今非一体耳；若有天眼，鉴其念念随灭，生生不断，岂可不怖畏邪？又君子处世，贵能克己复礼[3]，济时益物。治家者欲一家之庆，治国者欲一国之良，仆妾臣民，与身竟何亲也，而为勤苦修德乎？亦是尧、舜、周、孔虚失愉乐耳。一人修道，济度几许苍生？免脱几身罪累？幸熟思之！汝曹若观俗计，树立门户，不弃妻子，未能出家；但当兼修戒行，留心诵读，以为来世津梁[4]。人生难得，无虚过也。

注释

1 基址：建筑物的地基、基础。比喻事业的根基，根本。

2 神爽：指神魂、心神。

3 克己复礼：约束自我，使言行合乎先王之礼。语出《论语·颜渊》。

4 津梁：桥梁。

译文

对第五种指责的解释：人的形体虽然死去，但精神依然存在。人活在这个世界上，遥想自己的后身，似乎是毫不相干的事；等到死后，才发现后身与前身之间的关系，就像老人与小孩、早晨与晚上的关系般。世上有些死者的灵魂，会在活人的梦中出现，有的托梦给仆童、小妾，有的托梦给妻子、儿女，向他们讨求饮食，验证后身需要前世的福佑，这种事也是不少的。现在的人因为生活贫贱痛苦，没有不怨恨前世没有修好功德。从这一点来说，生前怎能不为来世的灵魂开辟一片安乐之地呢？至于人有子孙，也只不过是天地间一个普通人而已，跟我自身有什么相干？可是人们尚且对子孙尽心爱护，将家业留给他们，更何况对于自己的灵魂，怎能舍弃不顾呢？凡夫俗子愚昧无知，无法预见来世，于是就说来生和今生不是一体的。若是拥有能洞察天机的慧眼，看到心念随生随灭，生生死死轮回不断，难道不会感到畏惧害怕吗？再说君子活在这个世界上，最重要的是要约束自我，使自己的言行合乎礼制，能够济世救人，对社会有用。治理家庭的人希望家庭幸福美满，治理国家的人希望国家兴旺富强，其实仆人、婢妾、臣子、百姓和自身又有什么相干，要自己为他们辛苦操劳？这也是尧、舜、周公、孔子之道，为了别人而使自己失去欢乐罢了。一个人修身求道，能够超度多少世人？使多少人免脱罪恶负累呢？一定要好好思考这个问题！你们要是关心世俗生计，安家立业，不舍弃妻子儿女，便不能出家修道；可是你们要兼顾修行持戒，留心诵读佛经，以此作为超度来世的桥梁。人生在世很难再得，不要白白度过。

儒家君子，尚离庖厨[1]，见其生不忍其死，闻其声不食其肉。高柴、折像[2]，未知内教，皆能不杀，此乃仁者自然用心。含生之徒[3]，莫不爱命；去杀之事，必勉行之。好杀之人，临死报验，子孙殃祸，其数甚多，不能悉录耳，且示数条于末。

注释

1 庖厨：厨房。

2 高柴：春秋时人，孔子弟子。折像：字武伯，东汉人。事见《后汉书·方术列传》。

3 含生：一切有生命者，多指人类。

译文

儒家的君子，尚且远离厨房，因为他们见到禽兽活着的样子，不忍见到它们死亡；听到禽兽鸣叫的声音，不忍吃它们的肉。高柴和折像，不懂得佛教教义，尚能不杀生，这是仁慈的人用心的自然表现。有生命的东西，没有不爱惜生命的。不杀生这件事，你们必须勉力去做。好杀的人，临死时会有报应，并且祸及子孙。这样的事例有很多，我不能全部记录下来，姑且在本篇之末写下几项给你们看。

梁世有人，常以鸡卵白和沐，云使发光，每沐辄二三十枚。临死，发中但闻啾啾数千鸡雏声。

译文

梁朝有个人，常常用鸡蛋白来洗头发，说这样可以使头发变得光泽亮丽，每洗一次头发都要用二三十个鸡蛋。他临死时，听到头发中传出有几千只鸡雏啾啾的叫声。

江陵刘氏，以卖鳝羹为业。后生一儿头是鳝，自颈以下，方为人耳。

译文

江陵有个姓刘的，以售卖鳝鱼羹为生。后来生了个小孩，头是鳝鱼头，在颈部以下的部分才是人形。

王克为永嘉郡守，有人饷羊[1]，集宾欲燕[2]。而羊绳解，来投一客，先跪两拜，便入衣中。此客竟不言之，固无救请。须臾，宰羊为羹，先行至客。一脔入口[3]，便下皮内，周行遍体[4]，痛楚号叫；方复说之。遂作羊鸣而死。

注释

1 饷：赠送。

2 燕：同“宴”。

3 脔：切成小块的肉。

4 周行：循环运行。

译文

王克担任永嘉太守的时候，有人赠送他一头羊，他邀请宾客准备宴席。解开羊绳时，羊突然来到一客人身边，先跪下拜了两拜，接着钻进了客人的衣服。这位客人竟然不作声，并不为羊向主人求情。不久，羊被杀了煮成肉汤，先送到这位客人面前。他刚夹一小块入口，便觉那肉窜入皮肉，在全身游走，他痛苦得又喊又叫。此时他才说起之前那只羊向他求救的事，最后他发出羊一般的叫声，就死了。

梁孝元在江州时，有人为望蔡县令，经刘敬躬乱[1]，县廨被焚[2]，寄寺而住。民将牛酒作礼，县令以牛系刹柱[3]，屏除形像，铺设床坐，于堂上接宾。未杀之顷，牛解，径来至阶而拜，县令大笑，命左右宰之。饮噉醉饱[4]，便卧檐下。稍醒而觉体痒，爬搔隐疹[5]，因尔成癞[6]，十许年死。

注释

1 刘敬躬乱：指梁武帝大同八年，安城郡民刘敬躬造反之事。

2 廨（xiè）：管舍，官署。

3 刹柱：佛教语，指寺前的幡竿。

4 噉：又作“啖”，食，吃。

5 隐疹：皮肤上起的小疙瘩。

6 癞：恶疮，顽癣，麻风。

译文

梁元帝在江州的时候，有人担任望蔡县令，因刚经历刘敬躬的叛乱，县府的房屋被烧，他寄住在寺庙里。百姓带着牛和酒作为礼物送给他，他把牛系在刹柱上，搬走佛的塑像，他还铺设座位，于佛堂上接待来宾。在快要宰杀牛只时，牛挣脱了绳子，直接来到阶前下拜，这位县令见了大笑，叫手下把牛杀了。他吃饱了牛肉，喝醉了酒，便睡在屋檐下。稍后醒来，觉得身体发痒，他抓搔后身体就出现小疙瘩，因此得了恶疮，十多年后就死了。

杨思达为西阳郡守，值侯景乱，时复旱俭，饥民盗田中麦。思达遣一部曲守视，所得盗者，辄截手腕，凡戮十余人。部曲后生一男，自然无手。

译文

杨思达担任西阳太守时，正值侯景作乱，加上当时又因旱灾歉收，饥民偷走官田中的麦子。杨思达派遣一位部下去看守，凡抓到偷麦子的人，就斩断他们的手腕，一共砍了十多个人。这位部下后来生了一个男孩，天生就没有手腕。

齐有一奉朝请[1]，家甚豪侈，非手杀牛，噉之不美。年三十许，病笃，大见牛来，举体如被刀刺，叫呼而终。

注释

1 奉朝请：官名，古代诸侯春季朝见天子叫朝，秋季朝见为请。因此称定期参加朝会的官员为奉朝请。汉代退职大臣、将军和皇室、外戚多以奉朝请名义参加朝会。晋代以奉车、驸马、骑三都尉为奉朝请，南北朝设以安置闲散官员，隋初罢之，另设朝请大夫、朝请郎，为文散官。

译文

齐朝有一位奉朝请，家中非常富足奢华，如果不是自己亲手宰杀的牛，吃起来总觉得味道不美。他三十多岁时，病得很重，看见有一头牛向自己走来，全身好像被刀割一样，大声呼叫而死。

江陵高伟，随吾入齐，凡数年，向幽州淀中捕鱼。后病，每见群鱼啮之而死。

译文

江陵人高伟，跟随我一起来到齐朝，前后好几年，一直在幽州的湖泊捕鱼。他后来生病，常常看见一大群鱼来咬他，最后因此而死了。

世有痴人，不识仁义，不知富贵并由天命。为子娶妇，恨其生资不足[1]，倚作舅姑之尊，蛇虺其性，毒口加诬，不识忌讳，骂辱妇之父母，却成教妇不孝己身，不顾他恨。但怜己之子女，不爱己之儿妇。如此之人，阴纪其过[2]，鬼夺其算[3]。慎不可与为邻，何况交结乎？避之哉！

注释

1 生资：指嫁妆。

2 阴：冥冥之中，借指鬼神。

3 算：寿命。

译文

世上有一种无知的人，不懂得仁义，不知道富与贵都是由天命所定。替儿子娶媳妇，埋怨媳妇的嫁妆太少，于是恃着公公婆婆的尊长身份，怀着毒蛇般的心肠，对儿媳恶毒辱骂，甚至不顾忌讳，谩骂媳妇的父母，这实际上是促成儿媳不孝敬自己，也不顾忌她心里的怨恨。他们只知道疼爱自己的儿女，却不懂得爱护自己的儿媳。这样的人，阴司会记录他的罪过，鬼神会减掉他的寿命。你们千万不可与这种人为邻居，更不能与之结为朋友。还是避开他们吧！

赏析与点评

无论是儒家的“耻感文化”，还是佛教的“因果报应”说，两者均导人向善，前者以世俗的看法“监视”人类的道德，后者以宗教轮回操控人心。故此，中国在过去二千五百年中，其道德系统都能有效运转。后来，五四运动时“打倒孔家店”及“文化大革命”“破四旧”等口号却连根拔起了人对形而上的信仰，以及对世俗绝对的敬畏，造成中国当代社会的道德危机。现在，中国当务之急不但要响应民众还政于民的要求，还要重塑当代的道德与信仰，即既要巩固其执政合法性，又要维持社会的伦理道德。

卷六

卷 六

卷六

卷六

书证第十七

本篇导读

范文澜称颜之推为“当时南北两朝最通博最有思想的学者，经历南北两朝，深知南北政治、俗尚的弊病，洞悉南学北学的短长。”本篇主要记录了作者对经、史典籍所作的考证，共有四十七条。有学者认为这一篇多为考证之学，应另为一书。在这篇文章中，颜之推既整理自己的读书心得，同时又通过列举例子来告诫子孙要博览群书，不可妄发议论，以免因谬误而被人取笑。颜之推认为文字是典籍的根本，因此他重视《说文解字》，以及解释字义及说明引注，并常常以此为本。然而，他并不拘泥于此，他认为文字尤其是字体，是随时代而变化的，倘若所有字都必须依从小篆，便会显得太过固执，不过他又认为随意增减笔画的“鄙俗”也是不可取的。他提出用字可一分为二，即在著书作文时须参考《说文解字》；而写作一般应用文章时，则使用流行字词，这是非常开明的想法。

《诗》云："参差荇菜[1]。"《尔雅》云："荇，接余也。"字或为"莕"。先儒解释皆云："水草，圆叶细茎，随水浅深。今是水悉有之，黄花似莼[2]，江南俗亦呼为'猪莼'，或呼为'荇菜'。刘芳具有注释[3]。而河北俗人多不识之，博士皆以参差者是苋菜[4]，呼"人苋"为"人荇"，亦可笑之甚。

注释

1 参差：长短不齐的样子。荇（xìng）菜：多年生草本植物，叶呈对生圆形，嫩时可食，亦可入药，睡莲科，初夏开黄色小花。此句出自《诗经·周南·关雎》："参差荇菜，左右流之。"

2 莼（chún）：莼菜，多年生水草，浮于水面，叶子椭圆形，可食。

3 刘芳：字伯文，北魏彭城人，曾撰《毛诗笺音义证》十卷。事见《魏书·列传第四十三》。具：写，撰写。

4 苋菜：一年生草本植物。叶对生，卵形或菱形，有绿紫两色。花黄绿色。种子极小，黑色而有光泽，嫩苗可作蔬菜。

译文

《诗经》里说："参差荇菜。"《尔雅》解释说："荇，就是接余。"这个字又写成"莕"。以前的学者解释它的时候都说："它是一种水草，叶子是圆形的，茎很细，随着水的流动而深浅浮沉。现在凡是有水的地方都有这种植物。它开黄色的花，就好像莼菜一样，江南民间称它为'猪莼'，也称它为'荇菜'。"刘芳的《毛诗笺音义证》里都有注释。黄河以北地区的人大都不认识这种植物，博学之士都以为《诗经》里说的这种长短不齐的荇菜就是苋菜，把"人苋"称为"人荇"，十分可笑。

《诗》云：『谁谓荼苦[1]？』《尔雅》、《毛诗传》并以荼，苦菜也。又《礼》云：『苦菜秀[2]。』案：《易统通卦验玄图》曰[3]：『苦菜生于寒秋，更冬历春，得夏乃成。』今中原苦菜则如此也。一名游冬，叶似苦苣而细，摘断有白汁，花黄似菊。江南别有苦菜，叶似酸浆，其花或紫或白，子大如珠，熟时或赤或黑，此菜可以释劳。案：郭璞注《尔雅》[4]，此乃『蘵』[5]，黄蒢也[6]。今河北谓之『龙葵』[7]。梁世讲《礼》者，以此当苦菜；既无宿根[8]，至春方生耳，亦大误也。又高诱注《吕氏春秋》曰[9]：『荣而不实曰英[10]。』苦菜当言英，益知非龙葵也。

注释

1 荼（tú）：苦菜。文中所引诗句见《诗经·邶风·谷风》：“谁谓荼苦，其甘如荠”。

2 苦菜秀：出自《礼记·月令》：“孟夏之月，苦菜秀。”秀，植物开花。

3《易统通卦验玄图》：《隋书·经籍志》载有《易通统卦验玄图》一卷，不题撰人。当即此书。

4 郭璞：字景纯，晋代河东闻喜人，好经术，工词赋，精通阴阳历算，曾为王敦的记室参军，后因劝阻王敦起兵而被杀。

5 蘵（zhī）：草名，即龙葵。古人误之为苦蘵。

6 黄蒢（chú）：草名，叶子似酸浆，花小而白，中心黄。

7 龙葵：一年生草本植物，叶互生，卵形或椭圆形。夏秋间开白花，结浆果，圆球形，熟时紫黑色。有小毒。全草可供药用，有清热解毒，除湿止痒，消肿生肌的功效。

8 宿根：某些二年生或多年生草本植物的根，这些植物的茎叶枯萎后可以继续生存，次年春天重新发芽，所以叫作宿根。

9 高诱：汉末涿郡人，曾为《吕氏春秋》作注。

10 英：植物开花而不结果实。

译文

《诗经》里说："谁谓荼苦？"《尔雅》和《毛诗传》都认为荼就是苦菜。另外，《礼记》中说："（农历四月）苦菜开花。"据考证：《易统通卦验玄图》说："苦菜长于深秋时节，经过冬天和春天，到夏天才长成。"现在中原地区的苦菜就是这样的。它也叫"游冬"，叶子好像苦苣，但是比苦苣细，掐断后有白汁，花是黄色的，像菊花。江南地区另外有一种苦菜，叶子好像酸浆叶一样，它的花有紫色有白色的，果实像珠子一般大，成熟的时候或红或黑，这种菜可以消除疲劳。据考证：郭璞在注《尔雅》时说，这是"蘵"，就是黄蒢。现在黄河以北地区的人称之为"龙葵"。梁朝讲述《礼记》的人把它当作苦菜，可是这种植物没有多年生的根，又是在春天才发芽，这是个大错误。另外，高诱注的《吕氏春秋》里说："开花而不结果，叫英。"苦菜应当被称为"英"，由此更可知道它不是龙葵。

《诗》云：『有杕之杜[1]。』江南本并『木』傍施『大』[2]，《传》曰：『杕，独貌也。』徐仙民音徒计反[3]。《说文》曰：『杕，树貌也。』在『木』部。《韵集》音『次第』之『第』[4]，而河北本皆为『夷狄』之『狄』，读亦如字[5]，此大误也。

注释

1 杕（dì）：树木孤独挺立的样子。杜：即杜梨，也叫棠梨，一种野生梨。本句出自《诗经·唐风·杕杜》："有杕之杜，其叶湑湑。"

2 本：书的版本。

3 徐仙民：即晋代人徐邈，他曾撰《毛诗音》二卷。事见《晋书·列传第六十一》。

4《韵集》：《隋书·经籍志》载有《韵集》六卷，晋安复令吕静撰。

5 如字：一字有两个或两个以上读音，依本音读叫"如字"。

译文

《诗经》里说："有杕之杜。"江南地区的抄本中的"杕"字都是"木"字旁加"大"字，《毛诗传》里说："杕，孤独挺立的样子。"徐仙民给它注音为徒计反。《说文解字》说："杕，是树的样子。"收在"木"部。《韵集》中把它读作"次第"的"第"，而黄河以北地区的抄本都写作"夷狄"的"狄"，读音也如"狄"字的本音，这是大错误。

《诗》云：『駉駉牡马[1]。』江南书皆作『牝牡』之『牡』[2]，河北本悉为『放牧』之『牧』。邺下博士见难云：『《駉颂》既美僖公牧于坰野之事[3]，何限騲骘乎[4]？』余答曰：『案：《毛传》云：「駉駉，良马腹干肥张也[5]。」其下又云：「诸侯六闲四种[6]：有良马，戎马，田马，驽马。」若作放牧之意，通于牝牡，则不容限在良马独得「駉駉」之称。良马，天子以驾玉辂[7]，诸侯以充朝聘郊祀[8]，必无騲也。《周礼·圉人职》：「良马，匹一人[9]。驽马，丽一人[10]。」圉人所养，亦非騲也；颂人举其强骏者言之，于义为得也。《易》曰：「良马逐逐[11]。」《左传》云：「以其良马二。」亦精骏之称，非通语也。今以《诗传》良马，通于牧騲，恐失毛生之意[12]，且不见刘芳《义证》乎？』

注释

1 駉駉：马肥壮的样子，亦指肥壮之马。牡马：公马。

2 牝（pìn）牡：鸟兽的雌性和雄性。

3 僖公：指鲁僖公。坰（jiōng）：远郊，野外。

4 騲（cǎo）：母马。骘（zhì）：公马。

5 干：人和动物躯体的主干。肥张：肥壮的样子。

6 六闲：周朝诸侯有六闲。闲，马厩。《周礼·夏官·校人》：“天子十有二闲，马六种；邦国六闲，马四种；家四闲，马二种。”

7 玉辂（lù）：古代帝王所乘之车，以玉为饰。

8 朝（cháo）聘：古代诸侯亲自或派使臣按期朝见天子。《礼记·王制》：“诸侯之于天子也，比年一小聘，三年一大聘，五年一朝。”郊祀：古代于郊外祭祀天地，南郊祭天，北郊祭地。郊指大祀，祀为群祀。

9 匹一人：意思是每匹良马由一个人来饲养。

10 丽：偶，成对。丽一人，此处指两匹驽马由一个人饲养。

11 逐逐：极速狂奔的样子。

12 毛生：指为《诗经》作传的汉代人毛公。

译文

《诗经》里说："駉駉牡马。"江南地区的书上都写作"牝牡"的"牡"，而黄河以北地区的版本都写成"放牧"的"牧"。邺下的学者对此进行诘难说："《駉颂》这首诗既然是赞美僖公野外放牧的事，为什么要限定是公马还是母马呢？"我回答说："根据考证，《毛诗传》里说：'駉駉，是说良马躯干肥壮。'下面又说'周代诸侯有六个马厩，四种马：包括良马、战马、打猎骑的马、劣马。'要是解释为放牧的意思，那就是通指公马和母马了，而不能限定只有良马才能得到'駉駉'的美名。良马，天子用它来驾车，诸侯用它来朝见天子、在郊外祭祀天地等活动，它肯定不会是母马。《周礼·圉人职》里说：'良马，每匹由一个人来饲养；驽马，每两匹由一个人来饲养。'圉人所养的马，也不会是母马。颂诗的作者列举强骏的马来赞美，在意义上是恰当的。《周易》中说：'良马狂奔。'《左传》中说：'（赵旃）用他的两匹良马。'也是说马强壮骏美，并不是提到所有马都通用的说法。现在认为《毛诗传》里的'良马'通指母马和公马，恐怕是违背了作者毛公的本意，况且，难道没读过刘芳的《毛诗笺音义证》吗？"

刷。』《广雅》云[4]：『马薤，荔也。』《通俗文》亦云马蔺[5]。《易统通卦验玄图》云：『荔挺不出，则国多火灾。』蔡邕《月令章句》云：『荔似挺。』高诱注《吕氏春秋》云：『荔草挺出也。』然则月令注荔挺为草名，误矣。河北平泽率生之[6]。江东颇有此物，人或种于阶庭，但呼为『旱蒲』，故不识马薤。讲《礼》者乃以为马苋；马苋堪食，亦名豚耳，俗名马齿。江陵尝有一僧，面形上广下狭；刘缓幼子民誉[7]，年始数岁，俊晤善体物[8]，见此僧云：『面似马苋。』其伯父绦因呼为荔挺法师。绦亲讲《礼》名儒[9]，尚误如此。

《月令》云[1]：『荔挺出。』郑玄注云[2]：『荔挺，马薤也[3]。』《说文》云：『荔，似蒲而小，根可为

注释

1《月令》：《礼记》中的《月令》章。

2 郑玄：字康成，东汉高密人，著名学者，曾经遍注五经。

3 马薤（xiè）：植物名，叶子像薤但是较薤长厚，像蒲草，因此被称为旱蒲，三月开花，五月结实，根可制刷。

4《广雅》：中国古代的一部字典，三国时期魏人张揖所撰，原书三卷，共一万八千一百五十字。书的体例篇目基本根据《尔雅》，字按意义分部，释义多沿用同义相释的方法。因为这本书博采汉代经书笺注及《三苍》、《方言》、《说文》等字书对《尔雅》进行增广补充，所以称《广雅》。隋朝曹宪在为它作音释的时候，分为十卷，后来因避隋炀帝杨广之名讳，改名《博雅》，现在两名通用。

5《通俗文》：一部解释经史用字的字典，汉代人服虔所撰，原书一卷，已失传，仅散见于《汉书注》、《文选注》及唐宋类书和诸经音义之中。马蔺（lìn）：蠡实的别名。多年生草本植物。根茎粗，叶子线形，花蓝色。叶子富于韧性，可用来捆东西，又可造纸，根可以制刷子。

6 平泽：平湖，沼泽。率：皆，遍。

7 刘缓：字含度，南朝梁人。

8 俊晤：聪明卓异。体物：描述事物，摹状事物。

9 绦亲：即刘绦本人。

译文

《礼记·月令》中说："荔挺出。"郑玄解释说："荔挺，就是马薤。"《说文解字》中说："荔，形状像蒲草但是比蒲草小，根可以用来做刷子。"《广雅》中说："马薤，就是荔。"《通俗文》也说它是马蔺。《易统通卦验玄图》说："若是荔挺不发芽，那么国家就会多火灾。"蔡邕的《月令章句》说："荔似挺。"高诱注的《吕氏春秋》说："荔草直立生长。"然而《月令注》认为荔挺是草名，这是错误的。黄河以北地区的湖泊沼泽里到处都长着这种植物。江南地区也有很多这种植物，有人把它种在台阶前的庭院里，把它叫作旱蒲，故而不认识马薤。讲授《礼记》的人就认为荔是马苋，马苋可以吃，也叫豚耳，俗名为马齿。江陵有一个和尚，脸型上宽下窄。刘缓的小儿子刘民誉，年纪才刚刚几岁，聪明卓异，善于描摹事物，他见到这个和尚就说："和尚的脸像马苋一样。"他的伯父刘绦因此就称这个僧人为"荔挺法师"。刘绦本人就是讲授《礼记》的著名学者，竟然也会错到这种地步。

《诗》云：『将其来施施[1]。』《毛传》云：『施施，难进之意。』郑《笺》云：『施施，舒行貌也。』《韩诗》亦重为施施[2]。河北《毛诗》皆云『施施』。江南旧本，悉单为『施』，俗遂是之，恐为少误。

注释

1 施施：徐行的样子。见《诗经·王风·丘中有麻》："彼留子嗟，将其来施施。"

2 重（chóng）为：指两个"施"字重叠而用。

译文

《诗经》说："请从从容容来。"《毛诗传》说："施施，难以行进的意思。"郑玄的《毛诗传笺》说："施施，缓缓地行走的样子。"《韩诗》中也是重叠用了"施施"两个字。黄河以北的《毛诗传》都写作"施施"。江南地区过去的旧版本，都单作一个"施"字，习俗上就认为这是对的，恐怕这是错误的。

《诗》云：『有渰萋萋[1]，兴云祁祁[2]。』《毛传》云：『渰，阴云貌。萋萋，云行貌。祁祁，徐貌也。』《笺》云：『古者，阴阳和，风雨时，其来祁祁然，不暴疾也。』案：渰已是阴云，何劳复云『兴云祁祁』耶？『云』当为『雨』，俗写误耳。班固《灵台诗》云：『三光宣精[3]，五行布序[4]，习习祥风，祁祁甘雨。』此其证也。

注释

1 渰（yǎn）：阴云。萋萋：云朵弥漫的样子。

2 祁祁：舒缓的样子。以上两句见《诗经·小雅·大田》。

3 三光：日、月、星。宣精：指日月星辰发光。

4 五行：水、火、木、金、土。布序：依次展布。

译文

《诗经》说："有渰萋萋，兴云祁祁。"《毛诗传》中说："渰，阴云之貌。萋萋，云朵移动的样子。祁祁，是舒缓的样子。"《毛诗传笺》说："古代的时候，阴阳调和，风雨按时而来，来的时候非常舒缓，不迅猛。"据考证："渰"已经是指阴云，哪需再说"兴云祁祁"呢？"云"应当是"雨"，是一般人写错了。班固的《灵台诗》说："三光宣精，五行布序，习习祥风，祁祁甘雨。"就是这说法的例证。

《礼》云：『定犹豫，决嫌疑[1]。』《离骚》曰：『心犹豫而狐疑。』先儒未有释者。案：《尸子》曰：『五尺犬为犹。』《说文》云：『陇西谓犬子为犹。』吾以为人将犬行，犬好豫在人前[2]，待人不得，又来迎候，如此往返，至于终日，斯乃『豫』之所以为未定也，故称『犹豫』。或以《尔雅》曰：『犹如麂[3]，善登木。』犹，兽名也，既闻人声，乃豫缘木[4]，如此上下，故称『犹豫』。狐之为兽，又多猜疑，故听河冰无流水声，然后敢渡。今俗云：『狐疑，虎卜[5]。』则其义也。

注释

1 “定犹豫”两句：意为判断嫌疑，决定犹豫。语出《礼记·曲礼上》：“卜筮者，先圣之所以使民决嫌疑，定犹豫也。”

2 豫：事先，预先。

3 麂（jǐ）：一种小型的鹿，雄的有长牙和短角，腿细而有力，善于跳跃。

4 缘木：爬树。

5 虎卜：一种占卜的方法。《太平御览》卷八九二引晋张华《博物志》：“虎知冲破，又能画地卜。今人有画物上下者，推其奇偶，谓为虎卜。”

译文

《礼记》里说：“定犹豫，决嫌疑。”《离骚》中说：“心犹豫而狐疑。”前辈学者对此都没有解释。据考证：《尸子》中说：“五尺长的狗是犹。”《说文解字》中说：“陇西地区称狗的幼崽为犹。”我认为人带着狗走路的时候，狗喜欢预先跑在人的前面，等人等不到时，又跑回来迎候，像这样来回往返，整天如此，这就是“豫”之所以表示不确定的缘故，所以才说“犹豫”。有人认为《尔雅》说：“犹，形状像麂，善于爬树。”犹是动物的名字，听到人的声音就会提前爬到树上，这样上下不定，因此称为“犹豫”。狐狸是一种野兽，生性多疑，故此过河时，听到结冰的河里没有流水声之后才敢过河。现在有句俗语说：“狐狸性多疑，老虎会占卜。”就是这个意思。

《左传》曰：『齐侯痎[1]，遂痁[2]。』《说文》云：『痎，二日一发之疟[3]。痁，有热疟也。』案：齐侯之病，本是间日一发，渐加重乎故，为诸侯忧也。今北方犹呼『痎疟』，音『皆』。而世间传本多以『痎』为『疥』[4]，杜征南亦无解释[5]，徐仙民音『介』，俗儒就为通云：『病疥，令人恶寒，变而成疟。』此臆说也。疥癣小疾，何足可论，宁有患疥转作疟乎？

注释

1 痎（jiē）：隔日发作的疟疾。

2 痁（shān）：伴随着发热的疟疾。

3 疟（nuè）：一种急性传染病。《礼记·月令》："（孟秋之月）寒热不节，民多疟疾。"郑玄注："疟疾，寒热所为也。"

4 疥（jiè）：一种皮肤病，又称疥癣。

5 杜征南：指杜预，位居征南大将军，爱读《左传》，自称有"左传癖"，曾为《左传》作注。

译文

《左传》里说："齐侯得了痎病，后来转成了痁病。"《说文解字》中说："痎，两天一发作的疟病。痁，是伴随着发热症状的疟病。"据考证：齐侯的病本来是隔天发作一次，逐渐加重，才令诸侯担心。现在北方地区仍然说"痎疟"，读作"皆"。然而世间的传本大多认为"痎"是"疥"，杜预对此也没有解释，徐仙民把"痎"注作读"介"，一般的学者就把它解释成："得了疥病，使人怕寒，转而变成疟病。"这是主观猜测的说法。疥癣这种小毛病，哪里值得一提，哪有得了疥这种皮肤病而转化成疟病的呢？

《尚书》曰：『惟影响[1]。』《周礼》云：『土圭测影[2]，影朝影夕。』《孟子》曰：『图影失形[3]。』《庄子》云：『罔两问影[4]。』如此等字，皆当为『光景』之『景』。凡阴景者[5]，因光而生，故即谓为『景』。《淮南子》呼为『景柱』，《广雅》云：『晷柱挂景[6]。』并是也。至晋世葛洪《字苑》[7]，傍始加彡[8]，音于景反。而世间辄改治《尚书》、《周礼》、《庄》、《孟》从葛洪字，甚为失矣。

注释

1 影响：影子和回声，多用以形容感应迅捷。引文见《尚书·大禹谟》："惠迪吉，从逆凶，惟影响。"

2 土圭（guī）：古代用以测日影、正四时和测度土地的器具。《周礼·地官·大司徒》："以土圭之法，测土深，正日景，以求地中。"

3 图影：画影。

4 罔（wǎng）两：影子边缘的淡薄阴影。"罔两问影"事见《庄子·齐物论》。郭象注："罔两，景外之微阴也。"

5 阴景：阴影。

6 晷柱：即晷表，日晷上测量日影的标杆。

7 葛洪：东晋人，崇信道教，著有《抱朴子》、《字苑》等书。

8 彡（shān）：一种部首。

译文

《尚书》当中说："惟影响。"《周礼》说："用土圭来测量日影，影朝多阴，影夕多风。"《孟子》说"图影失形。"《庄子》说："罔两问影。"像这些地方的"影"字，都应当是"光景"的"景"字。所有的阴影，都是依托光明而产生的，于是就称为"景"。《淮南子》称"景柱"，《广雅》中说："晷柱挂景。"都是这么回事。到了晋代葛洪写的《字苑》里，才在景字旁边加"彡"，读成于景反。而世间的人就擅自改动《尚书》、《周礼》、《庄子》、《孟子》等书中的"景"字，而用葛洪所说的"影"字，这是个很大的错误。

太公《六韬》[1]，有天陈、地陈、人陈、云鸟之陈[2]。《论语》曰：『卫灵公问陈于孔子[3]。』《左传》：『为鱼丽之陈[4]。』俗本多作『阜』傍『车乘』之『车』。案诸陈队，并作『陈』、『郑』之『陈』。夫行陈之义，取于陈列耳，此六书为假借也[5]，《苍》、《雅》及近世字书[6]，皆无别字；唯王羲之《小学章》[7]，独『阜』傍作『车』，纵复俗行，不宜追改《六韬》、《论语》、《左传》也。

注释

1 《六韬》：中国古代的兵书名，旧题周姜太公吕望撰，故文中称太公《六韬》。书分文韬、武韬、龙韬、虎韬、豹韬、犬韬六卷。

2 陈（zhèn）：同“阵”，军伍行列，战斗队形。

3 卫灵公问陈于孔子：事见《论语·卫灵公》：“卫灵公问陈于孔子。孔子对曰：‘俎豆之事，则尝闻之矣；军旅之事，未之学也。’明日遂行。”

4 鱼丽：古代战阵名。《左传·桓公五年》：“为鱼丽之陈”，晋杜预注：“《司马法》：‘车战二十五乘为偏。’以车居前，以伍次之，承偏之隙而弥缝阙漏也。五人为伍。此盖鱼丽陈法。”

5 六书：古人分析汉字造字的理论，包括象形、指事、会意、形声、转注、假借。假借：六书的一种，谓本无其字而依声托事。汉许慎《说文叙》：“假借者，本无其字，依声托事，令、长是也。”

6 《苍》：指《苍颉篇》。《雅》：即《尔雅》。

7 《小学章》：古代字书。《隋书·经籍志》载：“小学篇一卷，晋下邳内史王义撰。”王利器认为当为王羲之所撰。

译文

姜太公的《六韬》里有天陈、地陈、人陈、云鸟之陈。《论语·卫灵公》里说："卫灵公问陈于孔子。"《左传》里有"为鱼丽之陈"的话。一般的版本大多数是将以上几个"陈"字，写成"阜"字旁加上"车乘"的"车"字。据考证，表示各种军队陈列队伍的"陈"，都写作"陈、郑"的"陈"字。行陈之义，是取义于陈列，将"陈"写作"阵"，这在六书中属于假借法。在《苍颉篇》、《尔雅》和近代的字书里，"陈"字都没有写成别的字，只有王羲之的《小学章》里，唯独将"陈"写成"阜"字旁加"车"，即使这种写法在世间通行，也不应该再去更改《六韬》、《论语》和《左传》中的"陈"字。

《诗》云：『黄鸟于飞，集于灌木[1]。』《传》云：『灌木，丛木也。』此乃《尔雅》之文，故李巡注曰[2]：『木丛生曰灌。』《尔雅》末章又云：『木族生为灌。』族亦丛聚也。所以江南《诗》古本皆为『丛聚』之『丛』，而古『丛』字似『冣』字[3]，近世儒生，因改为『冣』，解云：『木之冣高长者。』案：众家《尔雅》及解《诗》无言此者，唯周续之《毛诗注》[4]，音为徂会反，刘昌宗《诗注》[5]，音为在公反，又祖会反：皆为穿凿，失《尔雅》训也。

注释

1 “黄鸟”两句：见《诗经·周南·葛覃》。意思是黄雀来回飞舞，栖息在丛生的灌木上。

2 李巡：东汉汝南人，曾经为《尔雅》作注。《隋书·经籍志》载：“梁有汉中黄门李巡尔雅注三卷，亡。”其人见《后汉书·列传第六十八》。

3 冣（zuì）：“最”的古字。

4 周续之：字道祖，雁门广武人。事见《宋书·列传第五十三》。

5 刘昌宗：晋人，有《周礼音》、《仪礼音》各一卷，《礼记音》五卷。

译文

《诗经》里说“黄鸟于飞，集于灌木。”《毛诗传》中说：“灌木，就是丛生的树木。”这是《尔雅》里面的话，因此李巡注的《尔雅》中说：“树木丛生称为灌。”《尔雅》中这一解释的末段又说：“树木族生就是灌。”族，也就是丛聚的意思。所以江南地区的《诗经》古版本都写成“丛聚”的“丛”字，而古“丛”字的字形像“冣”，近代的儒生因此就把“丛”字改成“冣”字，并且解释成：“树木中长得最高大的。”据考证：各家的《尔雅》和注释《诗经》的著述都没有这样说的，只有周续之的《毛诗注》把这个字注音为徂会反，刘昌宗的《诗注》把它注音为在公反，也作祖会反：这些都是牵强附会的说法，不符合《尔雅》的注释。

『也』是语已及助句之辞[1]，文籍备有之矣。河北经传，悉略此字，其间字有不可得无者，至如『伯也执殳[2]』，『于旅也语[3]』，『回也屡空[4]』，『风[5]，风也，教也』，及《诗传》云：『不戢[6]，戢也；不傩[7]，傩也。』『不多，多也。』如斯之类，傥削此文[8]，颇成废阙[9]。《诗》言：『青青子衿。』《传》曰：『青衿，青领也，学子之服。』按：古者，斜领下连于衿[10]，故谓领为『衿』。孙炎、郭璞注《尔雅》，曹大家注《列女传》[11]，并云：『衿，交领也。』邺下诗本，既无『也』字，群儒因谬说云：『青衿、青领，是衣两处之名，皆以青为饰。』用释『青青』二字，其失大矣！又有俗学，闻经传中时须『也』字，辄以意加之，每不得所，益成可笑。

注释

1 语已：即语尾。助句：即语助词。

2 殳（shū）：古代的一种兵器，以竹或木制成，八棱，顶端装有圆筒形金属，无刃，也有装金属刺球，顶端带矛的，多用作仪仗。引文见《诗经·卫风·伯兮》："伯也执殳，为王前驱。"

3 旅：次序。此句见《仪礼·乡射礼》："古者于旅也语，凡旅不洗，不洗者不祭；既旅，士不入。"

4 回：颜回。屡空：经常贫困，谓贫困无财。语出《论语·先进》："回也其庶乎！屡空。"

5 风：风教，教化。见《诗经·小序》。

6 不戢（jí）：不检束，放纵。语出《诗经·小雅·桑扈》："不戢不难，受福不那。"

7 傩（nuó）：难。

8 傥：倘若，假如，表示假设。

9 废阙：指缺漏。

10 衿（jīn）：古代衣服的交领。

11 曹大家（gū）：即汉代人班昭，她是班彪之女，班固、班超之妹。嫁给曹世叔，早寡，屡受召入宫，当皇后及诸贵人的教师，号曰"大家"。大家即大姑，古代对女子的尊称。家，通"姑"。

译文

"也"字是用作句末语气词和句中语助词，文章典籍都会用到这个字。黄河以北地区的经书及传本中，大都省略了这字，然而其中有些地方的“也”字是不能省略的，比如像“伯也执殳”，“于旅也语”，“回也屡空”，“风，风也，教也”，以及《毛诗传》中说的：“不戢，戢也；不傩，傩也。”“不多，多也。”诸如此类的句子，假如省略了“也”字，文章的句意就会残缺不全。《诗经》里说：“青青子衿”，《毛诗传》解释说：“青衿，即青色的衣领，是学子所穿的衣服。”据考证：古时候，衣服领子斜着下来与衣襟连在一起，因此将领子称作“衿”。孙炎、郭璞注的《尔雅》、曹大家班昭注的《列女传》，都说：“衿，就是交领。”邺下的《诗经》的传本，都没有“也”字，许多儒生因而错误地解释说：“青衿，青领，是衣服上两个部分的名称，都用青色作装饰。”用这种说法来解释“青青”两个字，实在是大错特错。还有一些平庸的读书人，听说经书的传注中常用“也”字，于是就根据自己的主观猜测随意添补，往往添补得不恰当，这就更加可笑了。

《易》有蜀才注[1]，江南学士，遂不知是何人。王俭《四部目录》[2]，不言姓名，题云：『王弼后人[3]。』谢炅、夏侯该，并读数千卷书，皆疑是谯周[4]；而《李蜀书》，一名《汉之书》，云：『姓范名长生，自称蜀才。』南方以晋家渡江后[5]，北间传记，皆名为伪书，不贵省读，故不见也。

注释

1 蜀才：东晋时成汉范贤的自称。贤字长生，曾注《周易》。

2 王俭：字仲宝，琅琊临沂人，著有《七志》、《宋元徽元年四部目录》等书。《四部目录》：分甲乙丙丁四部，计一万五千七百零四卷。事见《南齐书·王俭传》与《隋书·经籍志》。

3 王弼：三国时期魏人，撰有《周易注》。

4 谯周：字允南，三国时期蜀国人。

5 晋家：指西晋王朝。

译文

《易经》有由蜀才撰写的注本，江南地区的学子，竟不知道蜀才是何人。王俭的《四部目录》中，也没有提到他的姓名，只写着："他是王弼后人。"谢炅、夏侯该都读了几千卷书，都怀疑蜀才就是蜀国的谯周；而《李蜀书》，又名《汉之书》，说："其人姓范名长生，自称蜀才。"南方地区自从晋朝渡江之后，把北方的经传文章都指为"伪书"，不认真阅读它们，因此就不知道蜀才是谁。

《礼·王制》云：『臝股肱[1]。』郑注云：『谓揎衣出其臂胫[2]。』今书皆作『擐甲』之『擐』[3]。国子博士萧该云[4]：『「擐」当作「揎」，音「宣」，「擐」是穿着之名，非出臂之义。』案《字林》，萧读是，徐爰音『患』[5]，非也。

注释

1 臝（luǒ）：同“裸”，露出。股肱（gōng）：大腿和胳膊。

2 揎（xuān）衣：捋起衣袖。胫：小腿。

3 擐（huàn）甲：穿上甲胄、贯甲。

4 萧该：南朝梁鄱阳王恢之孙，性笃学，精通《汉书》。事见《隋书·儒林传》。

5 徐爰：南朝宋开阳人，着有《礼记音》。

译文

《礼记·王制》中说：“裸股肱。”郑玄注释说：“是指捋起衣服露出胳膊和腿。”现在的书都写作“擐甲”的“擐”。国子博士萧该说：“‘擐’应当是‘揎’，读作‘宣’，‘擐’是穿着的意思，不是露出手臂的意思。”依据《字林》的内容，萧该的读音是正确的；徐爰读成“患”，是不对的。

《汉书》：『田肎贺上[1]。』江南本皆作『宵』字。沛国刘显[2]，博览经籍，偏精班《汉》，梁代谓之『《汉》圣』。显子臻[3]，不坠家业。读班史，呼为『田』。梁元帝尝问之，答曰：『此无义可求，但臣家旧本，以雌黄改『宵』为『肎』。』元帝无以难之。吾至江北，见本为『肎』。

注释

1 肎（kěn）：“肯”的古字。引文见《汉书·高帝纪》。

2 刘显：字嗣芳，沛国相人。博涉多通，著有《汉书音》二卷。

3 臻：刘臻，刘显之子。

译文

《汉书》中有：“田肎贺上。”江南地区的版本都把“肎”写作“宵”字。沛国人刘显，博览经书典籍，尤其精通班固的《汉书》，梁朝人称他为“《汉》圣”。刘显的儿子刘臻，继承了家传的学业。他读班固的《汉书》时，读成“田肎”。梁元帝曾经问他为什么这样读，他回答说：“这没有什么意义可探究，只是我家的旧抄本中，用雌黄把‘宵’字改成了‘肎’字。”梁元帝也没法诘难他。我到了江北地区后，见到这个字本来就是写作“肎”。

《汉书·王莽赞》云：『紫色蛙声，余分闰位[1]。』盖谓非玄黄之色[2]，不中律吕之音也[3]。近有学士，名问甚高，遂云：『王莽非直鸢髆虎视[4]，而复紫色蛙声。』亦为误矣。

注释

1 闰位：非正统的帝位。

2 玄黄：黑色和黄色，是正色。

3 律吕：古代校正乐律的器具，比喻准则、标准。

4 髆（bó）：胳膊。虎视：像老虎那样雄视，有伺机摄取之意。

译文

《汉书·王莽赞》中说："紫色蛙声，余分闰位。"意思是说紫色不是玄黄正色，蛙声不合声律标准。近来有位学者，名望很高，竟然说："王莽不仅像鸢鸟那样双肩高耸，像老虎那样雄视四方，而且还有紫色的皮肤和蛙鸣一样的声音。"这是错误的。

简「策」字，「竹」下施「朿」，末代隶书[1]，似杞、宋之「宋」[2]，亦有「竹」下遂为「夹」者，犹如「刺」字之傍应为「朿」，今亦作「夹」。徐仙民《春秋》、《礼音》，遂以「筴」为正字[3]，以「策」为音，殊为颠倒。《史记》又作「悉」字，误而为「述」，作「妬」字[4]，误而为「姤」[5]，裴、徐、邹皆以「悉」字音「述」[6]，以「妬」字音「姤」。既尔，则亦可以「亥」为「豕」字音，以「帝」为「虎」字音乎？

注释

1 末代：末世，指一个朝代衰亡的时期。这里指秦末。

2 杞、宋：都是古国名。

3 正字：字形或拼法符合标准的字，区别于异体字、错字、别字等，亦指本字。

4 妬：又作“妒”。

5 姤（gòu）：《周易》卦名。六十四卦之一。《周易·姤》：“姤，女壮，勿用取女。”

6 裴、徐、邹：南朝宋人裴骃、徐野民、梁人邹诞生。裴骃曾为《史记》作注，徐野民著《史记音义》，邹诞生著《史记音》。

译文

简策的“策”字，是在“竹”下面加“朿”字，秦末的隶书中，这个字的字形类似杞、宋的“宋”字，也有在“竹”字下面写成“夹”的，就好像“刺”字的偏旁应该是“朿”，现在也写成“夹”。徐仙民的《春秋》和《礼记音》中，竟以“筴”字为本字，把“策”作为读音，实在是本末倒置。《史记》中写“悉”字，错写成“述”，写“妬”字，错写成“姤”。裴骃、徐广、邹诞生为《史记》作注时，都把“悉”注音作“述”，把“妬”注音作“姤”。既然这样的话，那也可以用“亥”为“豕”字注音，用“帝”为“虎”字注音吗？

张揖云[1]：『虙[2]，今伏羲氏也。』孟康《汉书·古文注》亦云[3]：『虙，今伏。』而皇甫谧云[4]：『伏羲或谓之宓羲。』按诸经史纬候[5]，遂无『宓羲』之号。『虙』字从『虍』[6]，『宓』字从『宀』[7]，下俱为『必』，末世传写，遂误以『虙』为『宓』，而《帝王世纪》因误更立名耳。何以验之？孔子弟子虙子贱为单父宰[8]，即虙羲之后，俗字亦为『宓』[9]，或复加山。今兖州永昌郡城，旧单（shàn）父地也，东门有子贱碑，汉世所立，乃曰：『济南伏生[10]，即子贱之后。』是知『虙』之与『伏』，古来通字，误以为『宓』，较可知矣。

注释

1 张揖：字稚让，清河人，一云河间人，魏太中博士。著有《广雅》四卷，《埤苍》三卷，《三苍训诂》三卷，《杂字》一卷，《古文字训》三卷。

2 虙（fú）：通“伏”，姓，即伏羲氏，古代传说中的三皇之一。相传他始画八卦，又教民渔猎，取牺牲以供庖厨，因称庖牺。

3 孟康：字公休，三国时期魏安平人，曾注《汉书》。

4 皇甫谧：字士安，幼名静，西晋安定朝那人，工诗赋，曾撰《帝王世纪》、《年历》、《高士传》、《逸士传》、《列女传》、《玄晏春秋》等书。

5 纬候：纬书与《尚书中候》的合称，亦为纬书的通称。

6 虍（hū）：部首的一种，意思是虎皮上的花纹。

7 宀（mián）：部首的一种，意思是房屋。《说文·宀部》：“宀，交覆深屋也。象形。”

8 虙子贱：即孔子的学生宓不齐，字子贱，少于孔子三十岁，孔子曾经称许他为君子，他曾为单父的地方官，政绩卓著。事见《史记·仲尼弟子列传》。单父：春秋时期鲁国的邑名。故址在今山东单县南。

9 俗字：即俗体字。旧时指通俗流行而字形不合规范的汉字，别于正体字而言。

10 伏生：汉时济南人，名胜，或云字子贱。原秦博士，治《尚书》。始皇焚书，伏生以书藏壁中。汉兴后，求其书已散逸，仅得二十九篇，以教于齐鲁间。汉文帝即位后，闻其能治《尚书》。欲召之。然伏生年已九十余，老不能行，乃诏太常使掌故晁错往受之。西汉《尚书》学者，皆出其门下。相传所撰有《尚书·大传》三卷，学者怀疑是后学杂录所闻而成。事见《汉书·儒林传》。

译文

张揖说："虙，就是现在说的伏羲氏。"孟康的《汉书·古文注》也说："虙，就是现在的伏字。"而皇甫谧说："伏羲也称作宓羲。"考证各种经书和典籍记载，都没有"宓羲"的名号。"虙"字属于"虍"部，"宓"字属于"宀"部，两个字的下半部分都是"必"字。后世传抄誊写时，错把"虙"字写成"宓"字，而皇甫谧的《帝王世纪》就因此错误地给伏羲氏另立了名号。怎样可以验证这种说法呢？孔子的学生虙子贱曾经做单父地区的地方官，是虙羲的后人。他的姓的俗体字也写作"宓"，或者再加个"山"字。现在的兖州永昌郡城，就是过去的单父地区，郡城的东门有子贱碑，是汉代的时候立的，碑文说："济南的伏生，就是子贱的后人。"由此可知"虙"字和"伏"字，自古以来就是通用的字，伏羲氏的"伏"被错写为"宓"的原因，就清楚可知了。

赏析与点评

颜之推博览群书，尤精文字、训诂、音韵学等学问。故此他不仅能引证文献，还能以方言口语和实物（如碑刻、文物等）进行印证，这种多方求证的治学方法，严谨负责，实可为后世师法。

《太史公记》曰[1]：『宁为鸡口，无为牛后[2]。』此是删《战国策》耳。案：延笃《战国策音义》曰[3]：『尸，鸡中之主。从，牛子。』然则，『口』当为『尸』，『后』当为『从』，俗写误也。

注释

1《太史公记》：即《史记》，汉、魏、南北朝人称司马迁《史记》为《太史公记》。

2“宁为”两句：引文见《史记·苏秦列传》，意思是宁居小者之首，不为大者之后。

3 延笃：字叔坚，东汉时人，曾经从马融受业，博通经传及百家之言，能著文章，当时甚有名气。《隋书·经籍志》载其撰有《战国策论》一卷。其人见《后汉书·吴延史卢赵列传》。

译文

《太史公记》中说：“宁为鸡口，无为牛后。”这句话节录自《战国策》中的文字。据考证，延笃的《战国策音义》中说：“尸，是鸡中的主宰；从，是牛犊。”那么，《太史公记》中的“口”应该是“尸”字，“后”应当是“从”字，世俗的传本是抄写错了。

应劭《风俗通》云[1]：『《太史公记》：「高渐离变名易姓[2]，为人庸保[3]，匿作于宋子[4]，久之作苦，闻其家堂上有客击筑[5]，伎痒，不能无出言。」』案：伎痒者，怀其伎而腹痒也。是以潘岳《射雉赋》亦云：『徒心烦而伎痒。』今《史记》并作『徘徊』，或作『彷徨不能无出言』，是为俗传写误耳。

注释

1 应劭（shào）：字仲远，汉代汝南南顿人，曾为太山太守。《隋书·经籍志》载其撰有《风俗通义》三十一卷。

2 高渐离：战国时期燕国人，擅长击筑，与荆轲十分友好，曾经在易水击筑为荆轲送行。秦统一天下后，他变换姓名，隐居于宋子，终因技痒难耐而显露身份。秦始皇因爱惜他的音乐才能，赦免了他的死罪，只熏瞎了他的眼睛，使他击筑为乐。秦始皇减低了对他的防范之后，高渐离便将铅块藏在乐器中，扑击秦始皇，结果击而不中，被秦始皇诛杀。事见《史记·刺客列传》。

3 庸保：受雇担任杂役的人。

4 宋子：县名，在今河北巨鹿。

5 筑：古代弦乐器，形似琴，有十三弦。

译文

应劭的《风俗通》说：“《太史公记》中说：‘高渐离改名换姓，给人作仆役，藏身在宋子县。时间久了，劳作辛苦，听到家中堂上有客人击筑而歌，他技痒难耐，不能一言不发。’”据考证，所谓技痒，就是怀有某种技艺，因不能展示而心痒难耐。因此，潘岳《射雉赋》也说：“只是心烦和技痒。”现在的《史记》都写成“徘徊”，或者是“彷徨不能无出言”，这是世俗的人传抄誊写错了。

太史公论英布曰[1]：『祸之兴自爱姬，生于妒媚[2]，以至灭国。』又《汉书·外戚传》亦云：『成结宠妾妒媢之诛[3]。』此二『媚』并当作『媢』[4]，媢亦妒也，义见《礼记》、《三苍》[5]。且《五宗世家》亦云：『常山宪王后妒媢[6]。』王充《论衡》云[7]：『妒夫媢妇生，则忿怒斗讼。』益知『媢』是『妒』之别名。原英布之诛为意贲赫耳[8]，不得言『媚』。

注释

1 英布：汉六县人。曾犯法被黥面，故又称黥布，秦末时率骊山刑徒起事，归附项羽，封九江王，奉项羽的命令追杀义帝于郴县。楚汉相争时，随何说服他归附汉军，封淮南王，从刘邦击灭项羽于垓下。高祖十一年，韩信、彭越被杀，英布起兵造反。被汉高祖击败后，为长江王诱杀。事见《史记·黥布列传》。

2 媚：逢迎取悦。

3 成结：形成，酿成。

4 媢（mào）：嫉妒。

5 《三苍》：古代三部字书的合称。汉初，合李斯《苍颉篇》、赵高《爰历篇》和胡母敬《博学篇》为一书，称《三苍》，亦统称《篇》，凡三千三百字。魏晋时，又以李斯《仓颉篇》为上卷，扬雄《训纂篇》为中卷，贾鲂《滂喜篇》为下卷，合为一部，亦称《三苍》。

6 常山宪王：即刘舜，汉景帝之子，立为常山王，卒谥号为“宪”。

7 王充：字仲任，会稽上虞人，东汉著名学者，著有《论衡》三十卷。事见《后汉书·王充王符仲长统列传》。

8 贲（fén）赫：汉人，初为淮南王中大夫，后因揭发英布谋反之事而被封为将军。

译文

太史公司马迁在评论英布时说："灾祸因他的爱姬而引起，根源于妒媢之心，导致邦国灭亡。"另外，《汉书·外戚传》中也说："杀身之祸是由宠妾妒媢酿成的。"这两处的"媚"字都应该是"媢"字，媢就是嫉妒的意思，它的释义参见《礼记》和《三苍》。而且《五宗世家》也说："常山宪王的王后为人妒媢。"王充的《论衡》中说："有妒夫媢妇出现，就会互相忿恨恼怒产生争斗诉讼。"更加可以知道"媢"就是"妒"的别名。推究《史记》之中英布被杀的原因，应是意指贲赫，不能说是"媚"。

《史记·始皇本纪》：『二十八年，丞相隗林、丞相王绾等[1]，议于海上[2]。』诸本皆作『山林』之『林』。开皇二年五月[3]，长安民掘得秦时铁称权[4]，旁有铜涂镌铭二所[5]。其一所曰：『廿六年，皇帝尽并兼天下诸侯，黔首大安，立号为皇帝，乃诏丞相状、绾，法度量则不壹、嫌疑者[6]，皆明壹之。』凡四十字。其一所曰：『元年，制诏丞相斯、去疾，法度量，尽始皇帝为之，皆有刻辞焉。今袭号而刻辞不称始皇帝，其于久远也，如后嗣为之者，不称成功盛德，刻此诏□左[7]，使毋疑。』凡五十八字，一字磨灭，见有五十七字，了了分明[8]。其书兼为古隶。余被敕写读之[9]，与内史令李德林对[10]，见此称权，今在官库；其『丞相状』字，乃为『状貌』之『状』，『丬』旁作『犬』；则知俗作『隗林』，非也，当为『隗状』耳。

注释

1 隗（wěi）林：秦朝丞相。

2 海上：指东海之滨。

3 开皇：隋文帝年号。开皇二年即公元五八二年。

4 铁称权：即铁制秤锤。

5 涂（dù）：以金饰物。后作"镀"。镌（juān）：凿，雕刻。

6 法：通"废"，废弃。度量：用以计量短和容积的标准。则：标准权衡器。

7 左：通"佐"。"诏"与"佐"之间一字为原文缺漏。

8 了了：明白，清楚。

9 敕：委任。写：描摹缮写。读（dòu）：语句中的停顿。古代诵读文章，分句和读，短的停顿叫读，稍长的停顿叫句。后亦把"读"写成"逗"。这里应该是标点、点断的意思。

10 对：核对，校对。

译文

《史记·始皇本纪》中记载："二十八年，丞相隗林、丞相王绾等人，在东海之滨议事。"所有的版本都写作山林的"林"。隋文帝开皇二年五月，长安地区的百姓挖到秦朝的铁秤锤，铁秤锤的侧边有两处镀铜的铭刻。其中一处刻着："二十六年，皇帝吞灭兼并了天下所有的诸侯国，百姓太平无事，（秦王）立号为皇帝，于是命丞相隗状、王绾废除不一致或不明确的度量衡器，令其变得明确统一。"原文共四十个字。另一处说："元年，制诏丞相斯、去疾，法度量，尽始皇帝为之，皆有刻辞焉。今袭号而刻辞不称始皇帝，其于久远也，如后嗣为之者，不称成功盛德，刻此诏□左，使毋疑。"一共五十八个字，其中一个字磨损消失了，能看见的有五十七个字，都可以清楚辨明。铭文的字体都是古隶书。我被委派抄写、点断这些铭文，与内史李德林相校对，看到了这个秤锤，它现在保存在官库里。它上面的"丞相状"几个字，就是状貌的"状"，在"丬"字旁加"犬"字；由此可知世人写作"隗林"是错误的，应当是"隗状"。

《汉书》云：『中外禔福[1]。』字当从『示』。禔，安也，音『匙匕』之『匙』，义见《苍》、《雅》、《方言》[2]。河北学士皆云如此。而江南书本，多误从『手』[3]，属文者对耦[4]，并为『提挈』之意[5]，恐为误也。

注释

1 禔（zhī）福：安宁幸福。引文见《汉书·司马相如传》："遐迩一体，中外禔福，不亦康乎？"

2《方言》：全名《辅轩使者绝代语释别国方言》，原书十五卷，《隋书·经籍志》以后定为十三卷，作者是汉代扬雄。该书仿《尔雅》的体例，汇集古今各地同义词语，分别注明通行范围，取材或来自古籍，或为直接调查所得，由此可以考察汉代语言的分布状况，是研究中国古代词汇的重要材料。

3 从：聚合，归属。

4 对耦：即对偶，是一种修辞格，用对称的字句加强语言的表达效果。

5 提挈（qiè）：提携，牵扶。

译文

《汉书》中说："中外禔福。""禔"字应当从"示"部。"禔"是"安"的意思，读作"匙匕"的"匙"，它的含义可见于《苍》、《尔雅》和《方言》。黄河以北地区的学士都认为如此。可是江南通行的抄本中，都把"禔"字错写成从"手"部的字，写文章的人为了对偶，都把它理解为"提挈"的意思，恐怕是错误的。

或问：『《汉书注》：「为元后父名禁[1]，故禁中为省中。」何故以「省」代「禁」？』答曰：『案：《周礼·宫正》：「掌王宫之戒令纠禁。」郑注云：「纠[2]，犹割也，察也。」李登云[3]：「省，察也。」张揖云：「省，今省詧也[4]。」然则小井、所领二反，并得训「察」。其处既常有禁卫省察，故以「省」代「禁」。詧，古察字也。』

注释

1 元后：指汉元帝的皇后，她父亲名叫翁禁。

2 纠：督察，督责。

3 李登：三国时期魏国人，著有《声类》十卷，是中国最早的一部韵书。

4 詧："察"的古字。

译文

有人问："《汉书注》记载：'因为汉元帝的皇后的父亲名叫禁，所以将禁中改称为省中。'为什么用'省'字代替'禁'呢？"回答说："据考证：《周礼·宫正》记载：'掌管王宫的禁令，负责纠察禁绝之事。'郑玄的注释说：'纠，相当于割、察之意。'李登说：'省，就是察。'张揖说：'省，就是如今的省詧。'这样的话，那么小井反和所领反两种读音所代表的意义，都要解释为'察'。王宫那里既然总有禁卫军负责省察之事，因此用'省'来代替'禁'字。詧，是古代的察字。"

《汉·明帝纪》：『为四姓小侯立学[1]。』按：桓帝加元服[2]，又赐四姓及梁、邓小侯帛，是知皆外戚也。明帝时[3]，外戚有樊氏、郭氏、阴氏、马氏为四姓。谓之小侯者，或以年小获封，故须立学耳。或以侍祠猥朝[4]，侯非列侯，故曰小侯，《礼》云：『庶方小侯[5]。』则其义也。

注释

1 四姓：四个名门贵族姓氏的合称，指下文提到的东汉明帝时外戚樊、郭、阴、马四姓。见《后汉书·明帝纪》（李贤注）。小侯：旧时称功臣子孙或外戚子弟的封侯者，以其非列侯，故称小侯。

2 桓帝：指汉桓帝刘志。元服：指冠。古称行冠礼为加元服。

3 明帝：指汉明帝刘庄。

4 侍祠：陪从祭祀，此处指侍祠侯，汉代，王子封为侯者称诸侯；异姓的群臣以功勋封侯者称彻侯。在长安者，皆奉朝请。其有赐特进者，位在三公下，称朝侯。位次在卿之下者，只是陪从祭祀而没有朝位的，称侍祠侯。猥（wěi）朝：即猥朝侯，汉代异姓侯的一种，不是朝侯也不是侍祠侯，而是被分封到偏远小国的皇室至亲，若公主子孙，有奉先侯坟墓在京师的，随时接受皇帝的见会，称猥朝侯。

5 庶方小侯：荒远地区的方小学侯。语出《礼记·曲礼下》：“庶方小侯入天子之国，曰某人，于外曰子，自称曰孤。”

译文

《后汉书·明帝纪》记载：“为四姓小侯立学。”据考证：汉桓帝行冠礼时，又赏赐给四姓和梁、邓小侯等人束帛，由此可以知道这些人都是外戚。汉明帝时，外戚中的樊氏、郭氏、阴氏、马氏被称为四姓。《后汉书》中称他们为小侯，可能是因为年纪很小就获得封号，因此须为其设立学校；也可能是因为他们都是侍祠侯或猥朝侯，虽然是侯但并不是上等侯，所以称小侯。《礼记》中说的“荒远地区的方国小侯”，就是这个意思。

《后汉书》云：『鹳雀衔三鳝鱼。』多假借为『鳣鲔』之『鳣』[1]；俗之学士，因谓之为『鳣鱼』。案：魏武《四时食制》：『鳣鱼大如五斗奁[2]，长一丈。』郭璞注《尔雅》：『鳣长二三丈。』安有鹳雀能胜一者，况三乎？鳣又纯灰色，无文章也[3]。鳝鱼长者不过三尺，大者不过三指，黄地黑文；故都讲云[4]：『蛇鳝，卿大夫服之象也[5]。』《续汉书》及《搜神记》亦说此事[6]，皆作『鳝』字。孙卿云：『鱼鳖鳅鳣。』及《韩非》、《说苑》皆曰：『鳣似蛇，蚕似蠋[7]。』并作『鳣』字。假『鳣』为『鳝』，其来久矣。

注释

1 鳣（zhān）：即鲟鳇鱼。鲔（wěi）：鲟鱼和鳇鱼的古称。

2 奁（lián）：指盒匣一类的盛物器具。

3 文章：错杂的色彩或花纹。

4 都讲：古代学舍中协助博士讲经的儒生。

5 “蛇鳝”两句：事见《后汉书·杨震列传》：“客居于湖，不荅州郡礼命数十年，觿人谓之晚暮，而震志愈笃。后有冠雀衔三鳣鱼，飞集讲堂前，都讲取鱼进曰：‘蛇鳣者，卿大夫服之象也。数三者，法三台也。先生自此升矣。’年五十，乃始仕州郡。”

6《续汉书》：晋司马彪撰，共八十三卷。《搜神记》：晋干宝撰，共三十卷，收集了大量民间传闻及鬼神灵异之事。

7 蠋（zhú）：鳞翅目昆虫的幼虫。色青，形似蚕，大如手指。

译文

《后汉书》中说：“鹳雀衔三鳝鱼。”“鳝”字常常假借为“鳣鲔”的“鳣”字。世间的学者，因此就认为《后汉书》中说的是鳣鱼。据考证：魏武的《四时食制》里说：“鳣鱼像能盛五斗的盒子那样大，长一丈。”郭璞注的《尔雅》中说：“鳣鱼长达二三丈。”哪有鹳鸟能衔住一条这样的大鱼呢？何况还是三条？鳣鱼又是纯灰色的，没有花纹。鳝鱼长的也不超过三尺，大的也没有三指宽，鱼身是黄色的，上面有黑色的花纹，所以《后汉书》都说：“蛇鳝，是卿大夫官服上的装饰图像。”《续汉书》和《搜神记》中也说到这件事，两本书中都写作“鳝”字。荀子说：“鱼鳖鳅鳣。”《韩非子》、《说苑》都说：“鳣形状像蛇，蚕的形状像蠋。”都写作“鳣”字。假借“鳣”为“鳝”字，这种用法由来已久了。

《后汉书》：『酷吏樊晔为天水郡守[1]，凉州为之歌曰：「宁见乳虎穴，不入冀府寺[2]。」』而江南书本『穴』皆误作『六』。学士因循，迷而不寤。夫虎豹穴居，事之较者；所以班超云：『不探虎穴，安得虎子？』宁当论其六七耶？

注释

1 酷吏：指滥用刑法残害百姓的官吏。

2 冀府寺：即天水太守官署。

译文

《后汉书》载："酷吏樊晔任天水太守时，凉州的百姓为他编了歌谣说：'宁愿看见育子的老虎洞穴，也不入冀府寺。'"可是江南地区的《后汉书》版本中，都把"穴"误写成"六"。学士们沿袭这个错误，且迷误不觉。虎豹都是穴居的，这是明明白白的事。因此班超说："不探虎穴，安得虎子？"难道他说的是六头老虎或七头老虎吗？

《后汉书·杨由传》云：『风吹削肺。』此是削札牍之柿耳[1]。古者，书误则削之，故《左传》云『削而投之』是也。或即谓『札』为『削』，王褒《童约》曰：『书削代牍。』苏竟书云[2]：『昔以摩研编削之才。』皆其证也。《诗》云：『伐木浒浒[3]。』《毛传》云：『浒浒，柿貌也。』史家假借为肝肺字，俗本因是悉作『脯腊』之『脯』，或为『反哺』之『哺』。学士因解云：『削哺，是屏障之名[4]。』既无证据，亦为妄矣！此是风角占候耳[5]。《风角书》曰：『庶人风者[6]，拂地扬尘转削[7]。』若是屏障，何由可转也？

注释

1 札牍：札与牍都是古代书写用的小木片，借指为簿册。柿（fèi）：削下的木片、木皮。

2 苏竟：字伯况，东汉扶风平陵人。

3 浒浒：伐木声。

4 屏障：屏风，泛指遮蔽、阻挡之物。

5 风角：古代的一种占卜方法，以五音占四方之风而定吉凶。占候：根据天气变化预测自然界的灾异和天气变化。

6 庶人风：指卑恶的风。

7 转削：吹动木屑。

译文

《后汉书·杨由传》说："风吹削胏。"这里的"胏"是指削札牍时落下的小木片。古时候，写错了字就用刀将它削掉，因此《左传》中说："削而投之"，说的就是这个。有人认为"札"就是"削"，王褒的《童约》中说："书削代牍"。苏竟写道："昔以摩研编削之才。"都是证明札就是削的依据。《诗经》中说："伐木浒浒。"《毛诗传》说："浒浒，削下木片的样子。"史家将"柿"字假借成肝胏的"胏"字，世间流行的版本因此都写成"脯腊"的"脯"字，或是"反哺"的"哺"。学者因而解释说："削哺，是屏风的名称。"这种解释既没有依据，也很无知。原文指的是利用风角占验吉凶。《风角书》中说："恶劣的风，吹过地面扬起尘土，吹动碎木屑。"如果削胏是屏风的话，怎么能被吹动呢？

《三辅决录》云[1]：『前队大夫范仲公[2]，盐豉蒜果共一筩[3]。』『果』当作『魏颗』之『颗』[4]。北土通呼物一块，改为一颗，『蒜颗』是俗间常语耳。故陈思王《鹞雀赋》曰：『头如果蒜，目似擘椒[5]。』又《道经》云：『合口诵经声璅璅[6]，眼中泪出珠子碟[7]。』其字虽异，其音与义颇同。江南但呼为『蒜符』，不知谓为『颗』。学士相承，读为『裹结』之『裹』，言盐与蒜共一苞裹，内筩中耳。《正史削繁音义》又音『蒜颗』为苦戈反[8]，皆失也。

注释

1《三辅决录》：《隋书·经籍志》有载，书共七卷，汉代赵岐所撰。

2 前队（suì）大夫：南阳郡太守。王莽时期改南阳郡为前队。

3 筩（tǒng）：又作“筒”。

4 魏颗：春秋时期晋国大臣。

5 擘（bò）：分开，剖裂。

6 璅（suǒ）璅：形容声音细碎。

7 碟（kē）：同“颗”，颗粒。

8《正史削繁音义》：梁朝阮孝绪撰，共九十四卷。

译文

《三辅决录》中说：“前队大夫范仲公，盐豉蒜果共一筩。”这里的“果”应当是“魏颗”的“颗”字。北方地区都把一块物体说成一颗，“蒜颗”是民间的常用语。因此陈思王曹植的《鹞雀赋》中说：“头如果蒜，目似擘椒”。《道经》中又说：“合口诵经声璅璅，眼中泪出珠子碟。”“果”、“颗”、“碟”这几个字的字形虽然不同，但它们的读音和意义却大致相同。江南地区都说“蒜符”，不知道称为“颗”。读书人前后沿袭，把“果”读成“裹结”的“裹”，解释成把盐和蒜放在同一个包裹里，装进筩里。《正史削繁音义》又给蒜颗的“颗”注音为苦戈反，都错了。

有人访吾曰：『《魏志》蒋济上书云「弊劼之民[1]」，是何字也？』余应之曰：『意为「劼」即是「皷倦」之「皷」耳[2]。张揖、吕忱并云：「支傍作刀剑之刀，亦是剞字[3]。」不知蒋氏自造「支」傍作「筋力」之「力」，或借「剞」字，终当音九伪反。』

注释

1 蒋济：字子通，三国时期魏国人，魏明帝时为护军将军，曾多次上书反对大修宫室。劼（guì）：困疲。事见《三国志·魏书·蒋济传》。

2 皷（guì）：疲弊。

3 剞（jī）：刻镂的刀具。

译文

有人询问我说："《魏志》里记载蒋济给朝廷上书说'弊劼之民'，'劼'是什么字呀？"我回答说："我想'劼'就是'皷倦'的'皷'字。张揖和吕忱都说：'支字旁加上刀剑的刀，也是剞字。'不知道蒋济是自己造了这个'支'字旁加'筋力'的'力'组成的'劼'字，还是假借了'剞'字，不论是哪种情况，这个字终究都应当读成九伪反。"

《晋中兴书》[1]：『太山羊曼[2]，常颓纵任侠，饮酒诞节[3]，兖州号为「𨤲伯」[4]。』此字皆无音训[5]。梁孝元帝常谓吾曰：『由来不识。唯张简宪见教[6]，呼为「嚃羹」之「嚃」[7]。自尔便遵承之，亦不知所出。』简宪是湘州刺史张缵谥也，江南号为硕学。案：法盛世代殊近，当是耆老相传[8]；俗间又有『𨤲𨤲』语，盖无所不施，无所不容之意也。顾野王《玉篇》误为『黑』傍『沓』[9]。顾虽博物，犹出简宪、孝元之下，而二人皆云重边。吾所见数本，并无作『黑』者。『重沓』是多饶积厚之意，从『黑』更无义旨。

注释

1《晋中兴书》：南朝宋何法盛所撰，全书共七十八卷，记录年代起自东晋。

2 太山：即泰山。羊曼：字祖廷，晋代人，为人放诞，不拘礼法。

3 诞节：放纵不拘。

4 𨤲（tà）伯：放纵豁达的人。晋人特指羊曼。

5 音训：对古籍中的字词注音释义。

6 张简宪：即张缵，字伯绪，谥简宪。

7 嚃（tà）羹：指吃羹时不加咀嚼便连菜吞下。

8 耆（qí）老：老年人。耆，古称六十岁曰耆，亦泛指寿考。

9 顾野王：南朝陈人，精通经史，著有《玉篇》三十卷。

译文

《晋中兴书》说："泰山人羊曼，平常为人志气消沉，行为放纵，喜好饮酒，不拘礼节，兖州人称他为'𨤲伯'。""𨤲"这个字没有注音也没有注释。梁孝元帝曾经对我说："我向来不认识这个字。只有张简宪曾经教过我，说这个字应读成'嚃羹'的'嚃'，那次之后，我就遵从这个读音，但还是不知道这个说法是怎么得来的。”张简宪是湘州刺史张缵的谥号，江南地区的人都称他为大学问家。据考证：《晋中兴书》的作者何法盛生活的年代距离当时年代很近，很多事应该是听年纪大的老人说的，况且民间又有“黤黤”这个词，大概是没什么不能给予，没什么不能容纳的意思。顾野王的《玉篇》错把这个字写成“黑”字旁加“沓”字。顾野王虽然博学多识，但他的学识还是在张缵和孝元帝之下，而他们两个人都说这个字应该是“重”字旁。我所见的各种版本，都没有把这个字写成“黑”字旁的。“重沓”是充裕丰足、储备丰厚的意思，要是从“黑”部便没有意义了。

《古乐府》歌词，先述三子，次及三妇，妇是对舅姑之称。其末章云：『丈人且安坐，调弦未遽央[1]。』古者，子妇供事舅姑，旦夕在侧，与儿女无异，故有此言。『丈人』亦长老之目，今世俗犹呼其祖考为先亡丈人。又疑『丈』当作『大』，北间风俗，妇呼舅为『大人公』。『丈』之与『大』，易为误耳。近代文士，颇作《三妇诗》，乃为匹嫡并耦己之群妻之意[2]，又加郑、卫之辞，大雅君子，何其谬乎？

注释

1 遽（jù）：匆忙。

2 匹嫡：缔结婚姻。

译文

《古乐府》的歌词，先讲述三子，再提及三个儿媳妇，妇是相对于公婆而言的称呼。歌词的最后一段说："丈人且安坐，调弦未遽央。"古时候，儿媳妇侍奉公婆，早晚都陪在他们身边，和儿女没什么区别，因此才有这诗中的话。"丈人"也是对老年人的称呼，现如今民间百姓还称他们死去的祖父为"先亡丈人"。又怀疑"丈"字应该是"大"字，北方地区的风俗，儿媳妇称公公为"大人公"。"丈"字与"大"字，很容易弄错。近代的文人写了很多《三妇诗》，但都是把妇作为缔结婚姻并匹配自己的众多妻子的意思，又在诗中用了很多淫词艳语，那些高尚雅正的君子，怎么会错到这个地步呢？

《古乐府》歌百里奚词曰[1]：『百里奚，五羊皮。忆别时，烹伏雌[2]，吹扊扅[3]，今日富贵忘我为！』『吹』当作『炊煮』之『炊』。案：蔡邕《月令章句》曰：『键，关牡也，所以止扉[4]，或谓之剡移[5]。』然则当时贫困，并以门牡木作薪炊耳。《声类》作『扊』，又或作『扂』[6]。

注释

1 百里奚：春秋时期的贤相。本为虞国大夫，晋灭虞时被俘，为秦穆公夫人陪嫁之臣，后出逃至宛，被楚人抓获。秦穆公听说他是贤能，于是用五张羊皮将他赎了回来。

2 伏雌：指母鸡。

3 扊扅（yǎn yí）：门闩。

4 扉：门扇。

5 剡（yǎn）移：门闩。

6 扂（diàn）：门闩。

译文

《古乐府》中歌唱百里奚的歌词说："百里奚，五羊皮。忆别时，烹伏雌，吹扊扅；今日富贵忘我为！"其中"吹"应当写作"炊煮"的"炊"字。据考证，蔡邕《月令章句》说："键，就是门闩，是用来闩门的，也有人称它为剡移。"这样看来，百里奚家中贫穷，把门闩当柴烧了。《声类》中把它写成"扊"，又有一些书写作"扂"。

《通俗文》，世间题云『河南服虔字子慎造[1]』。虔既是汉人，其叙乃引苏林、张揖；苏、张皆是魏人。且郑玄以前，全不解反语[2]，通俗反音，甚会近俗[3]。阮孝绪又云『李虔所造[4]』。河北此书，家藏一本，遂无作李虔者。《晋中经簿》及《七志》，并无其目，竟不得知谁制。然其文义允惬[5]，实是高才。殷仲堪《常用字训》[6]，亦引服虔《俗说》，今复无此书，未知即是《通俗文》，为当有异？近代或更有服虔乎？不能明也。

注释

1 服虔：字子慎，初名重，又名只，后改为虔，东汉河南荥阳人。著有《春秋左氏传解》等书。

2 反语：即反切，古代的一种注音方法。

3 会：符合，相合。

4 阮孝绪：字士宋，南朝梁人，著有《七录削繁》。

5 允惬：妥帖，适当。

6 殷仲堪：东晋陈郡人，曾任荆州刺史，著有《常用字训》一卷，已亡逸。

译文

《通俗文》这本书，世间都标作“河南服虔字子慎造”。服虔是汉朝人，《通俗文》的《叙》却引用了苏林、张揖等人的话，可是苏林和张揖都是三国时期魏朝人。况且在郑玄所处的时代之前的人们，根本不懂反切，《通俗文》中的反切注音十分符合近世的注音习惯。阮孝绪又说“是李虔所著”，河北地区抄录的这本书，我家就收藏了一本，根本没有写成李虔的。《晋中经簿》以及《七志》中，都没有关于这本书的条目，竟然无法得知是谁写了这本书。然而这本书的文辞妥帖恰当，作者实在是才华高绝之人。殷仲堪的《常用字训》，还引用到服虔的《俗说》，现在也没有这本书了，不知这是否就是《通俗文》，或是有所不同？近代或许另外有个叫服虔的人？真是搞不清楚。

或问：『《山海经》，夏禹及益所记，而有长沙、零陵、桂阳、诸暨，如此郡县不少，以为何也？』答曰：『史之阙文，为日久矣；加复秦人灭学[1]，董卓焚书[2]，典籍错乱，非止于此。譬犹《本草》神农所述，而有豫章、朱崖、赵国、常山、奉高、真定、临淄、冯翊等郡县名，出诸药物；《尔雅》周公所作，而云「张仲孝友[3]」；仲尼修《春秋》，而《经》书孔丘卒[4]；《世本》左丘明所书[5]，而有燕王喜、汉高祖；《汲冢琐语》[6]，乃载秦望碑[7]；《苍颉篇》李斯所造，而云「汉兼天下，海内并厕，豨黥韩覆[8]，畔讨灭残」；《列仙传》刘向所造，而《赞》云『七十四人出佛经』；《列女传》亦向所造，其子歆又作《颂》[9]，终于赵悼后[10]，而传有更始韩夫人、明德马后及梁夫人嫕[11]：皆由后人所羼[12]，非本文也。』

注释

1 秦人灭学：指秦始皇焚书坑儒之事。

2 董卓焚书：指东汉末年董卓作乱时，烧概观阁，毁坏经典之事。

3 张仲：西周宣王时人，在周公之后约百余年。孝友：事父母孝顺，对兄弟友爱。《诗经·小雅·六月》："侯谁在矣，张仲孝友。"

4《经》：此处指《左传》。

5《世本》：书名。《汉书·艺文志·六艺略》载有《世本》十五篇，《司马迁传·赞》也曾提到此书。这本书主要记载黄帝至春秋时（后人增补至汉）列国诸侯大夫的氏姓、世系、居（都邑）、作（制作）等，书在唐代时已有残缺，至宋末亡逸。

6《汲冢琐语》：西晋太康二年，汲郡人不准盗发魏襄王墓，得书数十车，有《琐语》十一篇，记战国时期各国卜梦妖怪相书。

7 秦望碑：指秦始皇东游泰望山时所立的碑。事见《史记·秦始皇本纪》。

8 豨（xī）：指汉人陈豨。黥（qíng）：黥刑，墨刑。韩：指韩信。

9 歆：即刘歆，字子骏，后改名秀，字颖叔。西汉经学家，与父亲刘向总校群书，父亲死后，刘歆为中磊校尉，继承父业，整理六经群书，编成《七略》。

10 赵悼后：战国时期赵悼襄王赵偃之后。

11 更始韩夫人：指汉更始帝刘玄的宠姬韩夫人。明德马后：指东汉光武帝刘秀之皇后。梁夫人嫕（yì）：汉和帝的姨妹梁嫕。

12 羼（chàn）：本为群羊杂居，引申为错乱搀杂。

译文

有人问道："《山海经》这本书，是夏禹和伯夷所记录的，而里面却有长沙、零陵、桂阳、诸暨等地名，像这样的郡县名在这本书里提到不少，你认为这是怎么回事呢？"我回答说："史书的文章残缺不全，这种情况由来已久。再加上秦朝灭绝学术，董卓作乱焚书，导致经书典籍杂乱无序，失去本来的面貌，其中的错误不只这些。譬如《本草》这本书本是神农氏所著，而其中却出现了豫章、朱崖、赵国、常山、奉高、真定、临淄、冯翊等郡县名，以及当地出产的各种药物。《尔雅》是周公所撰，然而却说（西周人）'张仲孝敬父母，友爱兄弟'。孔子修订了《春秋》，而《春秋左氏传》中却写到了孔子去世。《世本》是春秋时人左丘明所著，而当中却提到战国时期的燕王喜和汉高祖刘邦。战国成书的《汲冢琐语》，竟然还记载了秦始皇出巡天下时所立的石刻碑文。《苍颉篇》是秦人李斯所著，然而书中却说：'汉朝兼并天下，四海之内统一，陈豨被黥，韩信覆亡，讨伐叛乱消灭残兵。'《列仙传》是西汉人刘向所写，而这本书的《赞》中却说'七十四人出于佛经'；《列女传》也是刘向所著，他的儿子刘歆又为这本书写了《颂》的部分，书中的记录截止到战国时期的赵后，然而这本书的注本中却有了汉朝更始帝的宠姬韩夫人、光武帝的马皇后以及东汉梁夫人嫕。以上所举的例子都是由后人掺杂到书中的内容，并不是那些书的原文。

赏析与点评

古代学者常常喜欢在经典中掺进自己想说的话，没有保护原典完整的意识。本来这也算是一家之言，如校之于原典，自可辨其真伪。唯秦代焚书坑儒后，天下之书几乎毁于一旦，经典只能靠口耳相传，记忆难免有错，以致记录有谬误。譬如，汉朝之经古文学与经今文学之争，千年来争论不休。故此，我们阅读古籍要破除"惟古是信"，并且要稍懂文字学、训诂学，这样才能做到"疑古辨伪"。

或问曰：『《东宫旧事》何以呼「鸱尾」为「祠尾」[1]？』答曰：『张敞者，吴人，不甚稽古[2]，随宜记注，逐乡俗讹谬[3]，造作书字耳。吴人呼「祠祀」为「鸱祀」，故以「祠」代「鸱」字；呼「绀」为「禁」[4]，故以「纟」傍作「禁」代「绀」字；呼「盏」为竹简反，故以「木」傍作「展」代「盏」字；呼「镬」字为「霍」字[5]，故以「金」傍作「霍」代「镬」字；又「金」傍作「患」为「镮」字[6]，「木」傍作「鬼」为「魁」字，「火」傍作「庶」为「炙」字，「既」下作「毛」为「髻」字；金花则「金」傍作「华」，窗扇则「木」傍作「扇」：诸如此类，专辄不少[7]。

注释

1《东宫旧事》：汉张敞所撰，共十卷。

2 稽古：考察古事。

3 讹谬（miù）：讹误错谬，多指文字、训读方面的。

4 绀（gàn）：天青色，深青透红之色。

5 镬（huò）：无足鼎，古时用来煮肉及鱼、腊肉等的器具。

6 镮（huán）：环，泛指圆形物。

7 专辄：专断，专擅。

译文

有人问道："《东宫旧事》为什么把'鸱尾'称为'祠尾'？"回答说："《东宫旧事》的作者张敞是吴郡人，不注重考察古事，随意记录史实，顺随民间时俗的讹传误说，伪造文字罢了。吴地的人称'祠祀'为'鸱祀'，所以张敞用'祠'字来代替'鸱'字；把'绀'字读成'禁'，所以用'纟'字旁加'禁'字来代替'绀'字；把'盏'字读为竹简反，因此用'木'字旁加'展'来代替'盏'字；把'镬'字读成'霍'字，因此用'金'字旁加'霍'字来代替'镬'字；又在'金'字旁加'患'字造'镮'字，在'木'字旁加'鬼'字作为'魁'字，在'火'字旁加'庶'字作'炙'字，在'既'字下面加'毛'字当作'髻'字；金花则在'金'字旁加'华'字，窗扇的'扇'字则是在'木'旁加'扇'：像这样的例子，主观专断的成分很大。

又问：『《东宫旧事》「六色罽緭[1]」，是何等物？当作何音？』答曰：『案：《说文》云：「莙[2]，牛藻也，读若『威』。」《音隐》[3]：「坞瑰反。」即陆机所谓「聚藻，叶如蓬」者也。又郭璞注《三苍》亦云：「蕴，藻之类也，细叶蓬茸生[4]。」然今水中有此物，一节长数寸，细茸如丝，圆绕可爱，长者二三十节，犹呼为「莙」。又寸断五色丝，横着线股间绳之，以象莙草，用以饰物，即名为「莙」；于时当绁六色罽[5]，作此莙以饰绲带[6]，张敞因造「纟」旁「畏耳」，宜作「隈」。』

注释

1 罽（jì）：一种毡类毛织物。

2 莙（jūn）：一种水藻。

3《音隐》：书名。《隋书·经籍志》载有《说文音隐》四卷。

4 蓬：杂乱、松散的样子。

5 绁（xiè）：拴，缚。

6 绲（gǔn）带：以色丝织成的束带。

译文

又问道：“《东宫旧事》中提到的‘六色罽緭’是什么东西？应该是什么读音？”回答说：“据考证：《说文解字》中说：‘莙就是牛藻，读音如“威”字。’《音隐》中的注音是‘坞瑰反’。就是陆机所说的‘聚藻，叶子像蓬草一样’的那种植物。再者郭璞注的《三苍》也说：‘蕴是藻类的一种，叶子的形状细长，上面长着松散的茸毛。’现在的水中生长着这种植物，一节枝茎约长几寸，细细的茸毛像丝一样，随着水流回环缭绕，十分令人喜爱，长的有二三十节，仍然称为‘莙’。另外，将五色丝线截成一寸长，横着加在线股中编成绳子，做成莙草形状，用来装饰物品，这种丝织物就称为‘莙’。那时候应该是编结六色的丝毛，做成这种莙来装饰丝带。张敞就因此造了‘纟’字旁加‘畏’的字，其实应该是‘隈’字。”

柏人城东北有一孤山[1]，古书无载者。唯阚骃《十三州志》以为舜纳于大麓[2]，即谓此山，其上今犹有尧祠焉；世俗或呼为『宣务山』，或呼为『虚无山』，莫知所出。赵郡士族有李穆叔、季节兄弟、李普济[3]，亦为学问，并不能定乡邑此山。余尝为赵州佐，共太原王邵读柏人城西门内碑。碑是汉桓帝时柏人县民为县令徐整所立，铭曰：『山有巏嵍[4]，王乔所仙[5]。』方知此『巏』山也。『巏』字遂无所出。『嵍』字依诸字书，即『旄丘』之『旄』也[6]；『旄』字，《字林》一音亡付反，今依附俗名，当音『权务』耳。入邺，为魏收说之，收大嘉叹。值其为《赵州庄严寺碑铭》，因云：『权务之精』，即用此也。

注释

1 柏人城：古地名。在今河北唐山西。春秋晋地，战国属赵，汉置县。

2 阚（kàn）骃：字玄阴，北魏敦煌人，撰有《十三州志》。

3 李穆叔：即李公绪，他博通经史，撰有《典言》十卷、《礼质疑》五卷、《丧服章句》一卷、《古今略纪》二十卷、《赵纪》八卷、《赵语》十二卷。季节：李公绪之弟李概。

4 巏嵍（quán wù）：尧山，在今河北隆尧西。

5 王乔：即传说中的仙人王子乔。

6 旄丘：前高后低的山丘。

译文

柏人城的东北方向有一座孤山，古书中都没有关于它的记载。只有阚骃的《十三州志》中认为尧曾经纳舜于大麓，麓指的就是这座山，这座山上现在还存有尧的祠堂。世间百姓有的把它叫作“宣务山”，有的称作“虚无山”，不知道这种称呼的由来。赵郡的士大夫中有李穆叔、李季节兄弟和李普济，他们都很有学问，可是都不能确定自己家乡这座山的名称及由来。我曾经担任赵郡的州佐，和太原人王邵一起研读过柏人城西门内的石碑。那块石碑是汉桓帝时的柏人县百姓为县令徐整所立的，上面刻着：“县内有巏嵍山，是王乔成仙的地方。”由此才知道巏嵍就是这座山。“巏”字没有出处，“嵍”字根据字书记载，就是旄丘的“旄”字。“旄”这个字，《字林》注音为亡付反，现在顺从俗名，应当读作“权务”。我到了邺城之后，向魏收说起这件事，魏收大为赞叹。等他撰写《赵州庄严寺碑铭》时，因而写了“权务之精”，就是用了这一典故。

或问：『一夜何故五更？更何所训？』答曰：『汉、魏以来，谓为甲夜、乙夜、丙夜、丁夜、戊夜，又云「鼓」，一鼓、二鼓、三鼓、四鼓、五鼓，亦云一更、二更、三更、四更、五更，皆以「五」为节。《西都赋》亦云：「卫以严更之署[1]。」所以尔者，假令正月建寅[2]，斗柄夕则指寅[3]，晓则指午矣；自寅至午，凡历五辰[4]。冬、夏之月，虽复长短参差，然辰间辽阔，盈不过六，缩不至四，进退常在五者之间。更，历也，经也，故曰五更尔。』

注释

1 严更：督查巡夜的更鼓。

2 建寅：古代的人以北斗星斗柄的运转计算月份，斗柄指向十二辰中的寅即为夏历正月。

3 斗柄：北斗柄。指北斗的第五至第七星，即衡、开泰、摇光三星。北斗，第一至第四星像斗，第五至第七星像柄。

4 五辰：五个时辰。辰，旧时计时的单位，把一昼夜平分为十二段，每段叫作一个时辰，即现在的两个小时。

译文

有人问："一夜为什么划分为五更？更是什么意思？"回答说："汉、魏以来，称为甲夜、乙夜、丙夜、丁夜、戊夜；又称'鼓'，分为一鼓、二鼓、三鼓、四鼓、五鼓；也叫一更、二更、三更、四更、五更，都以'五'为节数。《西京赋》中又说：'卫以严更之署。'之所以这样，是因为假如是正月建寅，北斗星的斗柄会在傍晚指向寅星，早晨就指向午星，从寅转到午，总共经过五个时辰。冬天和夏天，虽然经历的时间长短不一致，然而时辰之间的长短差别，最长的不超过六个时辰，短的不少于四个时辰，或长或短都基本在五个时辰左右。更，就是历、经的意思，所以称五更。"

《尔雅》云：『术[1]，山蓟也[2]。』郭璞注云：『今术似蓟而生山中。』案：术叶其体似蓟，近世文士，遂读『蓟』为『筋肉』之『筋』，以耦『地骨』用之[3]，恐失其义。

注释

1 术：草名，有白术、苍术等数种。

2 山蓟（jì）：术的别名。

3 耦：匹敌，相对。地骨：枸杞的别名。

译文

《尔雅》中说："术，就是山蓟。"郭璞注释说："术长得像蓟草，长在山里。"据考证：术叶的形状像蓟草，近代的文人于是就把"蓟"读成"筋肉"的"筋"，用来和"地骨"对偶，这恐怕不符合它的意思。

或问：『俗名「傀儡子」为「郭秃」[1]，有故实乎[2]？』答曰：『《风俗通》云：「诸郭皆讳秃。」当是前代人有姓郭而病秃者，滑稽戏调，故后人为其象，呼为「郭秃」，犹《文康》象庾亮耳[3]。』

注释

1 傀儡子：即傀儡戏。

2 故实：出处，典故。

3《文康》：又名《礼毕》，舞乐名。在这种舞蹈中，舞者扮演近代的庾亮，因为庾亮的谥号叫文康，故名《文康》。事见《隋书·音乐志下》。

译文

有人问："俗称'傀儡'戏为'郭秃'，有什么典故吗？"我回答说："《风俗通》说：'姓郭的人都忌讳秃字。'这可能是前代有姓郭的人得了秃头病，又喜欢滑稽调笑，所以后人把木偶做成他的样子，称为郭秃，就好像《文康》舞模仿庾亮一样。"

或问曰：『何故名「治狱参军」为「长流」乎[1]？』答曰：『《帝王世纪》云：「帝少昊崩[2]，其神降于长流之山，于祀主秋。」案：《周礼·秋官》，司寇主刑罚、长流之职，汉、魏捕贼掾耳[3]。晋、宋以来，始为参军，上属司寇，故取秋帝所居为嘉名焉[4]。』

注释

1 长流：指治狱参军，也称长流参军，司禁防。

2 少昊：也称“少皞”。传说中古代东夷首领，名挚（一作质），号金天氏。东夷曾以鸟为图腾，相传少昊曾以鸟名为官名，传说他死后成为西方之神。

3 掾（yuàn）：官府中辅佐官吏的通称。

4 嘉名：美名。

译文

有人问：“为什么称治狱参军叫长流呢？”我回答说：“《帝王世纪》说：‘少昊帝死了以后，他的神灵降至长流山上，在这里主持秋祭。’据考证：《周礼·秋官》说：‘司寇主刑罚、长流的职务，就是汉、魏时期的捕贼掾。两晋、刘宋以来，朝廷才开始称此为参军之职，向上归属于司寇管辖，因此用秋帝少昊住的地方作为它的美称。’”

客有难主人曰：『今之经典，子皆谓非，《说文》所言，子皆云是，然则许慎胜孔子乎？』主人拊掌大笑[1]，应之曰：『今之经典，皆孔子手迹耶？』客曰：『今之《说文》，皆许慎手迹乎？』答曰：『许慎检以六文[2]，贯以部分[3]，使不得误，误则觉之。孔子存其义而不论其文也。先儒尚得改文从意，何况书写流传耶？必如《左传》「止戈」为「武」，「反正」为「乏」，「皿虫」为「蛊」，「亥」有「二首六身」之类，后人自不得辄改也，安敢以《说文》校其是非哉？且余亦不专以说文为是也，其有援引经传，与今乖者，未之敢从。又相如《封禅书》曰：「导一茎六穗于庖，牺双觡共抵之兽[4]。」此「导」训「择」，光武诏云：「非徒有豫养导择之劳」是也。而《说文》云：「导是禾名。」引《封禅书》为证；无妨自当有禾名导，非相如所用也。「禾一茎六穗于庖」，岂成文乎？纵使相如天才鄙拙，强为此语；则下句当云「麟双觡共抵之兽」，不得云「牺」也。吾尝笑许纯儒[5]，不达文章之体，如此之流，不足凭信。大抵服其为书，隐括有条例[6]，剖析穷根源，郑玄注书，往往引以为证；若不信其说，则冥冥不知一点一画[7]，有何意焉。』

注释

1 拊（fǔ）掌：拍手，鼓掌。表示欢乐或愤激。

2 检：考察，察验。六文：指六书。

3 贯以部分：按部首分类，分别部居。

4 骼（gé）：骨角。

5 纯儒：纯粹的儒者。

6 隐括：用以矫正邪曲的器具，引申为标准、规范。

7 冥冥：懵懂无知的样子。

译文

有位客人责难主人说："现在流传的经书典籍中的文字，你都说是错误的，而《说文解字》对文字的解释，你认为都是正确的，这样说来，难道许慎比孔子高明吗？"主人拍手大笑，回答说："现在的经典都是孔子的手迹吗？"客人反问道："现在的《说文解字》都是许慎的手迹吗？"回答说："许慎依据六书来分析字形解释字义，将文字按部首分类，使文字的形、音、义都没有错误，一旦有错误就能发现错在何处。孔子校订经书，重视经书的文章大意，而不推究文字。前代的学者尚且还得改动文字以顺从文意，何况又经过了众人的抄写流传？必定像《左传》中的'止戈'为'武'，'反正'为'乏'，'皿虫'为'蛊'，'亥'有'二首六身'这种明确地说出字体结构的情况，后人自然无法随意改变，我又怎么敢用《说文解字》去考校这种说法的对与错呢？况且我也不认为《说文解字》是完全正确的，书中引用的典籍原文，如果与现在通行的典籍有出入，我也不敢盲目依从。例如司马相如的《封禅书》中说：'导一茎六穗于庖，牺双角共抵之兽。'这里的'导'解释成'择'，汉光武帝的诏书说：'非徒有豫养导择之劳'中的'导'也是这种情况。而《说文解字》却解释说：'导是一种禾的名字'，并且引用《封禅书》作为例证；或许真的有一种禾名叫'导'，但那并不是司马相如《封禅书》中所用的'导'。如果照许慎的解释，那就是'禾一茎六穗于庖'，这个句子还能讲得通么？纵然是司马相如天生粗鄙拙劣，生硬地写出这种句子，那么下句就应该写成‘麟双觡共抵之兽’，而不会说‘牺双觡共抵之兽’。我曾经说笑许慎是个纯粹的儒生，不懂得文学作品的体裁和风格，像这一类的例证，就不足信赖。我基本上还是信服许慎写的这本《说文解字》，书中对文字的分类有明确的体例，通过分析字的形体来探求字的本义。郑玄注释经书时，常常引用《说文解字》作为论据；如果不相信许慎的学说，就会稀里糊涂不懂得字的形体结构，这样即使饱读经书典籍，又有什么意义呢？”

世间小学者，不通古今，必依小篆，是正书记[1]；凡《尔雅》、《三苍》、《说文》，岂能悉得苍颉本指哉[2]？亦是随代损益，互有同异。西晋已往字书，何可全非？但令体例成就，不为专辄耳。考校是非，特须消息[3]。至如『仲尼居』，三字之中，两字非体，《三苍》『尼』旁益『丘』，《说文》『尸』下施『几』：如此之类，何由可从？古无二字[4]，又多假借，以『中』为『仲』，以『说』为『悦』，以『召』为『邵』，以『閒』为『閑』：如此之徒，亦不劳改。自有讹谬，过成鄙俗，『亂』旁为『舌』，『揖』下无『耳』，『黿』、『鼉』从『龟』，『奮』、『奪』从『雚[5]』，『席』中加『带』，『恶』上安『西』，『鼓』外设『皮』，『鑿』头生『毁』，『離』则配『禹』，『壑』乃施『豁』，『巫』混『經』旁，『皋』分『澤』片，『獵』化为『獦[6]』，『寵』变成『竉[7]』，『業』左益『片』，『靈』底著『器』，『率』字自有『律』音，强改为别；『单』字自有善音，辄析成异：如此之类，不可不治。吾昔初看《说文》，蚩薄世字[8]，从正则惧人不识，随俗则意嫌其非，略是不得下笔也。所见渐广，更知通变，救前之执，将欲半焉。若文章著述，犹择微相影响者行之[9]，官曹文书，世间尺牍[10]，幸不违俗也。[11]

注释

1 是正：订正，校正。书记：书本。

2 本指：原意。

3 消息：斟酌。

4 二字：指一个字有两个形体，两种写法。

5 雚（guàn）：水鸟名。

6 獵（liè）：指打猎，捕捉禽兽。

7 寵（lǒng）：孔，洞。

8 蚩薄：讥嘲鄙薄。蚩，通“嗤”，嘲笑，讥笑。

9 微相影响：稍微近似。

10 尺牍：信札，书信。

11 本段中繁体字“閑、亂、奮、奪、鑿、離、經、澤、獵、寵、業、靈”分别是今之简体字“闲、乱、奋、夺、凿、离、经、泽、猎、宠、业、灵”，为使本段符合原意，故保留繁体字。——编者注

译文

世上那些研究文字学的学者，不明白古今字体的演变规则，必定依据小篆的形体来校正现在的文字。只是，《尔雅》、《三苍》、《说文解字》等书，哪能尽得苍颉所造字体的本意呢？这些字书也是随着时代的发展而有所变化，相互之间有同有异的。西晋以前的字书，怎么能够全部加以否定呢？只要它能使体例完备，不随意妄为就行了。考订校对文字的对错，尤其需要仔细斟酌。像“仲尼居”，三个字中，就有两个字不合正体。《三苍》中的“尼”字旁边多了个“丘”字，《说文解字》中的“尼”是在“尸”字下面加“几”字：像这样的情况，怎么能够盲目依从呢？古时候不存在一个字有两种形体这种情况，同时有很多假借的现象，把“中”字假借成“仲”字，把“说”字假借成“悦”字，把“召”字假借成“邵”字，用“閒”字来假借“閑”字。像这种情况的字，也不用更改。自然

也有讹误错谬的文字，这些错误形成了鄙陋的习俗。如把“亂”字的偏旁写成“舌”，“揖”字下面没有“耳”字，将“黿”字、“鼍”字写成“龟”字旁，将“奮”字和“奪”字写成“雚”字旁，在“席”字中加“带”字，在“恶”字上面写“西”字，在“鼓”外部加“皮”字，“鑿”字的顶部写成“毁”字，将“離”字（左边）配上“禹”字，“壑”字居然加了“豁”字，“巫”字和“經”字的部首相混，“皋”字写成“澤”的半边，“獵”字变成了“獦”字，“寵”字变成“竈”字，“業”字的左边加了“片”字，“靈”字的底下写成“器”字，“率”字本就有读成“律”的时候，非得改成别的字；“单”字本来就有“善”这个读音，往往被分析成别的读音。像这样的情况，不能不修改。我过去初读《说文解字》的时候，很鄙薄这些通行的俗字，按照正体写怕别人不认识，顺从时俗写字，自己心里又厌恶写错字，可是不用这些字又没法下笔。随着见识日渐广博，我才懂得适时变通，纠正以前用字时的过分拘泥，打算取二者中间。要是撰写文章，就选择稍微近似的字来用；要是写官府公文及与别人来往的书信，就不违背通行的用字习惯了。

案：弥亙字从二间舟[1]，《诗》云：「亙之秬秠」是也[2]。今之隶书，转「舟」为「日」；而何法盛《中兴书》乃以「舟」在「二」间为舟「航」字，谬也。《春秋说》以「人十四心」为「德」，《诗说》以「二在天下」为「酉」，《汉书》以「货泉」为「白水真人」[3]，《新论》以「金昆」为「银」[4]，《国志》以「天上有口」为「吴」[5]，《晋书》以「黄头小人」为「恭」[6]，《宋书》以「召刀」为「邵」[7]，《参同契》以「人负告」为「造」[8]：如此之例，盖数术谬语，假借依附，杂以戏笑耳。如犹转「贡」字为「项」，以「叱」为「匕」，安可用此定文字音读乎？潘、陆诸子《离合诗》、《赋》，《栻卜》、《破字经》[9]，及鲍昭《谜字》[10]皆取会流俗，不足以形声论之也。

注释

1 亙（gèn）：假借为“亘”字。

2 秬秠（jù pī）：秬是黑黍的大名。秠是黑黍中一稃二米者。

3 白水真人：汉代钱币“货泉”的别称。

4 金昆：指银子。

5《国志》：即晋陈寿所著《三国志》。

6 黄头小人：隐语，指“恭”字。《宋书·五行志二》：“王恭在京口，民间忽云：‘黄头小人欲作贼，阿公在城下，指缚得。’又云：‘黄头小人欲作乱，赖得金刀作蕃扞。’‘黄’字上，‘恭’字头也。‘小人’，‘恭’字下也。”

7 召刀：隐语，指“劭”字。见《南史·列传第四》：“初命之曰劭，在文为召刀，后恶焉，改刀为力。”

8《参同契》：全名《周易参同契》，是最早有系统地论述道教炼丹的书。

9《离合诗》：杂体诗名，实际是文字游戏。常见之一种是拆开字形合成诗句。汉魏六朝时已有这类诗。《栻（shì）卜》：占卜书名。古代占卜时的器具，后称为星盘。《破字经》：书名。破字，即拆字，以汉字加减笔划，拆开偏旁或打乱字体结构，加以附会，以推算吉凶。

10《谜字》：即《字谜》，鲍照所作。

译文

据考证：“弥亙”的“亙”字，从属于“二”字当中加“舟”字，《诗经》里说的：“亙之秬秠”的“亙”就是这个字。现在的隶书，把“二”字中间的“舟”字转化成了“日”字；而何法盛的《晋中兴书》中竟然认为“舟”字加在“二”字中间所组成的字是“航”字，这是谬误。《春秋说》中以“人十四心”作“德”字，《诗说》中以“二在天下”暗指“酉”字，《汉书》中把“货泉”称为“白水真人”，《新论》之中以“金昆”暗指“银”字，《三国志》中用“天上有口”暗指“吴”字，《晋书》当中用“黄头小人”暗指王恭的“恭”字。《宋书》当中用“召刀”暗指“劭”字，《周易参同契》中以“人负告”暗指“造”字：像这样的例子，都是术数附会的荒谬说法，假借别的字来附会己意，混杂乱说用来游戏取乐罢了。就好像把“贡”字转化为“项”字，把“叱”字当作“匕”字，哪能根据这些说法来确定文字的读音呢？潘岳、陆机等人所写的《离合诗》、《赋》、《栻卜》、《破字经》，以及鲍昭的《谜字》，都是迎合社会流俗而创作的作品，根本不配用形声造字的方法理论来评价它们。

河间邢芳语吾云：『《贾谊传》云：「日中必熭[1]。」注：「熭，暴也。」曾见人解云：「此是暴疾之意，正言日中不须臾，卒然便昃耳[2]。」此释为当乎？』吾谓邢曰：『此语本出太公《六韬》，案字书，古者「暴晒」字与「曓疾」字相似[3]，唯下少异，后人专辄加傍「日」耳。言日中时，必须曝晒，不尔者，失其时也。晋灼已有详释[4]。』芳笑服而退。

注释

1 熭（wèi）：晒干，烤干。

2 昃（zè）：指日西斜。

3 曓：“暴”的异体字。

4 晋灼：河南人，晋尚书郎，有《汉书音义》十七卷。

译文

河间人邢芳对我说：“《汉书·贾谊传》里说：‘日中必熭’，注释说：‘熭，就是暴的意思。’我曾经见到别人解释说：‘这是迅猛的意思，就是说正午的时间不长，太阳很快就西斜了。’这个解释合适么？”我对邢芳说：“这句话本来出自姜太公的《六韬》，考证字书中的说法，古时候‘暴晒’的‘暴’字和‘暴疾’的‘曓’字形体相似，只是下半部分有点不同，后人擅自给“暴”字加了‘日’字旁。这句话的意思是说太阳正午的时候一定要把物品晾晒在阳光下，不这样的话，就错过了适宜的时间。晋灼对此已经有过详细的解释。”邢芳心悦诚服地回去了。

赏析与点评

孟子说："尽信书，不如无书。"这是考证应有的态度。第一，中国古代印刷术并不发达，经典流传日久，难免缺字失义，自不可全信；第二，一个人就算有天纵之资，其识见仍然有限，不可能读遍天下书，明白天下事。作者鼓励人们抱持大胆提出疑问，小心考镜源流的态度，必须"大抵服其为书，隐括其条例，剖析穷根源"。作者这种态度，是真正做学问的表现，首先要道出问题所在，然后分析各种可能性，最后道出何为最佳，可见作者的胸襟、学问和识见，可为后世效法。

卷 卷七 七

卷七

卷七

音辞第十八

本篇导读

颜之推擅长于研究文字、声韵、校勘之学，而本篇就是他对语言和声韵学的专论。他认为自古以来，各地的方言就存在种种差异。由于作者曾遍历南北各地，所以他对南北语音都很熟悉。自东汉以后的数百年，洛阳音成为北方语音的“正音”，而南方在晋室南渡后，掺有洛阳音的建康音是江南地区的“正音”。颜之推认为应正视当时因南北对峙所造成的差异，同以洛阳音、建康音为“正音”，以此来讨论历代韵书、字书的得失。颜氏的声韵之学对后世影响甚大。

夫九州之人，言语不同，生民已来，固常然矣。自《春秋》标齐言之传，《离骚》目楚词之经，此盖其较明之初也。后有扬雄著《方言》，其言大备[1]。然皆考名物之同异[2]，不显声读之是非也。逮郑玄注『六经』，高诱解《吕览》、《淮南》，许慎造《说文》，刘熹制《释名》[3]，始有譬况假借以证音字耳[4]。而古语与今殊别，其间轻重清浊，犹未可晓；加以内言外言[5]、急言徐言[6]、读若之类[7]，益使人疑。孙叔言创《尔雅音义》，是汉末人独知反语。至于魏世，此事大行[8]。高贵乡公不解反语[9]，以为怪异。自兹厥后，音韵锋出，各有土风[10]，递相非笑[11]，指马之谕[12]，未知孰是。共以帝王都邑，参校方俗，考核古今，为之折衷。搉而量之，独金陵与洛下耳。南方水土和柔，其音清举而切诣[13]，失在浮浅，其辞多鄙俗。北方山川深厚，其音沉浊而鈋钝[14]，得其质直，其辞多古语。然冠冕君子，南方为优；闾里小人，北方为愈。易服而与之谈，南方士庶，数言可辩；隔垣而听其语[15]，北方朝野[16]，终日难分。而南染吴、越，北杂夷虏，皆有深弊，不可具论。其谬失轻微者，则南人以『钱』为『涎』，以『石』为『射』，以『贱』为『羡』，以『是』为『舐』；北人以『庶』为『戍』，以『如』为『儒』，以『紫』为『姊』，以『洽』为『狎』。如此之例，两失甚多。至邺已来，唯见崔子约、崔瞻叔侄，李祖仁、李蔚兄弟，颇事言词，少为切正[17]。李季节著《音韵决疑》，时有错失；阳休之造《切韵》，殊为疏野。吾家儿女，虽在孩稚，便渐督正之；一言讹替[18]，以为己罪矣。云为品物，未考书记者，不敢辄名，汝曹所知也。

注释

1 备：完备，齐备。

2 名物：事物的名称、特征等。

3《释名》：书名，汉代刘熙所撰，书共八卷，以同声相谐，推论称名辨物之意。

4 譬况：古代的一种注音方法，即用近似的字来比照说明某个字的发音。

5 内言外言：古代注家譬况字音用语。所谓内外，是指韵之洪细而言，内言发洪音，外言发细音。

6 急言：汉代注家譬况字音用语。与“缓言”、“徐言”对言。有i[i]介音的细音字，因发音时口腔的气道先窄而后宽，肌肉先紧而后松，其音急促，故名。徐言：缓言，缓气言之。

7 读若：古代注音用语。

8 大行：广为推行，普遍流行。

9 高贵乡公：指曹髦，魏文帝曹丕之孙。

10 土风：土音方言。

11 递相非笑：互相讥笑。

12 指马：战国时公孙龙提出“物莫非指，而指非指”、“白马非马”等命题，讨论名与实之间的关系。《庄子·齐物论》则谓“以指喻指之非指，不若以非指喻指之非指也，以马喻马之非马，不若以非马喻马之非马也。天地一指也，万物一马也。”认为世界是一个统一体，应各任自然，不分彼此、是非、长短、多少。后以“指马”为争辩是非、差别的代称。

13 清举：声音清脆而悠扬。切诣（yì）：发音迅急。

14 讹（é）钝：浑厚，不尖锐。

15 垣（yuán）：矮墙。

16 朝野：朝廷与民间，这里指官员和普通百姓。

17 切正：切磋相正。

18 讹替：谬误差错。

译文

九州范围内的百姓，言语互不相同，从人类诞生以来，就一向如此。自从《春秋》有了标明齐地方言的传本，《离骚》被视为楚地的歌谣，这大概是古人明白各地语言存在差异的开始。后来扬雄写了《方言》这本书，其中关于各地方言不同的论述非常完备。然而这本书中的内容都是考证事物名称的异同，并不能显示出读音的对或错。到了郑玄注释《六经》，高诱注解《吕氏春秋》、《淮南子》，许慎撰写《说文解字》，刘熹写《释名》的时候，才开始用譬况或假借的方法来为音同或音近的字注音。然而古代的读音和现代的发音很不同，其中语音的轻重、清浊，还不能明了；再加上他们注音时所用的内言、外言，急言、徐言，读若之类的说法，更加让人迷惑。孙叔言撰写了《尔雅音义》，他是汉朝末年中唯一一个懂得反切注音法的人。到了曹魏时期，用反切来为汉字注音的方法大行于世。高贵乡公曹髦因不懂这种反切注音法，被当时的人看作是一件怪异的事。从此之后，关于音韵的书纷纷出现，这些书各自记录不同地区的方言，相互嘲讽讥笑，彼此展开争辩，不知道到底哪种说法才是正确的。后来大家都用帝王都城所在地区的语音，参考比较各地的方言俗语，研究考证古今读音，制定准则来调和这些争执。经过斟酌和权衡，大家认定建康音和洛阳音能够代表南北地区的发音标准。南方地区水土柔和，语音清亮悠扬而发音急切，不足之处在于发音浅而浮，言辞大多鄙陋粗俗。北方地区山高水深，语音低沉浊重而浑厚，长处是质朴平实，言辞中保留了很多古语。然而就士大夫的言谈水平而论，南方优于北方；而从市井百姓的说话水平来看，则北方胜过南方。假如给两个不同阶层的人交换了服装让他们交谈，南方的士大夫和平民，只须听他们说几句话便可分辨出他的真正身份。隔着墙壁听人家说话，若是谈话的是北方的官员和百姓，即使听一天也难以区分二人的身份。然而南方地区的语言沾染了吴语、越语的语音，北方话夹杂着蛮夷外族的语言，二者都存在着很大的弊病，这里不能具体论述。有些情况错在发音过于轻微，例如南方人把“钱”读作“涎”，把“石”读作“射”，把“贱”读作“羡”，把“是”读作“舐”；北方人把“庶”读作“戍”，把“如”读作“儒”，把“紫”读作“姊”，把“洽”读作“狎”。像例子中所说的这种情况，南方与北方都错得很多。我到邺城以来，只知道崔子约、崔瞻叔侄二人，李祖仁和李蔚兄弟俩对语言略有研究，可以互相切磋补正。李季节写《音韵决疑》，经常出现差错；阳休之所撰的《切韵》，十分粗略草率。我家的儿女，纵然年龄还很小，我已逐步纠正他们的发音，他们若是有一个字说得不对，我就认为那是我的过错。所有物品，没有在书籍记录中得到考证，我就不敢随便称呼，这些都是你们知道的事情。

古今言语，时俗不同；著述之人，楚、夏各异。《苍颉训诂》[1]，反「稗」为「逋卖」，反「娃」为「于乖」；《战国策》音「刎」为「免」，《穆天子传》音「谏」为「间」；《说文》音「戛」为「棘」，读「皿」为「猛」；《字林》音「看」为「口甘反」，音「伸」为「辛」；《韵集》以成、仍、宏、登合成两韵，为、奇、益、石分作四章；李登《声类》以「系」音「羿」，刘昌宗《周官音》读「乘」若「承」；此例甚广，必须考校。前世反语，又多不切，徐仙民《毛诗音》反「骤」为「在遘」，《左传音》切「椽」为「徒缘」，不可依信，亦为众矣。今之学士，语亦不正；古独何人，必应随其讹僻乎[2]？《通俗文》曰：「入室求曰搜。」反为「兄侯」。然则「兄」当音「所荣反」。今北俗通行此音，亦古语之不可用者。玙璠[3]，鲁人宝玉，当音「余烦」，江南皆音「藩屏」之「藩」。「岐」山当音为「奇」，江南皆呼为「神祇」之「祇」。江陵陷没，此音被于关中，不知二者何所承案。以吾浅学，未之前闻也。

注释

1《苍颉训诂》：书名，后汉杜林所撰。

2 讹僻：讹误。

3 玙璠（yú fán）：美玉。

译文

古今的语言，因为时俗习惯的差异而有所不同；撰述文章的人，也是南楚北夏各不相同。《苍颉训诂》中给“稗”注的音是“逋卖反”，给“娃”注的音是“于乖反”；《战国策》把“刎”读成“免”；《穆天子传》给“谏”注音为“间”；《说文解字》将“戛”注音为“棘”，将“皿”读作“猛”；《字林》中给“看”注的音是“口甘反”，把“伸”注音为“辛”；《韵集》中把“成”、“仍”、“宏”、“登”合为两个韵，又把“为”、“奇”、“益”、“石”分入四个韵部；李登的《声类》用“系”给“羿”注音；刘昌宗的《周官音》将“乘”读若“承”；这些例子有很多，必须注意考证校正。前代的反切注音，又有很多是不准确的。徐仙民的《毛诗音》中将“骤”的读音注为“在遘反”，《左传音》中将“椽”注为“徒缘切”，这些不能信从的例子也是很多的。现在的学者，注音也有不正确的。古人是什么人，后人一定要沿袭他们的错误吗？《通俗文》中说：“入室求曰搜。”作者将“搜”注为“兄侯反”。如果是这样的话，那么“兄”就应该读作“所荣反”。现在北方民间通行这个读音，这也是古代语言中不能沿用的例子。玙璠，是鲁国的宝玉，应该读成“余烦”，江南地区的人都把“璠”读成“藩屏”的“藩”。“岐山”的“岐”应该读作“奇”，江南地区的人都将它读作“神祇”的“祇”。江陵陷落以后，这两种读音在关中普遍流传，不知道它们的依据是什么。因为我才疏学浅，还没有听说过。

北人之音，多以『举』、『莒』为『矩』；唯李季节云：『齐桓公与管仲于台上谋伐莒，东郭牙望见桓公口开而不闭，故知所言者莒也。然则莒、矩必不同呼[1]。』此为知音矣[2]。

注释

1 呼：音韵学名词。汉语音韵学家依据口、唇的形态将韵母分为开口呼、齐齿呼、合口呼、撮口呼四类，合称四呼。

2 知音：懂得音韵的人。

译文

北方人的语音，经常把“举”、“莒”读成“矩”；只有李季节说：“齐桓公与管仲在台上商议讨伐莒国的事情时，东郭牙远远望见桓公说话的时候嘴张开而不合上，因而知道他们谈论的对象是莒国。这样的话，那么‘莒’、‘矩’二字的发音方法必定有开口、合口的不同。”他是懂音韵的人。

夫物体自有精粗，精粗谓之好恶[1]；人心有所去取，去取谓之好恶[2]。此音见于葛洪、徐邈。而河北学士读《尚书》云好生恶杀[3]。是为一论物体，一就人情，殊不通矣。

注释

1 好恶（hǎo è）：好坏。

2 好恶（hào wù）：喜好与嫌恶。

3 好（hào）生恶（wù）杀：爱惜生灵，厌恶杀生。河北地区的学者可能是读成了好（hǎo）生恶（è）杀，所以颜之推认为他们读错了。

译文

物体本身有精良、粗劣的分别，精粗也就是好恶；人的心意对事物有舍弃或保留，这种舍弃或保留的心理就是好恶。后一种好恶的读音见于葛洪和徐邈的著作。而黄河以北地区的读书人在读《尚书》时却将“好（hào）生恶（wù）杀”读作“好（hǎo）生恶（è）杀”。这两种读音一种是评论物体质地的，一种是表达人类情绪的，将这两种读音混为一谈实在是说不通。

赏析与点评

广东话有九声六调，分别是阴平、阴上、阴去、阴入、中入、阳平、阳上、阳去、阳入。有些字，虽为同一个字，但在不同的声调下就有不同的意思，如“衣”，表示衣服时，读“依”，可是成语“衣锦还乡”的“衣”，却读“意”；同样，“靓仔”与“嚫仔”读音相差不远，“靓”是第六声，“嚫”却是第一声，两者意思迥然不同。近年，香港提倡正音正字运动，而香港中学文凭试的中文科亦有测试语音的朗读部分，目的是让人懂得朗读正确读音，有助理解字词的意思。

甫者，男子之美称，古书多假借为『父』字；北人遂无一人呼为『甫』者，亦所未喻[1]。唯管仲、范增之号[2]，须依字读耳。

注释

1 喻：知晓明白。

2 管仲、范增之号：管仲号仲父，范增号亚父。

译文

“甫”是男子的美称，古代写的时候多通假为“父”字；北方人竟然没有一个人将假借为“甫”的“父”字读成“甫”，这是因为他们不明白二者的通假关系。只有管仲（仲父）和范增（亚父）二人名号中的“父”字应该依本字而读。

案：诸字书，焉者鸟名，或云语词[1]，皆音『于愆反』。自葛洪《要用字苑》分焉字音训：若训『何』训『安』，当音『于愆反』，『于焉逍遥』、『于焉嘉客』、『焉用佞』、『焉得仁』之类是也；若送句及助词，当音『矣愆反』，『故称龙焉』，『故称血焉』，『有民人焉』，『有社稷焉』，『托始焉尔』，『晋、郑焉依』之类是也。江南至今行此分别，昭然易晓；而河北混同一音，虽依古读，不可行于今也。

注释

1 语词：即“语辞”，文言虚词。

译文

据考证：各种字书都认为“焉”是鸟名，也有说是虚词，都注音为“于愆反”。自葛洪的《要用字苑》起，才开始区别“焉”字的读音和意义：如果解释作“何”、“安”，就应该读作“于愆反”，“于焉逍遥”、“于焉嘉容”、“焉用佞”、“焉得仁”之类的句子就是这样；如果“焉”字是用作句末语气词及结构助词，就应该读作“矣愆反”，“故称龙焉”、“故称血焉”、“有民人焉”、“有社稷焉”、“托始焉尔”，“晋、郑焉依”这类句子就是如此。江南地区至今沿用这种不同读音，字的意思非常明了易懂；而黄河以北地区把两种读音混为一种，这虽然遵从古音，却不能用在如今的世代。

邪者，未定之词[1]。《左传》曰：『不知天之弃鲁邪？抑鲁君有罪于鬼神邪？』《庄子》云：『天邪地邪？』《汉书》云：『是邪非邪？』之类是也。而北人即呼为也，亦为误矣。难者曰：『《系辞》云：「乾坤，易之门户邪？」此又为未定辞乎？』答曰：『何为不尔！上先标问，下方列德以折之耳[2]。』

注释

1 未定之词：即疑问词。

2 折：判断；裁决。

译文

“邪”是表示疑问的语气词。《左传》说：“不知天之弃鲁邪？抑鲁君有罪于鬼神邪？”《庄子》上说：“天邪地邪？”《汉书》说：“是邪非邪？”这些例子中的“邪”字就是这种用法。不过北方人却把“邪”字读作“也”，这就错了。有人诘难我说：“《系辞》里说：‘乾坤，易之门户邪？’这个‘邪’字难道也是疑问语气词吗？”我回答说：“为什么不是呢？前面先提出问题，后面才到列举乾坤之德来作裁断啊。”

江南学士读《左传》，口相传述，自为凡例，军自败曰『败』，打破人军曰『败』。诸记传未见『补败反』，徐仙民读《左传》，唯一处有此音，又不言自败、败人之别，此为穿凿耳。

译文

江南地区的学子读《左传》，是靠口授递相传述的，他们自行制定了一套音读章法，军队自己溃败说“败”，打败对方军队也说“败”。各种记载和传本中都没有见过“补败反”这个注音。徐仙民读《左传》的时候，只在一处注了这个读音，并没有说自败和打败别人的分别，这就是牵强附会了。

古人云：『膏粱难整[1]。』以其为骄奢自足，不能克励也[2]。吾见王侯外戚，语多不正，亦由内染贱保傅[3]，外无良师友故耳。梁世有一侯，尝对元帝饮谑，自陈『痴钝』，乃成『飔段』[4]，元帝答之云：『飔异凉风，段非干木。』谓『郢州』为『永州』，元帝启报简文，简文云：『庚辰吴入[5]，遂成司隶[6]。』如此之类，举口皆然。元帝手教诸子侍读[7]，以此为诫。

注释

1 膏粱：指富贵人家及其后嗣。

2 克励：克制私欲，力求上进。

3 保傅：古代保育、教导太子等贵族子弟及未成年帝王、诸侯的男女官员，统称为保傅。

4 飔（sī）：凉风。

5 庚辰吴入：指的是春秋时期吴国军队攻入楚国郢都的事。《春秋》记载："定四年冬十有一月庚午，蔡侯以吴子及楚人战于柏举，楚师败绩，楚囊瓦出奔郑。庚辰，吴入郢。"简文帝此处故意省略了"郢"字。

6 司隶：指东汉司隶校尉鲍永，简文帝此处暗用"永"字。

7 侍读：古代官名。其职责是陪侍帝王读书论学或为皇子等授书讲学。南北朝、唐、宋诸王属官，有侍读，侍讲。

译文

古人说过："整天享用精美食物的人，他们的品行很少是端正的。"这是因为他们的生活自满骄横奢侈，不能克制勉励自己。我见到的王侯外戚，语音多数都不标准，这是因为他们在内受到那些下贱保傅的熏染，在外又没有良师益友的缘故。梁朝有一位侯爵，曾经和梁元帝一起饮酒玩笑，他自称"痴钝"，却把这两个字读成了"飔段"。元帝回答他说："你说的这个'飔'不是凉风，'段'也不是段干木。"他还把"郢州"说成"永州"。元帝把这件事告诉了简文帝，简文帝说："庚辰日吴人攻入的地方，竟然变成了后汉的司隶校尉。"像这种发音不准的例子，那些王公贵戚众口皆然。元帝亲自为诸位皇子授书讲学时，就以此事来告诫他们。

河北切『攻』字为『古琮』，与『工』、『公』、『功』三字不同，殊为僻也。比世有人名暹[1]，自称为『纤』；名琨，自称为『衮』；名洸，自称为『汪』；名勬，自称为『獡』[2]。非唯音韵舛错[3]，亦使其儿孙避讳纷纭矣。

注释

1 暹（xiān）：太阳升起。

2 獡（shuò）：相惊的样子。

3 舛（chuǎn）错：差错，不正确。

译文

黄河以北地区的人将“攻”字注音为为“古琮切”，与“工”、“公”、“功”三字的读音不同，这是十分错误的。近代有人名叫“暹”，他自己将“暹”读成“纤”；有人名叫“琨”，他自己将“琨”读成“衮”；有人名叫“洸”，他自己将“洸”读成“汪”；有人名叫“勬”，他自己将“勬”读成“獡”。这不仅在音韵上有错误，也使子孙后代的避讳变得纷繁杂乱了。

赏析与点评

香港近年根据古籍古音推行“正音运动”，这本是好事。唯不少字的读音习非成是，年长日久。至于“正音”多是照搬经典古籍，启用一些废弃不用的古音，我们应该使用这些古音，还是注重实际情况，根据完整可稽查的文献，在不影响沟通的前提下，矫正错的读音？这是个难题。语言是演变的，正如颜之推所言：“古语与今殊别”。现在提倡正音的人根据的是《广韵》、《集韵》等书，而这些书的记录方式是反切，反切其实无法准确地记录某字的读音，比如“滩”字是“他丹切”，那么也只能说明“滩”字的声母与“他”相同，“滩”字的韵母与“丹”相同，却不能证明“滩”字的声母在古时真的读[t]，“丹”字的韵母真的读[an]。所以，说来说去，根据《广韵》的反切，我们只能知道字与字之间的异同关系，却不能知道这些字在古时的真正读音。就是说根据所谓古代权威的读音字典如《广韵》和《集韵》，还是读不出某字在古时的读音，因此对于正音，除非一些俗音的确影响人们对某字或某词的理解，否则最重要的是看大部分人约定俗成的读音。

杂艺第十九

本篇导读

作者在这一篇主要讨论了书法、绘画、骑射、博弈、投壶、算术、医学等技艺，他认为这些事情或者可以修身，或者可以怡情，或者可以有助于日常生活。不过，作者对这些技艺持着“微须留意”的态度，认为不可专精，否则不仅可能玩物丧志，更可能会因此而被人役使。通过作者的叙述，我们可以从中窥视晋宋以来这些“杂艺”的发展水平，进而增加我们对这时期的社会生活的认识。

真草书迹[1]，微须留意。江南谚云：『尺牍书疏，千里面目也。』承晋、宋余俗，相与事之，故无顿狼狈者。吾幼承门业，加性爱重，所见法书亦多，而玩习功夫颇至，遂不能佳者，良由无分故也。然而此艺不须过精。夫巧者劳而智者忧，常为人所役使，更觉为累；韦仲将遗戒[2]，深有以也。

注释

1 真草：书体名，真书和草书。真书，即楷书。

2 韦仲将：魏代书法家。《世说新语·巧艺》中说魏明帝兴造宫殿，命韦仲将登梯题字，韦仲将累得鬓发斑白，因此告诫子孙不要学书法。

译文

楷书、草书等书法技艺，是要稍加留意的。江南的谚语说："一封短信，就是千里之外给人看的面目。"现在的人继承了东晋和刘宋以来的风气，都用功学习书法，因此在这方面从没有突然感到为难窘迫的时候。我自小继承家传的学业，加上本身也很爱好书法，看过的书法字帖也很多，而且在临摹玩味上也下了不少功夫，最终还是不能达到很高的水平，大概是因为缺少天分的缘故。然而这门技艺没有必要学得太精深。巧者多劳，智者多忧，若因此而常被人家支使，反而会令精通书法成为一种负累。魏代书法家韦仲将给儿孙留下"不要学书法"的训诫，是很有道理的。

王逸少风流才士，萧散名人[1]，举世惟知其书，翻以能自蔽也。萧子云每叹曰：『吾著《齐书》，勒成一典，文章弘义[2]，自谓可观；唯以笔迹得名，亦异事也。』王褒地胄清华[3]，才学优敏，后虽入关，亦被礼遇。犹以书工，崎岖碑碣之间，辛苦笔砚之役，尝悔恨曰：『假使吾不知书，可不至今日邪？』以此观之，慎勿以书自命。虽然，厮猥之人[4]，以能书拔擢者多矣[5]。故道不同不相为谋也。

注释

1 萧散：犹潇洒。形容举止、神情、风格等自然，不拘束，闲散舒适。

2 弘义：大义，正道。

3 地胄（zhòu）：南北朝时，称皇族帝室为“天潢”，世家豪门为“地胄”，后亦泛指门第。地胄清华指门第清高显贵。

4 厮猥：地位卑微。

5 拔擢（zhuó）：选拔提升。

译文

王羲之是一位洒脱飘逸的才子，潇洒而不受约束的名士，世间所有人都只知道他的书法精妙，可是这却掩盖了他其他方面的才华。萧子云常常感叹说：“我撰写的《齐书》，编纂成一套制度，书中的文章大义，我自以为很值得一看，可是我却因书中的书法精妙而得名，这真是怪事。”王褒出身高贵门第，学识渊博，文思敏捷，后来虽然到了北周，但依然受到礼遇。他因为擅长书法，而经常困顿于碑碣之间，辛辛苦苦替别人写字，他曾后悔说：“假如我不精通书法，就不至于像现在这样吧？”由此看来，千万不要以精通书法而自命不凡。话虽这样说，但地位低下的人，因写得一手好字而被提拔的事例有很多。所以说，目标不同的人是不能一起谋划的。

梁氏秘阁散逸以来[1]，吾见二王真草多矣，家中尝得十卷；方知陶隐居、阮交州、萧祭酒诸书[2]，莫不得羲之之体，故是书之渊源。萧晚节所变，乃右军年少时法也。

注释

1 秘阁：皇宫中收藏图书秘笈之所。

2 陶隐居：陶弘景，南朝著名隐士。阮交州：指梁朝人阮研，字文几，陈留人，官至交州刺史，善书。萧祭酒：指萧子云，他曾任国子监祭酒。

译文

梁朝秘阁珍藏的图书文籍散失以后，我见过很多王羲之、王献之的楷书、草书作品，家里曾经有十卷。看了这些作品才知道陶弘景、阮研、萧子云等人的字，无不是学习了王羲之的字体布局，因此说王羲之的字是书法的渊源。萧子云晚年时所写的字有所变化，就是学习了王羲之年轻时所写的字。

晋、宋以来，多能书者。故其时俗，递相染尚，所有部帙[1]，楷正可观，不无俗字，非为大损。至梁天监之间，斯风未变；大同之末，讹替滋生。萧子云改易字体，邵陵王颇行伪字[2]；朝野翕然[3]，以为楷式[4]，画虎不成，多所伤败。至为一字，唯见数点，或妄斟酌，逐便转移。尔后坟籍，略不可看。北朝丧乱之余，书迹鄙陋，加以专辄造字，猥拙甚于江南。乃以「百」「念」为「忧」，「言」「反」为「变」，「不」「用」为「罢」，「追」「来」为「归」，「更」「生」为「苏」，「先」「人」为「老」，如此非一，遍满经传。唯有姚元标工于楷隶[5]，留心小学，后生师之者众。洎于齐末[6]，秘书缮写，贤于往日多矣。

注释

1 部帙：指书籍。

2 伪字：指不规范的字。

3 翕（xī）然：一致。

4 楷式：法则，典范。

5 姚元标：北魏时人，官至光禄大夫，以书法见称。

6 洎（jì）：至，到。

译文

东晋、刘宋以来，有很多精通书法的人，因此一时形成了风气，人们彼此互相影响，所有的书籍文献都抄录得非常端正美观。虽然难免出现个别俗体字，但并没有太大损害。直到梁武帝天监年间，这种风气也没有改变；到了大同末年的时候，异体错讹之字开始大量出现。萧子云改变字的形体，邵陵王常常使用不规范的字；朝野上下都一致仿效，将他们奉为典范，结果画虎不成反类犬，造成很大的损害。这导致一个字被简化成只有数点，有的人把字体随意安排，任意改变偏旁的位置。自从那时以后的文献书籍，几乎让人无法阅读。北朝经历长期的兵荒马乱以后，人们的书写字迹变得丑陋难看，再加上人们擅自生造新字，情况比江南地区还要拙劣。甚至出现将“百”、“念”两字组合成“忧”字，把“言”、“反”两字组合成“变”字，将“不”、“用”两字组合成“罢”字，把“追”、“来”两字组合当成“归”字，将“更”、“生”两字组合作为“苏”字，“先”、“人”两字组合当成“老”字。像这样的情况不是个别的，而是遍布于经籍传书之中。只有姚元标擅长于楷书、隶书，专心研究文字训诂的学问，跟从他学习的年轻人有很多。到了北齐末年，秘阁书籍的抄写就比以前好多了。

江南闾里间有《画书赋》，乃陶隐居弟子杜道士所为；其人未甚识字，轻为轨则[1]，托名贵师，世俗传信，后生颇为所误也。

注释

1 轨则：规则，准则。

译文

江南民间流传《画书赋》一书，是陶弘景的弟子杜道士撰写的。这个人不怎么认识字，却轻率地规定字体的法则，假托名师，世人以讹传讹，信以为真，年轻学子多被他所误导。

画绘之工，亦为妙矣；自古名士，多或能之。吾家尝有梁元帝手画蝉雀白团扇及马图，亦难及也。武烈太子偏能写真[1]，坐上宾客，随宜点染，即成数人，以问童孺，皆知姓名矣。萧贲、刘孝先、刘灵[2]，并文学已外，复佳此法。玩阅古今，特可宝爱。若官未通显，每被公私使令，亦为猥役。吴县顾士端出身湘东王国侍郎，后为镇南府刑狱参军，有子曰庭，西朝中书舍人，父子并有琴书之艺，尤妙丹青，常被元帝所使，每怀羞恨。彭城刘岳，橐之子也，仕为骠骑府管记、平氏县令，才学快士，而画绝伦。后随武陵王入蜀，下牢之败[3]，遂为陆护军画支江寺壁[4]，与诸工巧杂处[5]。向使三贤都不晓画，直运素业，岂见此耻乎？

注释

1 武烈太子：即梁元帝长子萧方等，字实相。写真：画人的真容。

2 萧贲：字文奂，南齐竟陵王萧子良之孙，有文才，善书画。刘孝先：南朝梁人，善写五言诗。刘灵：南朝梁人，工文善画。

3 下牢：即下牢关，在今湖北宜昌市西北。

4 陆护军：指陆法和。

5 工巧：泛指匠人，工匠。

译文

擅长绘画，也是件好事。自古以来的名人，很多都擅长绘画。我家曾保存梁元帝亲手画的蝉雀白团扇和马图，这些画达到了一般人难于企及的水平。武烈太子萧方特别擅长画人物肖像，对于在座的宾客，他只要用笔随意点染，就能画出这些人的样子，拿这些画像去问小孩，小孩都能指出画中人物的姓名。还有萧贲、刘孝先、刘灵，他们除了精通文学创作之外，绘画技术也高。赏玩古今名画，确实让人爱不释手。不过如果善于作画的人官位不显贵，就会因为擅长绘画而常被公家或私人使唤，作画就成了一种下贱的差使。吴县顾士端曾是湘东王国的侍郎，后来任镇南府刑狱参军，他有个儿子名叫顾庭，是梁元帝的中书舍人，父子俩都通晓琴艺和书法，尤其精通绘画，常因此而被梁元帝使唤，他时常感到羞愧悔恨。彭城人刘岳，是刘橐的儿子，担任过骠骑府管记、平氏县令，富有才学，为人豪爽，绘画技艺十分高超。后来他跟随武陵王到蜀地，下牢关战败后，就为陆护军画支江寺壁画，和那些工匠一起杂处。如果这三位贤能的人都不懂得绘画，一直专心致力于清高儒雅的事业，怎么会受到这样的耻辱呢？

弧矢之利[1]，以威天下，先王所以观德择贤，亦济身之急务也。江南谓世之常射，以为兵射，冠冕儒生，多不习此；别有博射[2]，弱弓长箭，施于准的，揖让升降，以行礼焉。防御寇难，了无所益。乱离之后，此术遂亡。河北文士，率晓兵射，非直葛洪一箭[3]，已解追兵，三九燕集[4]，常縻荣赐[5]。虽然要轻禽，截狡兽，不愿汝辈为之。

注释

1 弧矢：弓箭。

2 博射：中国古代一种游戏性的习射方式。

3 直：只。

4 燕：又作宴。

5 縻（mí）：分得，获得。

译文

弓箭的锋利，可以威震天下，古代的帝王以射箭来考察人的德行，选择贤能，同时操弓射箭也是保全自己性命的紧要事情。江南的人将世上常见的射箭，称为“兵射”，士大夫和读书人都不肯学习此道。另外有一种“博射”，弓的力量很弱，箭身较长，设有箭靶，宾主在相见时揖让进退，按一定的仪式致敬。这种射箭对于防御敌寇，一点儿帮助都没有。战乱之后，这种“博射”就没人玩了。北方的文人，都懂得“兵射”，不仅能像葛洪那样一箭射死追兵，而且在三公九卿宴会时也常常因精于射箭获得赏赐。尽管是这样，用射箭去猎获飞禽走兽这种事，我仍是不愿意你们去做的。

赏析与点评

老子虽说："兵者，不祥之器也。"然俗语也说："人无害虎心，虎有伤人意。"因此国家须常备兵甲。当人身处乱世，为了保身全家，亦不可放弃武力；即使身处太平之世，个人亦不可轻易放弃保护自己的能力，因为权益是要争取的，只有用双手争取回来的，才能长久属于自己。比如说，美国允许民众持枪的原意，就是当有人破坏规则，损害民众权益时，就赋予他们反抗的权力。故此，兵者虽为凶器，若为自由、民主、平等故，亦有其用途。

卜筮者，圣人之业也；但近世无复佳师，多不能中。古者，卜以决疑，今人生疑于卜；何者？守道信谋，欲行一事，卜得恶卦，反令恜恜[1]，此之谓乎！且十中六七，以为上手，粗知大意，又不委曲[2]。凡射奇偶[3]，自然半收，何足赖也。世传云：『解阴阳者，为鬼所嫉，坎壈贫穷[4]，多不称泰。』吾观近古以来，尤精妙者，唯京房、管辂、郭璞耳[5]，皆无官位，多或罹灾，此言令人益信。傥值世网严密，强负此名，便有诖误[6]，亦祸源也。及星文风气，率不劳为之。吾尝学《六壬式》[7]，亦值世间好匠，聚得《龙首》、《金匮》、《玉𫐐变》、《玉历》十许种书，讨求无验，寻亦悔罢。凡阴阳之术，与天地俱生，亦吉凶德刑，不可不信；但去圣既远，世传术书，皆出流俗，言辞鄙浅，验少妄多。至如反支不行[8]，竟以遇害；归忌寄宿[9]，不免凶终：拘而多忌，亦无益也。

注释

1 忯（chì）忯：忧惧不安的样子。

2 委曲：知其详尽。

3 射：猜度。

4 坎壈（kǎn lǎn）：困顿不得志。

5 京房：西汉人，以易学闻名。管辂：东汉末年人，长于占卜。郭璞：晋人，长于占卜。

6 诖（guà）误：贻误，连累。

7《六壬（rén）式》：动用阴阳五行进行占卜凶吉的方法之一。

8 反支：即反支日，古代术数星命之说，以反支日为禁忌之日。《汉书·游侠传》记载张竦因在反支日不肯出行，为贼所杀之事。

9 归忌：阴阳家认为某些日子不宜在家。《后汉书·郭躬传》记载汝南人陈伯小心翼翼，遇到归忌之日，宁可寄宿在外，但最终被女婿连累，被杀。

译文

卜筮，是圣人的事务。可是近世没有高明的巫师，他们的占卜大多数都不灵验。古时候，占卜是用来解除疑惑的，现在的人反而因为占卜而产生了疑惑。为什么呢？坚守道德规范，相信自己谋划的人，打算去办一件事，占卜时却得到了不好的卦，反而他感到忧虑不安，生疑于卜就是这个意思吧。况且，现在的人十次占卜，其中只有六七次应验，人们就认为他是高手，其实他们只是粗略地知道占卜的大意，并不精通。但凡是猜测奇偶正负，自然会有一半猜中的机会，这样的结果怎么值得信赖呢？世人传说："精通阴阳占卜的人，被鬼神所憎恶，一生坎坷艰难，大多过得不太平。"我看近古以来，特别精通占卜的人，也就是京房、管辂、郭璞三人罢了。他们都没有官职，又多遭灾祸，因此这个传言就更加让人觉得可信。倘若适逢世间的法制严密，勉强地背负占卜的名声，就会受到牵累祸害，这就是祸根呀。至于看天文、观星相、测气候之类，一概都不要去研究。我曾学过《六壬式》，也遇过世间上的占卜高手，收集了《龙首》、《金匮》、《玉軨变》、《玉历》等十几种占卜的书，探讨一番之后发现书中所说的并没有应验，不久就因后悔而作罢了。阴阳占卜之术，与天地共生，它所昭示的吉兆凶象、施加恩泽与惩罚，是不能不信的。只是现在离圣人的年代已久，世上流传的占卜书，都是庸人所撰，言词粗鄙浅陋，应验的少，虚妄的多。至于有人在反干支日不敢远行，反而因此遇害；有人在归忌日寄居在外，还是免不了一死。因拘泥于此类说法而忌讳多多，是没什么益处的。

算术亦是六艺要事，自古儒士论天道，定律历者，皆学通之。然可以兼明，不可以专业[1]。江南此学殊少，唯范阳祖暅精之[2]，位至南康太守。河北多晓此术。

注释

1 专业：专门从事某种学业或职业。

2 祖暅：即祖暅之，祖冲之的儿子，字景烁，精通天文数理。

译文

算术也是六艺中重要的一项，自古以来的读书人中能谈论天文，推定律历的人，都精通算术。然而，可以在学习其他知识的同时学习算术，不要专门学习它。江南通晓算术的人很少，只有范阳人祖暅精通，他官至南康太守，北方人大多通晓这门学问。

医方之事，取妙极难，不劝汝曹以自命也。微解药性，小小和合[1]，居家得以救急，亦为胜事，皇甫谧、殷仲堪则其人也。

注释

1 和合：调和，混合，汇合。

译文

医道这种事，要达到精妙极为困难，我不鼓励你们以会看病自许。稍微懂得一些药性，稍微能够配药，日常生活中能够用来救急，也是一件美事。皇甫谧、殷仲堪就是这样的人。

《礼》曰：『君子无故不彻琴瑟[1]。』古来名士，多所爱好。洎于梁初，衣冠子孙，不知琴者，号有所阙；大同以末，斯风顿尽。然而此乐愔愔雅致[2]，有深味哉！今世曲解[3]，虽变于古，犹足以畅神情也。唯不可令有称誉，见役勋贵，处之下坐，以取残杯冷炙之辱。戴安道犹遭之[4]，况尔曹乎！

注释

1 彻：撤除，撤去。

2 愔愔（yīn）：和悦安舒的样子。

3 曲解：古乐府一节称一解，泛指乐曲。

4 戴安道：晋人戴逵，字安道，他善于弹琴，武陵王司马晞一次召他弹琴，他不去，当着使者的面摔坏了琴，表示不作王门伶人。事见《晋书·列传第六十四》。

译文

《礼记》里说："君子无故不撤去琴瑟。"自古以来的名士，大多爱好弹琴。到了梁朝初期，如果贵族子弟不懂弹琴，就会被指有缺失。到了大同末年，这种风气就已经荡然无存了。不过这种音乐安闲和雅，确实有着深厚的意味啊！现在的琴曲歌词，虽然不同于古曲，听了之后还是能够使人心情舒畅。只是不要以擅长弹琴闻名，那样就会被达官贵人所役使，坐在宴席下面，身受伶人般的屈辱。戴安道尚且遭遇过这样的事，何况你们呢？

《家语》曰[1]：『君子不博，为其兼行恶道故也。』《论语》云：『不有博弈者乎？为之，犹贤乎已。』然则圣人不用博弈为教，但以学者不可常精，有时疲倦，则傥为之，犹胜饱食昏睡，兀然端坐耳[2]。至如吴太子以为无益，命韦昭论之[3]；王肃、葛洪、陶侃之徒[4]，不许目观手执，此并勤笃之志也。能尔为佳。古为大博则六箸[5]，小博则二茕[6]，今无晓者。比世所行，一茕十二棋，数术浅短，不足可玩。围棋有手谈、坐隐之目[7]，颇为雅戏；但令人耽愦[8]，废丧实多，不可常也。

注释

1《家语》：即《孔子家语》，魏人王肃所作伪书。

2 兀然：无知的样子。

3 韦昭：即韦曜，他本名昭，史书为避晋讳改作曜。曜字弘嗣，三国时期吴郡云阳人，曾为太子中庶子。时蔡颖亦在东宫，蔡颖喜欢博弈；太子和认为无益，命曜论之。事见《三国志・吴书・王楼贺韦华传第二十》。

4 王肃：魏人，著名学者。葛洪：著有《抱朴子》。陶侃：晋人，东晋初年曾平王敦之乱，官拜大司马。三人都不许门人子弟近于博奕之具。

5 博：指博戏，又叫局戏，是古代的一种游戏，有六箸十二棋。六箸：古代博弈之具。

6 茕（qióng）：赌具，骰子。

7 手谈、坐隐：都是下围棋的别称。

8 耽愦（kuì）：沉迷昏聩。

译文

《孔子家语》说："君子不参与博戏，是因为它能很快使人走上不正之道。"《论语》说："不是有玩博弈下棋等游戏吗？玩博弈下棋，总比什么都不做好！"话虽如此，但圣人不会以博弈来教学生，只是认为读书人不可能总是一直专注学习，有的时候感到疲倦了，偶尔玩玩，总比吃饱了饭昏昏而睡，或是傻愣愣的坐着为佳罢了。至于吴太子认为博弈毫无益处，他命韦昭写文章议论这件事；王肃、葛洪、陶侃的弟子，则不许围观及参与，这都是勤奋专一的标志，是佳好的表现。古时候，大规模的博戏就用六根竹筷，小规模的博戏则用两个骰子，现在已经没有人懂得玩了。近代流行的是用一个骰子十二个棋子，路数技巧简单乏味，不值得深玩。围棋另有“手谈”、“坐隐”的名称，可算是一种高雅的游戏，但是会令人沉迷其中，以致旷废很多别的事，不能经常玩。

投壶之礼[1]，近世愈精。古者，实以小豆，为其矢之跃也。今则唯欲其骁[2]，益多益喜，乃有倚竿、带剑、狼壶、豹尾、龙首之名[3]。其尤妙者，有莲花骁。汝南周璝，弘正之子，会稽贺徽，贺革之子，并能一箭四十余骁。贺又尝为小障，置壶其外，隔障投之，无所失也。至邺以来，亦见广宁、兰陵诸王，有此校具[4]，举国遂无投得一骁者。弹棋亦近世雅戏，消愁释愦，时可为之。

注释

1 投壶：古代宴会礼制，亦是一种娱乐活动。宾主依次用矢投向盛酒的壶口，以投中多少决胜负，负者饮酒。

2 骁（xiāo）：古代投壶游戏，箭从壶中跳出，用手接住再投，屡投屡跃，箭不坠地，称之“骁”。

3 倚竿：投壶招数，箭斜倚在壶口中。带剑：投壶招数，把箭投插入壶耳中。狼壶：投壶招数，箭旋转壶口之上，最后像倚竿那样斜倚壶口中。豹尾：投壶招数，即龙尾，箭斜倚在壶口中，而箭羽正面朝向投壶之人。龙首：投壶招数，箭斜倚壶口中而箭首正面朝向投壶之人。

4 校具：装饰的物品。

译文

投壶的研究，近代越发精妙。古时候，壶里要装满小豆子，怕箭从壶中跳出来。现在人在投壶的时候却只想让箭能从壶中跳出来，跳出来的次数越多越高兴，于是就有了倚竿、带剑、狼壶、豹尾、龙首等名目。其中最精妙的是莲花骁。汝南人周璝，是周弘正的儿子，会稽人贺徽，是贺革的儿子，他们都能使一支箭连续投跃四十多次。贺徽曾经安置了一个小屏风，把壶放在屏风的外面，他自己隔着屏风投壶，没有投不进去的。自从我到邺城以来，看见广宁王、兰陵王等王公也有投壶的设备，但是举国上下竟然没有人能投一骁。弹棋也是近代一种高雅的游戏，能够消愁解闷，偶尔可以玩一玩。

赏析与点评

作者认为："夫巧者劳而智者忧，常为人所役使，更觉为累。"这种怕被"役使"的价值观与现代不同，现代人喜欢被关注，被需要，由此获得其存在感，假如个人的技艺能在工作中被人赏识更佳。颜氏又认为："若官未通显，每被公私使令，亦为猥役。"可见，当时的人认为画画等杂艺只是小艺，只可用来娱乐。如果技艺过人，反而容易为上级役使，即使有升官发财的机会，颜氏却不以此为荣，反而觉得羞耻，这就是读书人所言的"耻辱"。"富与贵，是人之所欲也，不以其道得之，不处也"，这也是第六章所提及的"风操"，可见作者的思想在本书中是一以贯之的。

终制第二十

本篇导读

终制即送终之制，类似现在的遗嘱，作者细说了自己一生的坎坷遭遇，并且抒发了未能将父母的灵柩迁葬故土的负疚心情。在这一篇中，作者预先安排自己的身后之事，他叮嘱子女将他薄葬，提出了不少殓葬从简的方法，如不用随葬品，不树不封，不须招魂复魄，不许用酒肉作祭品等等。此外，他还劝诫子孙要以立身扬名为重，不要因为顾恋他为他守墓而埋没前程。本篇有关殓葬的描述中，展示了南北朝时期的丧葬风格。

死者，人之常分，不可免也。吾年十九，值梁家丧乱，其间与白刃为伍者[1]，亦常数辈；幸承余福，得至于今。古人云：『五十不为夭。』吾已六十余，故心坦然，不以残年为念。先有风气之疾[2]，常疑奄然[3]，聊书素怀，以为汝诫。

注释

1 白刃：锋利的刀。

2 风气：病名。

3 奄然：奄忽，指死亡。

译文

死亡，这是人生注定的事，不可避免。我十九岁的时候，正值梁朝覆亡，动乱期间出没于刀光剑影中，已有很多次了；幸亏蒙受祖上的福荫，我才能活到今天。古人说："活到五十岁就不算短命了。"我如今六十多岁了，因此面对死亡心里非常坦然，不因残年无多而挂怀。我以前患有风气病，常怀疑自己会突然死去，因而姑且记下自己平时的想法，作为对你们的嘱咐。

先君先夫人皆未还建邺旧山[1]，旅葬江陵东郭。承圣末，已启求扬都，欲营迁厝[2]。蒙诏赐银百两，已于扬州小郊北地烧砖，便值本朝沦没[3]，流离如此，数十年间，绝于还望。今虽混一，家道罄穷[4]，何由办此奉营资费？且扬都污毁，无复孑遗，还被下湿，未为得计。自咎自责，贯心刻髓。计吾兄弟，不当仕进；但以门衰，骨肉单弱，五服之内[5]，傍无一人，播越他乡，无复资荫[6]；使汝等沉沦厮役，以为先世之耻；故腼冒人间[7]，不敢坠失[8]。兼以北方政教严切，全无隐退者故也。

注释

1 旧山：旧坟墓。

2 迁厝（cuò）：迁葬。

3 本朝：古人称自己曾任职的王朝。

4 罄穷：精光，荡然无存。

5 五服：本为近亲所穿的五种丧服，这里指近亲。

6 资荫：凭先代的勋功或官爵而得到授官封爵。

7 腼（tiǎn）冒：厚颜冒昧。

8 坠失：失去，废弛。

译文

我的亡父与亡母的灵柩都无法葬回建邺祖坟，因为他们客死他乡，暂时葬在江陵城的东郊。承圣末年，我已经启奏要求回扬都，准备进行迁葬。承蒙元帝下诏赐银百两，我已在扬州近郊北边烧制墓砖。那时，遭逢梁朝灭亡，我辗转流离来到北朝这里，几十年来，已灭绝了归还的希望。现在天下虽然已经统一，但是家境困窘，哪能筹集这笔奉还营葬所需的费用？况且扬都已遭破坏，什么也没有残存下来。将亡父亡母的灵柩运返扬都，葬在低洼潮湿的地方，也不算得当。我自己怪罪自己，愧疚之情如利剑穿心，痛入骨髓。思量我们几个兄弟本来不该做官，只是因为家道衰落，人口孤单，力量薄弱，至亲之中，没有一人可以依傍，加上逃亡在外地，失去了门第的庇荫。如果让你们沦落到给人作杂役的境地，那就是祖先的耻辱。因此我才厚着脸皮在社会营役，不敢有任何差错。此外，也因为北朝政纪严格，根本不允许官员隐退的缘故。

今年老疾侵，侻然奄忽[1]，岂求备礼乎？一日放臂[2]，沐浴而已，不劳复魄，殓以常衣[3]。先夫人弃背之时，属世荒馑，家涂空迫，兄弟幼弱，棺器率薄[4]，藏内无砖[5]。吾当松棺二寸，衣帽已外，一不得自随，床上唯施七星板[6]；至如蜡弩牙、玉豚、锡人之属[7]，并须停省，粮罂明器[8]，故不得营，碑志旒旐[9]，弥在言外。载以鳖甲车[10]，衬土而下，平地无坟；若惧拜扫不知兆域[11]，当筑一堵低墙于左右前后，随为私记耳。灵筵勿设枕几，朔望祥禫[12]，唯下白粥清水干枣，不得有酒肉饼果之祭。亲友来餟酹者[13]，一皆拒之。汝曹若违吾心，有加先妣，则陷父不孝，在汝安乎？其内典功德，随力所至，勿刳竭生资[14]，使冻馁也。四时祭祀，周、孔所教，欲人勿死其亲，不忘孝道也。求诸内典，则无益焉。杀生为之，翻增罪累。若报罔极之德，霜露之悲，有时斋供，及七月半盂兰盆[15]，望于汝也。

注释

1 奄忽：死亡。

2 放臂：指人死亡。

3 殓（liàn）：给死者穿衣入棺。

4 棺器：棺材。

5 藏（zàng）：墓穴，坟墓。

6 七星板：旧时停尸床上及棺内放置的木板，上凿七孔，斜凿枧槽一道，使七孔相连，大殓时纳于棺内。

7 蜡弩（nǔ）牙：古代的明器，蜡制的弩弓。弩牙，弩上发矢的机件。玉豚：古时用来殉葬的玉器，猪形。锡人：用锡铸造的人像，古代用以殉葬。

8 粮罂（yīng）：盛粮的陶器，大肚小口，古代墓葬用为明器。明器：即冥器。专为随葬而制作的器物，一般用竹、木或陶土制成。

9 碑志：碑记，刻在碑上的纪念文字。旒旐（liú zhào）：指铭旌。

10 鳖甲车：灵车。

11 兆域：墓地四周的疆界，亦称墓地。《周礼·春官·冢人》："掌公墓之地，辨其兆域而为之图。"

12 朔望：朔日和望日，旧历每月初一日和十五日。祥禫（dàn）：丧祭名。语出《礼记·杂记下》："期之丧，十一月而练，十三月而祥，十五月而禫。"

13 酹（lèi）：以酒浇地，表示祭奠。

14 刳（kū）：挖；挖空。

15 盂（yú）兰盆：梵文uIIambana，意译为救倒悬。旧传目连从佛言，于农历七月十五日置百味五果，供养三宝，以解救其亡母于饿鬼道中所受倒悬之苦。南朝梁以来，成为民间超度先人的节日，每年在农历七月十五这一天，百姓就会请僧尼到盂兰盆会，诵经施食。后来演变成为只有祭祀仪式而不请僧尼的活动。

译文

我现在已经老了，而且疾病缠身，假如突然死了，难道还要求丧事一定要礼仪完备么？我撒手离世那天，只要帮我沐浴身体就可以了，不用再举行复魄的仪式，给我穿上我日常所穿的衣服装殓。我的亡母辞世的时候，到处都在闹饥荒，家境贫困窘迫，我们兄弟年幼孤弱，所以她的棺木很薄，坟内也没有用砖。因此，埋葬我时应当用两寸厚的松木棺材，里面除了衣服和帽子之外，什么都不要放进去，棺材的底部只放一块七星板。至于像蜡弩牙、玉猪、锡人之类的随葬品，都要撤掉不用。粮罂之类的明器，不要置办，就更不用说碑志铭旌了。棺木用鳖甲车运送，贴着土埋下就行了，墓顶跟地面平齐，不要堆坟。你们要是担心以后祭拜扫墓时不知道墓的四周疆界，可以在墓的前后左右建一堵矮墙，或者你们随意做一些标记。灵床上不要放置枕几，朔日、望日、祥日和禫日祭奠的时候，只要放些白米粥、清水和干枣就行，不准有酒、肉、糕饼、鲜果等祭品。亲友们如果要来祭奠，一概回拒他们。你们要是违背我的心意，营葬的标准超过我亡故的母亲，那你们就是陷你们的父亲于不孝，这样的话，你们能够心安么？像诵经施舍这些功德事，你们只要量力而行，不要倾尽家财，以致你们自己饥寒交迫。四季的祭祀，是周公、孔子所教导的，目的是使人不要忘记死去的亲人，不要忘记奉行孝道。若按照佛经的观点来看，这都是没有用处的。要是宰杀生灵进行祭祀，反而会增加死者的罪孽。你们要是想报答父亲的无尽之恩，表达你们的追思之情，按时斋供，到七月十五日的盂兰盆会时，我期望你们能来扫祭。

孔子之葬亲也，云：『古者，墓而不坟。丘东西南北之人也[1]，不可以弗识也。』于是封之崇四尺[2]。然则君子应世行道，亦有不守坟墓之时，况为事际所逼也！吾今羁旅，身若浮云，竟未知何乡是吾葬地；唯当气绝便埋之耳。汝曹宜以传业扬名为务，不可顾恋朽壤[3]，以取堙没也[4]。

注释

1 东西南北之人：到处奔走、居无定所的人。

2 崇：高度，从下向上的距离。

3 朽壤：腐土，此处指坟墓。

4 堙（yān）没：埋没，湮没。

译文

孔子安葬亲人时说道："古时候建墓而不堆坟。我孔丘是一个四处奔走的人，不能不留个标志。"于是在墓上堆了个四尺高的坟。这样看来，君子顺应时世实践自己的主张，也有不能守着坟墓的时候；何况是为情势所逼迫呢！我现在滞留异乡，自己就像浮云一样飘泊不定，都不知道哪里是我的葬身之地，在我气绝身亡后，随地埋葬就行了。你们应该致力于传承家业、弘扬声名，不可以因为顾念留恋我的葬身之处，而埋没了自己的前程。

赏析与点评

颜之推谓："吾今羁旅，身若浮云。"古代人经历战乱流离，漂泊感、无根感、疏离感油然而生，其实现代的香港人也有这种"旅居"之感，这些都反映在部分电影和书籍中。例如《阿飞正传》中的"无脚小鸟"就象征了香港人的漂泊感和无根感；在《香港制造》中，中秋被父母及社会抛弃，令他产生疏离感；《无间道》里面的卧底侦探陈永仁（梁朝伟饰演），乃隐喻了九七后香港身份认同与身份错乱感，表现了香港人的羁旅之感。也许如西西的《浮城志异》所言，这个城市的人脚踏"实地"，却身处浮城，现代人想要找到自己该处的位置和找到心灵停泊的港湾，殊为不易。

名句索引

二画

人之爱子，罕亦能均。／／037
人生小幼，精神专利，长成已后，思虑散逸，固须早教，勿失机也。／／151
人性有长短，岂责具美于六涂哉？但当皆晓指趣，能守一职，便无愧耳。／／220
入帷幄之中，参庙堂之上，不能为主尽规以谋社稷，君子所耻也。／／246

三画

与善人居，如入芝兰之室，久而自芳也。与恶人居，如入鲍鱼之肆，久而自臭也。／／125
凡有一言一行，取于人者，皆显称之，不可窃人之美，以为己力；虽轻虽贱者，必归功焉。／／128
子当以养为心，父当以学为教。／／164
士君子之处世，贵能有益于物耳，不徒高谈虚论，左琴右书，以费人君禄位也。／／220
大抵服其为书，隐括有条例，剖析穷根源，郑玄注书，往往引以为证。／／338

四画

父子之严，不可以狎；骨肉之爱，不可以简。简则慈孝不接，狎则怠慢生焉。／／033
父不慈则子不孝，兄不友则弟不恭，夫不义则妇不顺矣。／／057

父兄不可常依，乡国不可常保，一旦流离，无人庇荫，当自求诸身耳。
谚曰："积财千万，不如薄伎在身。" / / 141
文章当以理致为心肾，气调为筋骨，事义为皮肤，华丽为冠冕。/ / 193
文章当从三易：易见事，一也；易识字，二也；易读诵，三也。/ / 196
夫生不可不惜，不可苟惜。/ / 253
夫巧者劳而智者忧，常为人所役使，更觉为累。/ / 365

五画

兄弟者，分形连气之人也。方其幼也，父母左提右挈，前襟后裾，食则同案，衣则传服，
学则连业，游则共方，虽有悖乱之人，不能不相爱也。/ / 040
兄弟之际，异于他人，望深则易怨，地亲则易弭。/ / 042
世人多蔽，贵耳贱目，重遥轻近。/ / 127

六画

同言而信，信其所亲；同命而行，行其所服。禁童子之暴谑，则师友之诫，
不如傅婢之指挥；止凡人之斗阋，则尧、舜之道，不如寡妻之诲谕。/ / 025
有偏宠者，虽欲以厚之，更所以祸之。/ / 037
自古明王圣帝犹须勤学，况凡庶乎！/ / 137

农商工贾，斯役奴隶，钓鱼屠肉，饭牛牧羊，皆有先达，可为师表，博学求之，无不利于事也。／／144
自见之谓明，此诚难也。／／188
名之与实，犹形之与影也。德艺周章，则名必善焉；容色姝丽，则影必美焉。／／210
至诚之言，人未能信，至洁之行，物或致疑，皆由言行声名，无余地也。／／211
多为少善，不如执一；鼫鼠五能，不成伎术。／／227
宇宙可臻其极，情性不知其穷，唯在少欲知足，为立涯限尔。／／239
则亦尧、舜之云虚，周、孔之不实也，又欲安所依信而立身乎？／／265
伎痒者，怀其伎而腹痒也。／／309
而古语与今殊别，其间轻重清浊，犹未可晓；加以内言外言、急言徐言、读若之类，益使人疑。／／351
江南谚云："尺牍书疏，千里面目也。"／／365

七画

吾家风教，素为整密。昔在龆龀，便蒙诱诲；每从两兄，晓夕温凊。／／026
别易会难，古人所重；江南饯送，下泣言离。／／097
君子当守道崇德，蓄价待时。／／232
吾今羁旅，身若浮云，竟未知何乡是吾葬地；唯当气绝便埋之耳。／／390

八画

周公一沐三握发，一饭三吐餐，以接白屋之士，一日所见者七十余人。//122
学者犹种树也，春玩其华，秋登其实；讲论文章，春华也，修身利行，秋实也。//150

九画

骄慢已习，方复制之，捶挞至死而无威，忿怒日隆而增怨，逮于成长，终为败德。//029
施而不奢，俭而不吝，可矣。//059
养生者先须虑祸，全身保性，有此生然后养之，勿徒养其无生也。//252
南方水土和柔，其音清举而切诣，失在浮浅，其辞多鄙俗。北方山川深厚，其音沉浊而𫔎钝，得其质直，其辞多古语。//351

十二画

谦虚冲损，可以免害。//240

十五画

墨翟之徒，世谓热腹，杨朱之侣，世谓冷肠；肠不可冷，腹不可热，当以仁义为节文尔。//234

中信国学大典

颜氏家训

导读
李小杰
毕业于香港岭南大学中文系，后于复旦大学取得硕士、博士学位，主修中国现当代文学。任教于中山大学南方学院，现为香港《中西人文》季刊编委。译有《诚实做学问》，合著有《古今大不同》。

译注
檀作文　李小杰

图书在版编目(CIP)数据

颜氏家训 / 李小杰导读，檀作文、李小杰译注. — 北京：中信出版社，2013.10（2017.3 重印）
（中信国学大典）
ISBN 978-7-5086-4072-3
Ⅰ.①颜… Ⅱ.①李… ②檀… ③李… Ⅲ.①家庭道德－中国－南北朝时代 ②《颜氏家训》－译文 ③《颜氏家训》－注释 Ⅳ.①B823.1
中国版本图书馆CIP数据核字（2013）第127838号

本书中文简体字版由中华书局（香港）有限公司授权中信出版社在中国大陆独家出版和发行

颜氏家训

导　　读：李小杰
译　　注：檀作文　李小杰
策划推广：中信出版社（China CITIC Press）
出版发行：中信出版集团股份有限公司
（北京市朝阳区惠新东街甲 4 号富盛大厦 2 座　邮编　100029）
（CITIC Publishing Group）
承 印 者：北京通州皇家印刷厂

开　　本：787mm × 1092mm　1/16　　印　　张：25　　字　　数：180 千字
版　　次：2013 年 10 月第 1 版　　印　　次：2017 年 3 月第 4 次印刷
京权图字：01－2013－1486　　广告经营许可证：京朝工商广字第 8087 号
书　　号：ISBN 978-7-5086-4072-3/G·1013
定　　价：50.00元

服务热线：010－84849555　　服务传真：010－84849000
投稿邮箱：author@citicpub.com

周易礼记孝经心经金刚经净土三经六祖
坛经黄帝内经孔子家语颜氏家训淮南鸿
烈传习录近思录围炉夜话左传战国策史
记汉书后汉书三国志资治通鉴盐铁论贞
观政要山海经水经注人物志论语孟子老
子庄子墨子孙子兵法韩非子大学中庸荀
子管子列子鬼谷子商君书吕氏春秋诗经
楚辞唐诗三百首宋词三百首元曲三百首
古文观止世说新语徐霞客游记梦溪笔谈
搜神记东坡志林三字经百家姓千字文

周易礼记孝经心经金刚经净土三经六祖
坛经黄帝内经孔子家语颜氏家训淮南鸿
烈传习录近思录围炉夜话左传战国策史
记汉书后汉书三国志资治通鉴盐铁论贞
观政要山海经水经注人物志论语孟子老
子庄子墨子孙子兵法韩非子大学中庸荀
子管子列子鬼谷子商君书吕氏春秋诗经
楚辞唐诗三百首宋词三百首元曲三百首
古文观止世说新语徐霞客游记梦溪笔谈
搜神记东坡志林三字经百家姓千字文